高等职业教育示范专业系列教材 数控设备应用与维护专业
浙江省高校重点教材

数控机床装配、调试与故障诊断

孙慧平 陈子珍 翟志永 编著
傅建中 审

机械工业出版社

本书按照数控机床装配与调试工作过程,结合数控机床装调维修工职业资格证书考试的有关要求,以数控机床调试与装配生产案例的教学形式,阐述数控机床的结构组成;机械部件的装配、调试与故障诊断;电气控制元器件的选择、性能测试与装接;CNC控制单元的电气连接与调试;进给驱动系统和主轴驱动系统的连接、调试、常见故障诊断与维修;机床现场安装与验收等内容。

本书由长期从事数控机床开发的研究人员、数控机床生产管理人员和数控技术应用教学管理人员组成的编写组完成,可以作为高等工科院校的机械设计制造类专业、自动化类专业及其他相关专业学生学习数控技术的教材,也可作为高职高专院校数控技术、数控设备应用与维护、机电设备维修与管理、机电一体化等专业的教材,还可供工程技术人员作为参考用书。

图书在版编目(CIP)数据

数控机床装配、调试与故障诊断/孙慧平,陈子珍,翟志永编著. —北京:机械工业出版社,2010.9(2024.2重印)

高等职业教育示范专业系列教材. 数控设备应用与维护专业 浙江省高校重点教材

ISBN 978-7-111-31675-6

Ⅰ.①数… Ⅱ.①孙…②陈…③翟… Ⅲ.①数控机床—装配(机械)—高等学校:技术学校—教材②数控机床—调试方法—高等学校:技术学校—教材③数控机床—故障诊断—高等学校:技术学校—教材 Ⅳ.①TG659

中国版本图书馆 CIP 数据核字(2010)第 166423 号

机械工业出版社(北京市百万庄大街 22 号 邮政编码 100037)
策划编辑:郑 丹 责任编辑:刘良超
版式设计:霍永明 责任校对:李 婷
封面设计:鞠 杨 责任印制:刘 媛
涿州市般润文化传播有限公司印刷
2024 年 2 月第 1 版第 8 次印刷
184mm×260mm・16 印张・390 千字
标准书号:ISBN 978-7-111-31675-6
定价:46.80 元

电话服务 网络服务
客服电话:010-88361066 机 工 官 网:www.cmpbook.com
010-88379833 机 工 官 博:weibo.com/cmp1952
010-68326294 金 书 网:www.golden-book.com
封底无防伪标均为盗版 机工教育服务网:www.cmpedu.com

前　言

随着我国数控机床制造产业半个多世纪的发展，现在我国已经成为全球最大的数控机床生产国和消费国。由于目前与数控机床生产相关的机械制造、电气、计算机和数字控制等技术领域被划分成了不同的专业，还没有综合培养数控机床装配、调试、安装与维修人才的专业，数控机床生产商和用户都需要自行培养相关人才，数控机床装调维修工已成为紧缺的高技能人才。

为满足培养数控技术高端应用人才，以及适应高职院校专业调整的需要，作者组织了数控技术科研人员、数控机床生产企业的设计与生产管理人员、数控机床售后服务与维修人员以及高职院校一线教学管理人员，采用基于工作过程的项目化教学方式，编写了本书。本书以实例贯穿全文，详细介绍了数控机床从零部件和元器件选型、部件装配与连接、数控机床性能测试到数控机床安装、故障诊断的完整工作过程。学生通过完成特定部件的选型和安装调试，融合必需知识的学习，达到能够独立完成数控机床某一部件的装配、连接与调试的能力培养和知识学习目标。

本书以配置 SINUMERIK 802C 和 FANUC 0i 两种常用数控系统的数控铣床和斜导轨数控车床为实例讲解，帮助学生以较短的学习时间掌握数控机床装调工作的流程和内容，掌握机械、电气、计算机控制等方面的操作技能以及选型设计知识。

本书建议教学学时 84~96 学时，学生需要前修机械设计、数控编程与操作、电工电子基础及计算机控制等课程，建议采用理论与实践教学一体化实施教学方案。

本书由孙慧平、陈子珍、翟志永完成编写工作，由郭伟刚完成资料查找工作，宁波海天精工机械有限公司的刘日军、忻月海，宁波顺发机械设备制造有限公司的宋刚等提供了全书的生产教学案例，浙江大学傅建中教授对本书进行了审核。

由于作者水平有限，书中难免有不当之处，恳请读者批评指正。另有部分案例涉及生产保密要求省略了操作细节，需要教师结合教学条件进行重新编排，在此表示歉意。

作　者

目　　录

前　言
第 1 单元　数控机床整机结构 ………… 1
模块 1　数控机床的产生及分类 ……… 1
项目 1　数控机床的发展历程 ………… 1
项目 2　数控机床的分类及功能 ……… 2
模块 2　数控机床的构成 ……………… 8
项目 1　剖析数控机床总体结构 ……… 8
项目 2　配置数控机床控制装置 ……… 9
模块 3　数控机床的未来 ……………… 13
项目 1　未来的数控机床结构 ………… 13
项目 2　控制装置的发展趋势 ………… 15
项目 3　IT-MT 一体化编程方法 ……… 17
第 2 单元　数控机床机械部件 …………… 18
模块 1　数控机床本体 ………………… 18
项目 1　认识数控机床本体结构 ……… 18
项目 2　机床本体的装配与调整 ……… 23
项目 3　床身关键尺寸检验 …………… 32
模块 2　工作台 ………………………… 40
项目 1　工作台的结构形式 …………… 40
项目 2　工作台的装配与检验 ………… 42
模块 3　换刀装置与刀库 ……………… 44
项目 1　刀库的种类 …………………… 44
项目 2　自动换刀的实现 ……………… 45
项目 3　自动换刀故障的排除 ………… 47
第 3 单元　数控机床电气部件 …………… 49
模块 1　电气控制的实现方法 ………… 49
项目 1　电气控制功能的实现 ………… 49
项目 2　电气元器件的选用 …………… 54
模块 2　电气系统的连接 ……………… 58
项目 1　电气连接的工作准备 ………… 58
项目 2　熟读电气原理图 ……………… 61
项目 3　电气接线的技巧 ……………… 64
模块 3　电气系统的通电调试 ………… 72

项目 1　电气系统的通电 ……………… 72
项目 2　电气性能的检测 ……………… 76
模块 4　电气系统常见故障排除 ……… 78
项目 1　电气元件故障诊断与排除 …… 78
项目 2　PMC 常见故障的诊断与排除 … 81
第 4 单元　数控机床控制装置 …………… 85
模块 1　初识数控装置 ………………… 85
项目 1　典型数控装置的结构 ………… 85
项目 2　数控装置的工作流程 ………… 90
模块 2　FANUC 0i 数控装置 …………… 98
项目 1　FANUC 0i 系统的硬件组成 …… 98
项目 2　FANUC 0i 系统的硬件连接 …… 102
项目 3　FANUC 0i 系统的调试 ………… 106
项目 4　FANUC 0i 故障诊断与排除 …… 110
模块 3　SINUMERIK 802C 数控装置 …… 116
项目 1　SINUMERIK 802C 系统的硬件
　　　　组成 …………………………… 116
项目 2　SINUMERIK 802C 系统的硬件
　　　　连接 …………………………… 117
项目 3　SINUMERIK 802C 系统的
　　　　调试 …………………………… 126
项目 4　SINUMERIK 802C 系统故障
　　　　诊断与排除 …………………… 132
第 5 单元　进给伺服驱动系统 …………… 135
模块 1　进给伺服驱动系统的组成与
　　　功能 ……………………………… 135
项目 1　初识进给伺服驱动系统 ……… 135
项目 2　典型进给伺服驱动系统的
　　　　组成 …………………………… 137
项目 3　进给伺服驱动系统电气元件的
　　　　选用 …………………………… 145
项目 4　进给伺服驱动系统机械部件的
　　　　选用 …………………………… 158

项目 5　位置检测组件的选用 …………… 167
模块 2　进给伺服驱动系统的调试 ………… 171
　项目 1　伺服控制单元的调试 ……………… 171
　项目 2　数控机床位置精度的调试 ………… 173
　项目 3　滚珠丝杠螺母副轴向间隙的
　　　　　调整 …………………………… 175
　项目 4　传动间隙的补偿 …………………… 176
　项目 5　进给伺服驱动系统其他部件
　　　　　调整 …………………………… 178
模块 3　典型故障的诊断与排除 …………… 180
　项目 1　模拟式交流速度控制单元的
　　　　　故障检测与维修 ………………… 180
　项目 2　数字式交流速度控制单元的
　　　　　故障检测与维修 ………………… 182
　项目 3　交流伺服电动机编码器的
　　　　　维修 …………………………… 187
　项目 4　进给系统其他部件的维修 ………… 188

第 6 单元　主轴驱动系统 ……………… 190
模块 1　主轴驱动系统的组成与功能 ……… 190
　项目 1　主轴驱动系统的功能分析 ………… 190
　项目 2　典型主轴驱动系统的组成 ………… 193
　项目 3　主轴驱动系统电气元件的
　　　　　选用 …………………………… 195
　项目 4　主轴系统机械组件的选用 ………… 197
模块 2　主轴驱动系统的调试 ……………… 201
　项目 1　数控车床主轴驱动系统的调试 …… 205
　项目 2　数控铣床主轴驱动系统的
　　　　　调试 …………………………… 208

项目 3　加工中心主轴驱动系统的
　　　　调试 …………………………… 209
**模块 3　主轴驱动系统的故障诊断与
　　　　排除** …………………………… 212
　项目 1　数控车床主轴驱动系统的故障
　　　　　诊断与排除 …………………… 212
　项目 2　数控铣床主轴驱动系统的故障
　　　　　诊断与排除 …………………… 216
　项目 3　FANUC 主轴驱动系统的故障
　　　　　诊断与排除 …………………… 217
　项目 4　SIEMENS 611A 交流主轴驱动
　　　　　系统的故障诊断与维修 ………… 222

第 7 单元　数控机床的验收 …………… 225
模块 1　数控机床的验收准备 ……………… 226
　项目 1　数控机床的初就位 ………………… 226
　项目 2　数控机床验收工具的准备 ………… 228
　项目 3　开箱检验及外观检查 ……………… 233
模块 2　数控机床的功能检查 ……………… 235
　项目 1　数控机床的通电 …………………… 235
　项目 2　机床性能检查 ……………………… 236
　项目 3　数控功能检查 ……………………… 237
　项目 4　机床稳定性检查 …………………… 238
模块 3　数控机床的精度验收 ……………… 240
　项目 1　几何精度的检验 …………………… 240
　项目 2　定位精度的检验 …………………… 241
　项目 3　切削精度的检验 …………………… 244

参考文献 …………………………………… 247

第1单元 数控机床整机结构

模块1 数控机床的产生及分类

项目1 数控机床的发展历程

教 学 目 标：了解数控机床的发展历程，掌握数字控制方式、加工精度和加工速度等方面的演变过程。

思考与练习：简述数控机床的基本工作原理；列举各阶段的典型机床型号、规格。

数字控制机床是用数字代码形式的信息（程序指令），控制刀具按给定的工作程序、运动速度和轨迹进行自动加工的机床，简称数控机床。

数控机床是在普通机床的基础上发展起来的。军事工业需求是数控机床发展的原始动力，军事工业的发展不断促进数控机床升级。随着市场竞争的加剧，民用工业高精度、高效率、柔性化及批量生产，对数控机床产业化的要求更加迫切。纵观世界数控机床的发展史，大致可以分为四个阶段：

1. 起步阶段（1953～1979）

1948年，美国帕森斯公司接受美国空军委托，研制飞机螺旋桨叶片轮廓样板的加工设备。由于样板形状复杂多样，精度要求高，一般加工设备难以适应，于是提出计算机控制机床的设想。1949年，在美国麻省理工学院伺服机构研究室的协助下，帕森斯公司开始数控机床的研究。

1952年，美国麻省理工学院和吉丁斯·路易斯公司联合研制出世界上第一台由大型立式仿形铣床改装而成的三坐标数控升降台铣床，开创了数控机床产业发展的历史。

1956年，联邦德国、日本、苏联等国分别研制出数控机床。20世纪60年代初，美国、日本、联邦德国、英国相继进入数控机床商品化试生产阶段。当时的数控装置采用电子管元件，体积庞大，价格昂贵，只在航空工业等少数有特殊需要的部门用来加工复杂型面零件；1959年，晶体管元件印制电路板的问世，使数控装置进入了第二代，体积缩小，成本有所下降；1960年以后，较为简单和经济的点位控制数控钻床和直线控制数控铣床得到较快发展，数控机床在机械制造业各部门逐步得以推广。

1965年，出现了第三代的集成电路数控装置，其特点是体积小，功率消耗少，且可靠性提高，价格进一步下降，集成电路数控装置促进了数控机床品种和产量的发展。20世纪60年代末，先后出现了由一台计算机直接控制多台机床的直接数控系统（简称DNC），又称群控系统；以及采用小型计算机控制的计算机数控系统（简称CNC）。数控装置进入了以小型计算机化为特征的第四代。

1974年，使用微处理器和半导体存贮器的微型计算机数控装置（简称 MNC）研制成功，这是第五代数控系统。第五代与第三代相比，数控装置的功能扩大了一倍，而体积则缩小为原来的 1/20，价格降低了 3/4，可靠性也得到极大的提高。同时，数控机床的基础理论和关键技术有了新的突破，从而给数控机床发展注入了新的活力，世界发达国家的数控机床产业开始进入发展阶段。

2. 发展阶段（1980～1989）

20 世纪 80 年代以来，微处理器运算速度快速提高，功能不断完善、可靠性进一步提高，出现了小型化、能进行人机对话式自动编制程序并可以直接安装在机床上的数控装置。数控机床的自动化程度进一步提高，监控、检测、换刀、外围设备得到了应用，具备自动监控刀具破损和自动检测工件等功能，使数控机床得到了全面发展。

3. 成熟阶段（1990～1999）

20 世纪 90 年代，数控机床得到了普遍应用，数控机床技术有了进一步发展，柔性单元、柔性系统、自动化工厂开始得到应用，标志着数控机床产业化进入成熟阶段。

4. 向更高水平发展（2000～）

进入 21 世纪，军事技术和民用工业的发展对数控机床的要求越来越高，应用现代设计技术、测量技术、工序集约化、新一代功能部件以及软件技术的发展，使数控机床的加工范围、动态性能、加工精度和可靠性有了极大提高。科学技术，特别是信息技术的迅速发展，高速高精控制技术、多通道开放式体系结构、多轴控制技术、智能控制技术、网络化技术、CAD/CAM 与 CNC 的综合集成，使数控机床技术进入了智能化、网络化、敏捷制造、虚拟制造的更高阶段。

新一代数控机床为提高生产效率不断向超高速方向发展，主轴转速可达 15000～100000r/min；进给运动部件快速移动速度达 60～120m/min，切削进给速度达 60m/min，最高加速度达到 10g；加工中心换刀时间减少至小于 1s。主轴与刀具的接口以适合高速加工的 HSK 等接口为主，主轴径向圆跳动误差小于 2μm，轴向窜动小于 1μm，轴系不平衡度达到 G0.4 级。

项目 2　数控机床的分类及功能

教 学 目 标：熟悉数控机床的分类及主要功能，重点学习根据加工件的形状、加工精度及表面粗糙度等要求，选择数控机床种类的基本方法。

思考与练习：目前常用的数控机床主要有哪几种？其主要功能是什么？

数控机床分类方法很多，如低档、中档、高档、全功能等。一般按数控机床所配用数控系统的功能和配置，可分为高级型、普及型和经济型数控机床三种。数控系统与数控机床的分类见表 1-1。

表 1-1　数控系统与数控机床的分类

类　　型	主控器	进　　给	联动轴数	进给分辨率 /μm	进给速度 /m·min^{-1}	自动化程度
高级型	32位以上微处理器	交流伺服驱动	5轴及以上	0.1	100	具有通信联网、监控、管理功能
普及型	16位或32位微处理器	交流或直流伺服驱动	4轴及以下	1	20	具有人机对话接口
经济型	单板机 单片机	步进电机驱动	3轴及以下	10	10	功能较简单

常用数控机床主要有数控车床、数控铣床、数控电火花成形机床、数控电火花线切割机床及数控磨床。

1. 数控车床（车削中心）

数控车床（见图1-1）是目前使用最广泛的数控机床之一，主要用于加工轴类、盘类等回转体零件，能自动完成内外圆柱面、圆锥面、成形表面、螺纹和端面等切削加工，并能进行车槽、钻孔、扩孔、铰孔等工作。车削中心可在一次装夹中完成更多的加工工序，提高加工精度和生产效率，特别适合于复杂形状回转类零件的加工。

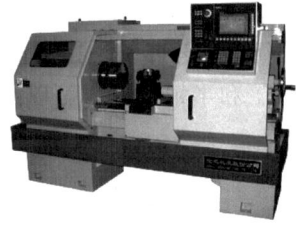

a) 数控车床　　　　　　　　b) 数控车削中心

图 1-1　数控车床

数控车床品种繁多，规格不一，可按如下方法进行分类。

按主轴位置分类可分为立式数控车床和卧式数控车床。

（1）立式数控车床　立式数控车床简称为数控立车，其主轴垂直于水平面，并有一个直径很大的圆形工作台用于装夹工件。这类机床主要用于加工径向尺寸大、轴向尺寸相对较小的大型复杂零件。

（2）卧式数控车床　卧式数控车床又分为数控水平导轨卧式车床和数控倾斜导轨卧式车床。其倾斜导轨结构可以使车床具有更大的刚性，并易于排除切屑。

按工件基本类型分类可分为卡盘式数控车床和顶尖式数控车床。

（1）卡盘式数控车床　这类车床没有尾座，适合车削盘类（含短轴类）零件。夹紧方式多为电动或液动控制，卡盘结构多采用可调式或不淬火的卡爪。

（2）顶尖式数控车床　这类车床配有普通尾座或数控尾座，适合车削较长的零件及直径不太大的盘类零件。

按刀架数量分类可分为单刀架数控车床和双刀架数控车床。

（1）单刀架数控车床　数控车床一般都配置有各种形式的单刀架，如四工位转动刀架或转塔式自动转位刀架。

（2）双刀架数控车床　这类车床的双刀架配置平行分布，也可以是相互垂直分布。

按功能分类可分为经济型数控车床、普通数控车床和车削加工中心。

（1）经济型数控车床　采用步进电动机和单片机对卧式车床的进给系统进行改造后形成的简易型数控车床，成本较低，但自动化程度和功能都比较差，车削加工精度也不高，适用于要求不高的回转类零件的车削加工。

（2）普通数控车床　根据车削加工要求在结构上进行专门设计并配备通用数控系统而形成的数控车床，数控系统功能强，自动化程度和加工精度也比较高，适用于一般回转类零件的车削加工。这种数控车床可同时控制两个坐标轴，即 X 轴和 Z 轴。

（3）车削加工中心　在普通数控车床的基础上，增加了 C 轴和铣削动力头，更高级的数控车床还带有刀库，可控制 X、Z 和 C 三个坐标轴，可以联动控制（X、Z 轴，X、C 轴或 Z、C 轴）。由于增加了 C 轴和铣削动力头，车削中心的加工功能大大增强，除可以进行一般车削外还可以进行径向和轴向铣削、曲面铣削、中心线不在零件回转中心的孔和径向孔的加工。

2. 数控铣床

铣削与车削的原理不同，铣削时刀具回转完成主运动，工件作直线（或曲线）进给。旋转的铣刀是由多个切削刃组合而成的，因此铣削是非连续的切削过程。

铣削加工是机械加工中最常用的加工方法之一，包括平面铣削、轮廓铣削、钻、扩、铰、镗、锪及螺纹加工，主要用来加工平面及各种沟槽，也可以加工齿轮、花键等成形面（或槽），如图 1-2 所示。一般情况下，铣削属于粗加工和半精加工，可以达到的公差等级为 IT9～IT7 级，表面粗糙度 Ra 值为 $6.3～1.6\mu m$。

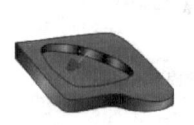
a) 轮廓铣削

b) 平面铣削

c) 孔加工

图 1-2　常见铣削加工方式

数控铣床按构造可以分成工作台升降式数控铣床、主轴头升降式数控铣床和龙门式数控铣床。

（1）工作台升降式数控铣床　这类数控铣床采用工作台移动、升降，而主轴不动的方式，常见于小型数控铣床，如图 1-3a 所示。

a) 工作台升降式数控铣床
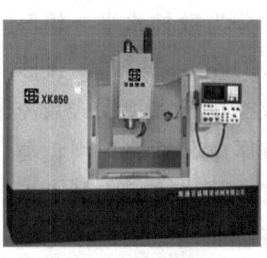
b) 主轴头升降式数控铣床
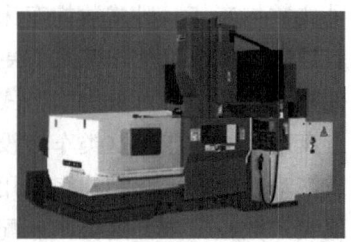
c) 龙门式数控铣床

图 1-3　数控铣床

(2) 主轴头升降式数控铣床　这类铣床采用工作台纵向和横向移动，主轴沿溜板上下移动的形式。主轴头升降式数控铣床在精度保持、承载重量、系统构成等方面具有很多优点，已成为数控铣床的主流形式，如图 1-3b 所示。

(3) 龙门式数控铣床　这类数控铣床主轴可以在龙门架的横向与垂直溜板上运动，而龙门架则沿床身作纵向运动。大型数控铣床，因考虑到扩大行程、缩小占地面积及刚性等技术上的问题，往往采用龙门架移动式，如图 1-3c 所示。

数控铣削加工一般用于下列零件的生产：

1) 轮廓形状复杂或难以控制尺寸的零件，如模具零件、壳体类零件。
2) 用数学模型描述的复杂曲线零件以及三维曲面类零件。
3) 需要进行多道工序加工，精度要求高的零件。

3. 加工中心

加工中心是目前世界上产量最高、应用最广泛的数控机床之一。加工中心综合加工能力较强，工件一次装夹后能完成较多的加工内容，加工精度高。对于中等加工难度的批量工件，其效率是普通设备的 5～10 倍，特别适用于下列零件的加工。

(1) 周期性复合投产零件　有些产品的市场需求具有周期性和季节性，如果采用专门的生产线则投资大、收益低；用普通设备加工效率又太低，质量不稳定，数量也难以保证。而采用加工中心完成首件试切后，程序和相关生产信息可保留下来，产品再生产时只要很短的准备时间就可以开始生产。

(2) 高效、高精度零件　有些零件需求量少，但属于关键部件，要求精度高且工期短。用传统工艺需用多台机床协调工作，周期长、效率低，在长工序流程中，受人为因素的影响易出废品，从而造成重大经济损失。而采用加工中心进行加工，生产完全由程序自动控制，避免了长工艺流程，减少了硬件投资和人为因素的影响，具有生产效益高及质量稳定的优点。

(3) 合适批量零件　加工中心生产的柔性不仅体现在对特殊要求的快速反应上，而且可以快速实现批量生产，拥有并提高市场竞争能力。加工中心适合中小批量，特别是小批量生产。

(4) 形状复杂零件　四、五轴联动加工中心使工件的复杂程度大幅提高。DNC 的使用使同一程序的加工内容足以满足各种加工要求，使复杂零件的自动加工变得非常容易。加工中心还适合加工多工位和多工序集中的工件、难测量工件。

加工中心的种类也是多种多样，可以按下列方式进行分类：

按换刀形式分类可分为带刀库机械手的加工中心、机械手加工中心和带转塔式刀库的加工中心。

(1) 带刀库机械手的加工中心　换刀装置由刀库、机械手组成，换刀动作由机械手完成。

(2) 机械手加工中心　换刀过程由刀库、主轴箱配合动作来完成。

(3) 带转塔式刀库的加工中心　一般应用于小型加工中心，以孔加工为主。

按机床形态分类可分为卧式加工中心、立式加工中心、龙门加工中心和万能加工中心。

(1) 卧式加工中心　主轴轴线为水平状态，一般具有 3～5 个运动坐标。常见的有三个直线运动坐标和一个回转坐标，使工件能够一次性完成除安装面和顶面以外的其余四个面的加工，适用于复杂的箱体类零件、泵体、阀体等零件的加工，如图1-4a所示。

（2）立式加工中心　主轴轴线为垂直状态设置，一般具有三个直线运动坐标，工作台具有分度和旋转功能，可在工作台上安装一个水平轴的数控回转工作台用以加工螺旋线零件。立式加工中心（见图1-4b）适用于简单箱体、箱盖、板类零件和平面凸轮的加工。

（3）龙门加工中心　与龙门铣床类似，适用于大型或形状复杂的零件加工。

（4）万能加工中心　也称五面体加工中心，工件装夹后能够完成除安装面外的所有面的加工，具有立式和卧式加工中心的功能。万能加工中心常有两种形式：一种是主轴可以旋转90°，既可像立式加工中心一样，也可像卧式加工中心一样；另一种是主轴不改变方向，而工作台旋转90°，完成对工件五个面的加工，如图1-4c所示。

　　　　a) 卧式加工中心　　　　　　　　b) 立式加工中心　　　　　　　　c) 万能加工中心

图1-4　数控加工中心

4. 数控电火花加工机床

电火花加工在特种加工中是比较成熟的工艺。在民用、国防和科学研究等领域已经获得了广泛应用，其设备类型较多，但按工艺过程中工具与工件相对运动的特点和用途来分，大致可以分为六大类。其中，应用较广、数量较多的是电火花成形加工机床和电火花线切割机床，如图1-5所示。

（1）电火花线切割机床　电火花线切割加工是利用工具电极（钼丝）与工件两极之间脉冲放电时产生的电腐蚀现象对工件进行加工。两电极在绝缘液体中靠近时，由于两电极的微观表面凹凸不平，使其电场分布不均匀，离得最近的两凸点间的电场强度最高，极间介质被击穿，形成放电通道，电流迅速上升。在电场作用下，通道内的电子高速奔向阳极，离子奔向阴极形成火花放电，电子和离子在电场

　　　a) 电火花成形机床　　　　　　b) 电火花线切割机床

图1-5　电火花加工机床

作用下高速运动时相互碰撞，阳极和阴极表面分别受到电子流和离子流的轰击，使电极间隙内形成瞬时高温热源，通道中心温度超过10000℃，从而使局部金属材料熔化和气化。

电火花线切割加工广泛应用于加工各种冲模；有微细异形孔、窄缝和复杂形状的工件；样板和成形刀具；粉末冶金模、镶拼型腔模、拉丝模、波纹板成型模；硬质材料、切割薄片，切割贵重金属材料；凸轮及特殊齿轮。

（2）电火花成形加工机床　电火花成形加工机床的工作原理与电火花线切割机床一样，只是工具电极是成形电极，与要求加工出的零件有相适应的截面或形状。

电火花成形加工机床广泛用于宇航、航空、电子、核能、仪器、轻工等部门各种难加工材料和复杂形状零件的加工，加工范围从几微米的孔、槽，到几米大的模具和零件。

难加工材料的去除加工靠放电热腐蚀作用实现，加工性能主要取决于材料的热学性质，如熔点、比热容、热导率等，而几乎与其力学性能无关。这样可以通过先采用切削加工硬度比工件低的电极，再用电火花成形机床加工难加工材料。电火花加工可在材料淬硬后进行，避免了热处理变形的修正问题。多种型腔可整体加工，避免了常规机械加工方法因需拼装而带来的误差。

对于特殊及复杂形状零件，由于电极和工件之间没有接触式相对切削运动，不存在机械加工时的切削力，故适宜加工低刚度工件和进行微细加工。当脉冲放电时间短时，材料被加工表面受热影响的范围小，适用于热敏感材料加工。

模块 2 数控机床的构成

项目 1 剖析数控机床总体结构

教学目标：了解数控机床典型结构组成、工作原理和各部分主要功能。

思考与练习：以本校常用数控机床为例，说明其各部件的主要功能及规格型号。

数控机床主要由数控装置、伺服机构和机床本体组成。

1. 数控装置

数控装置也称为数控系统，包括程序读入装置和由电路组成的输入部分、运算部分、控制部分和输出部分等。输入数控装置的程序指令记录在信息载体上，由程序读入装置接收，或由数控装置的键盘直接手动输入。数控装置按所能实现的控制功能分为点位控制、直线控制、连续轨迹控制三类。

（1）点位控制 只控制刀具或工作台从一点移至另一点的准确定位，然后进行定点加工，而点与点之间的路径不需控制。采用这类控制的有数控钻床、数控镗床和数控坐标镗床等。

（2）直线控制 除控制直线轨迹的起点和终点的准确定位外，还要控制在这两点之间以指定的进给速度进行直线切削。采用这类控制的有平面铣削用的数控铣床，以及阶梯轴车削和磨削用的数控车床和数控磨床等。

（3）连续轨迹控制（或称轮廓控制） 连续控制两个或两个以上坐标方向的联合运动。为了使刀具按规定的轨迹加工工件的曲线轮廓，数控装置具有插补运算的功能，使刀具的运动轨迹以最小的误差逼近规定的轮廓曲线，并协调各坐标方向的运动速度，以便在切削过程中始终保持规定的进给速度。采用这类控制的有加工曲面用的数控铣床、数控车床、数控磨床和加工中心等。

2. 伺服机构

伺服机构分为开环、半闭环和闭环三种类型。

（1）开环伺服机构 由步进电动机驱动电路、电动机组成。每一脉冲信号使步进电动机转动一定的角度，通过滚珠丝杠螺母副推动工作台移动一定的距离。这种伺服机构比较简单，工作稳定，容易掌握使用，但精度和速度的提高受到限制。

（2）半闭环伺服机构 由比较电路、伺服放大电路、伺服电动机、速度检测器和位置检测器组成。位置检测器装在丝杠或伺服电动机的端部，利用丝杠的回转角度间接测出工作台的位置。常用的伺服电动机有宽调速直流电动机、宽调速交流电动机以及伺服电动机。位置检测器有旋转变压器、光电式脉冲发生器和圆光栅等。这种伺服机构所能达到的精度、速度和动态特性优于开环伺服机构，为大多数中小型数控机床所采用。

（3）闭环伺服机构 工作原理和组成与半闭环伺服机构相同，只是位置检测器安装在工作台上，可直接测出工作台的实际位置，故反馈精度高于半闭环控制，但调试的难度较大，常用于高精度和大型数控机床。闭环伺服机构所用伺服电动机与半闭环伺服机构相同，位置检测器则用长光栅、长感应同步器或长磁栅。

3. 机床本体

不同类型的数控机床的本体结构有很大的区别。

数控车床主要由床身、主轴电动机和主轴、刀架、尾座、液压冷却润滑系统和排屑器等部分组成，如图 1-6 所示。

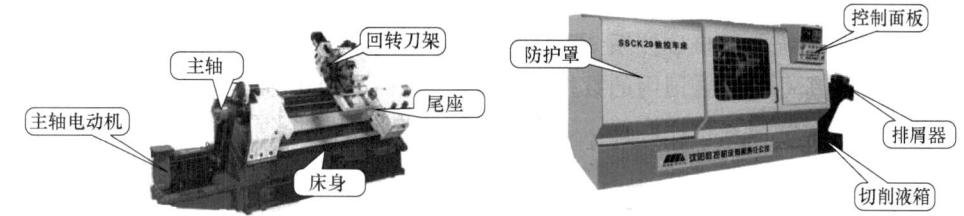

图 1-6　数控车床主体结构

数控铣床本体主要由铣床基础部件、主传动系统、进给系统、实现工作回转定位的装置与附件、实现某些部件动作和辅助功能的系统与装置等组成。铣床基础部件通常称之为铣床大件，包括床身、床鞍、立柱、工作台等。主传动系统主要有主轴箱、Z 轴电动机联轴器座、Z 轴滚动导轨、滚珠丝杠等。进给系统包括 X-Y 轴滚动导轨、X-Y 滚珠丝杠等。辅助系统包括液压、气动、润滑、冷却等系统，以及排屑、防护等装置。数控铣床本体结构如图 1-7 所示。

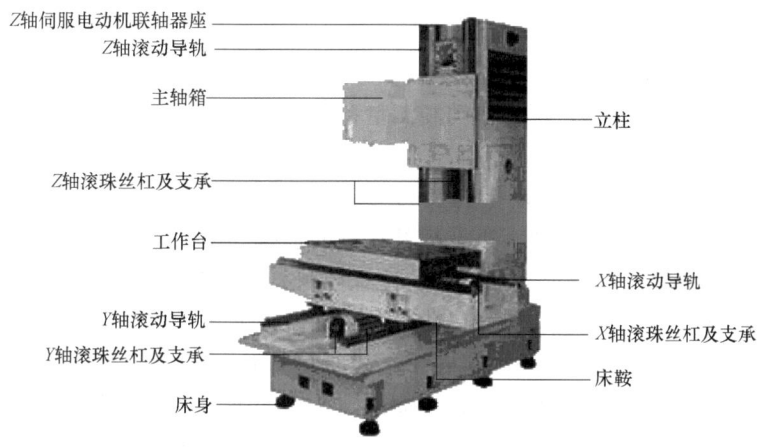

图 1-7　数控铣床本体结构

项目 2　配置数控机床控制装置

教　学　目　标：了解根据数控加工要求选择和配置数控系统的一般方法。

思考与练习：加工要求主要指哪几个方面？数控系统的主要技术指标有哪些？

数控系统的配置和功能选择是数控机床生产的重要工作。配置什么样的数控系统，以及选择哪些数控功能，都是机床生产企业和最终用户十分关注的问题。

1. 国内外主要数控系统

（1）国产数控系统　华中数控、广州数控、北京凯恩帝数控、大森数控等国产数控系统，发展至今已有十余年历史。在国家的大力扶植下已有了很大的发展，不但在经济型数控系统方面实现了规模化生产，而且在中档数控系统的研发及产业化上取得了突破，华中数控已成功开发出五轴联动的数控系统。

（2）进口数控系统　进口数控系统可分为日系和欧系两类。日系以发那科为主，辅以三菱、大隈、马扎克等品牌，在国内的数控车、铣和加工中心市场拥有较大的市场份额。欧系则以西门子为代表，加之发格、海德汉、力士乐等品牌，目前占据国内中高端数控机床市场的主流地位。发那科、西门子等较有影响力的大公司，均以设立合资或独资公司的形式在中国建厂，实现了部分产品的本地化制造。

（3）专用数控系统　美国哈斯、格里森等公司大多开发有自己的数控系统软件，移植到通过 OEM 贴牌定制的其他品牌数控系统上，甚至直接兼并一些小的数控系统品牌，从而拥有自己的数控硬件平台。一般而言，这类专用数控系统都集成了机床制造商拥有自主知识产权的专利技术，在一些特殊加工领域有其独到之处，适用于专业规模化生产中的整条流水线的集中装备。

（4）开放式数控系统　开放式数控系统一般是在普通 PC 工控机上插入相应的运动控制卡，可运行于 Windows 环境下，用户可以自由配置数控系统的其他软硬件。开放式数控系统因其良好的开放性，最初很受一些科研院所的欢迎，随着技术的不断进步，现已逐渐向普通工业场合推广。

2. 数控系统功能的选择

数控系统主要由控制单元、伺服驱动和测量系统三部分组成，数控系统功能选择也是围绕这三个部分展开的。

1）根据机床的几何结构和传动结构及其运动插补关系确定数控通道数（坐标系个数）和伺服轴（直线轴和回转轴）个数，以及插补算法的选择等。

2）根据机床的精度要求确定数控系统的位置控制方式（开环/半闭环/闭环），以及对数控系统的多程序预读、光滑控制、轮廓优化等多方面的性能要求。

3）根据机床的加工范围和规格确定各个数控轴的行程，同时通过对加工范围所覆盖的典型零件的加工工艺和工序流程的分析，进而确定合理的进给速度和主轴转速。

4）根据机床的控制动作框图及其复杂程度，如是否配置刀库、交换工作台、自动上下料装置等辅助机构，有无加工工件的节拍要求等，确定数控系统的档次要求（包括内置 CPU 个数，可扩展的外部 I/O 点数以及多任务处理能力等）。

在确定了数控装置的主要功能及技术指标要求之后，还需合理地选择适合机床的可选功能，放弃可有可无或不实用的可选功能，以提高产品的性价比。

（1）动画/轨迹显示功能　用于模拟零件加工过程，显示真实刀具在毛坯上的切削路径，可以选择直角坐标系中的两个不同平面同时显示，也可选择不同视角的三维立体显示；可以在加工的同时作实时的显示，也可在机械锁定的方式下作加工过程的快速描绘。这是一种检验零件加工程序、提高编程效率和实时监视的有效手段。

（2）外接存储器接口　通过这种数据传送工具可以将系统中已经调试完毕的加工程序存入外接存储器存档，也可以通过它将在其他计算机生成的加工程序存入 NC 系统，从而减少加工程序的输入时间，还可以用它作各种机床数据的备份或存储，给编程和操作人员带来很大方便。

（3）DNC-B 通信功能　由非圆曲线或曲面组成的零件加工程序的编制十分困难，通常的办法是借助于通用计算机，将它们划分为微小的三维直线段后再编写加工程序，所以程序容量极大。

DNC-B 通信功能具有两种工作方式：其一是在个人计算机和数控系统的加工程序存储区之间进行双向的程序传送；其二是将个人计算机的加工程序逐段传送到数控系统的缓冲运行存储器，边加工边传送，直到加工结束。这就解决了大容量程序零件的加工问题。虽然选用这项功能需要增加一定的费用，但它确实是性价比很高的选项。

选择扩充内存容量也是解决曲面加工的有效方法。例如大隈 OSP 系统的最大运行缓冲存储器容量为 512KB。程序存储器容量可以扩充到 4MB，这样就可以满足大部分模具加工的需要。与采用 DNC-B 方式相比，它的优点是省去了个人计算机这个环节，使运行更加可靠，操作也比较方便。

（4）简化编程功能　为了提高编程的效率，缩短加工程序的长度，发挥程序存储器的潜力，数控系统提供了一些简化程序编制的方法。

1）固定循环：将钻孔、镗孔、攻螺纹及腔体和周边加工等常用的加工工序编写成参数式的固定循环程序，编程时由用户填入基面、孔深、每次进给量以及主轴转速和进给速度等数据就可完成预定的加工工序，并可多次重复使用。

2）坐标计算功能：利用数控系统的实时计算能力，将以斜线、圆周和网格等各种规则分布的孔加工工序编写成参数式的固定循环程序，编程时由用户填入角度、半径、孔数、行数和列数等数据就可完成预定的加工工序。

3）子程序功能：用户可以将零件中多处用到的同一加工工序编成子程序，在相应的部位调用，从而缩短加工程序的长度。

4）用户宏程序：用户可以利用系统提供的各种算术、逻辑和函数运算符以及各种分支语句，来组成描述工件形状的数学表达式，在程序执行过程中，数控系统边运算，边输出结果，用很短的程序就可以实现特殊曲线和曲面的加工。

5）刚性攻螺纹功能：刚性攻螺纹功能必须采用伺服电动机来驱动主轴，不仅要求在主轴上增加位置传感器，而且对主轴传动机构的间隙和惯量都有严格的要求，所以不能忽略这个功能的成本。对用户来说，如果没有高速、高精度、特种材料或大直径孔加工等特殊的要求，可以采用弹性伸缩卡头，在一般主轴上进行柔性攻螺纹来满足加工要求，不必选用刚性攻螺纹功能。

6）刀具寿命管理功能：在加工中心上是否要选用刀具寿命管理功能，必须考虑工件的批量、刀具和毛坯质量的一致性以及刀库的容量等因素，否则，不仅会造成许多人为的错误，影响生产的正常进行，而且备用刀具占用的刀位也将大大减少刀库的有效容量，使一些复杂零件因刀位不足而无法加工。

7）自动刀具半径/长度和工件测量功能：加工程序中的刀具运动轨迹通常按刀具中心和刀尖编写，所以在程序执行前必须输入相应的刀具半径和长度，这对加工中心尤其重要。刀具半径和长度可以用普通的量具手工测量，也可用专门的刀具测量仪测量。操作者可以通过每把刀的刀尖在Z轴方向相对于机床上同一"对刀面"的位置差作为长度偏移值进行补偿。采用数控系统本身提供的"半自动刀具长度测量"功能，输入相对于"标准刀具"的长度补偿值。

自动刀具半径/长度和工件测量功能，需要配备专用的接触式传感器及激光测头和信号接收器。选用此功能时应明确以下几点：

1) 接触式传感器和信号接收器安装在机床工作区内，其防护十分重要，切削量大，使用喷淋冲洗的机床不宜安装。

2) 进行上述测量需要占用机床加工时间，可能影响机床的效率。

3) 工件测量功能一般用于测量工件毛坯上作为编程原点的基准孔中心或其他基准点的位置，代替人工对刀，它的精度不会高于机床本身的定位精度。

模块 3　数控机床的未来

数控机床的发展建立在数字控制技术、机械构造技术和制造技术的基础上,并且互相推动发展。

机械加工速度和精度的提高,要求数控系统的功能不断扩大、改进和完善,特别是高速高精加工的要求产生了高速高精控制系统,包括快速程序输入、高速高精插补、控制及输出。

机械结构的简化与改进以及新加工功能的完善,要求数控软件功能越来越复杂,零件部件性能越来越高。例如,采用宽调速、高速、大转矩的进给系统和大功率的主轴系统以简化机械结构和提高机床的加工效率及精度。

机械加工的连续运行、连线、协调,要求数控系统可靠性不断提高,加工和系统信息不但可以控制、处理、传送、管理,而且可以通过网络共享。

项目 1　未来的数控机床结构

教 学 目 标：了解数控机床的发展方向及新型机床的结构形式。
思考与练习：新型数控机床为什么会向智能化和网络化方向发展?

未来数控机床将向高速加工、精密加工、极端制造、集成与复合、智能化、多轴化和高可靠性方向发展。

1. 高速加工

高速加工技术在高档数控机床中得到了广泛应用。应用新的机床运动学理论和先进的驱动技术优化机床结构,采用高性能功能部件,移动部件轻量化,减少运动惯性,是实现高速加工的重要手段。

在刀具材料和结构的支持下,从单一的刀具切削高速加工,发展到机床加工全面高速化,如数控机床主轴的转速从每分钟几千转发展到几万转、几十万转;快速移动速度从每分钟十几米发展到几十米,甚至超过百米;换刀时间从十几秒下降到 10 秒、3 秒、1 秒以下,换刀速度提高了几倍到十几倍。应用高速加工技术达到缩短切削时间和辅助时间的效果,从而实现加工制造的高质量和高效率。

2. 精密加工

通过采用机床结构优化、制造和装配的精细化,数控系统和伺服控制精密化,高精度功能部件以及和温度、振动误差补偿技术等,提高机床加工的几何精度、运动精度,减少形位误差,降低了表面粗糙度值。加工精度平均每 8 年提高 1 倍,从 1950~2000 年的 50 年内加工精度提升了 100 倍。目前,仅以数控机床的精度为例,数控机床通过数字信息来控制刀具与工件的相对运动,它要求在相当大的进给速度范围内能达到较高的精度。当进给速度在 5~15000mm/min、最大加速度为 1500mm/s^2 时,定位精度应达到±0.05~±0.015mm;进行轮廓加工时，进给速度在 5～2000mm/min 范围内，精度应达到 0.02～0.05mm。面对如此高的加工精度要求，就不难理解远在 20 多年前数控机床逐步由改装现有机床，转变为针对数控要求设计新机床的原因。精密数控机床的重复定位精度可以达到 1μm，进入亚微米超精加工时代。

3. 极端制造

极端制造技术指极大、极微、极精密等极端条件下的制造技术。极端制造技术是数控制造技术发展的重要方向，重点研究微纳机电系统的制造技术，超精密制造、巨型系统制造等相关的数控制造技术、检测技术及相关的数控机床研制，如微型、高精度、远程控制手术机器人的制造技术和应用；用于制造大型电站设备、大型舰船和航空航天设备的重型、超重型数控机床的研制；适应微小尺寸微纳米级加工的新一代微型数控机床和特种加工机床的研制；极端制造领域的复合机床的研制等。

4. 集成与复合

技术集成和技术复合是数控机床技术最活跃的发展趋势之一，如工序复合——车、铣、钻、镗、磨、齿轮加工技术复合，跨加工类别技术复合——金属切削与激光、冲压与激光、金属烧结与镜面切削复合等。目前技术集成与复合已由机加工复合发展到非机加工复合，进而发展到零件制造和管理信息及应用软件的兼容，其目的在于实现复杂形状零件的全部加工及生产过程集约化管理。技术集成与复合催生了新一类机床——复合加工机床，并呈现出复合机床多样性的创新结构。

在零件加工过程中有大量的时间消耗在工件搬运、上下料、安装调整、换刀和主轴的升、降速上，为了尽可能降低这些辅助时间，人们希望将不同的加工功能整合在同一台机床上，因此，复合功能的机床成为近年来发展很快的机床种类。

5. 智能化

数字化控制技术发展经历了三个阶段：数字化控制技术对机床单机控制；集合生产管理信息形成生产过程自动控制；生产过程远程控制，实现网络化和无人化工厂的智能化新阶段。智能化指工作过程智能化，将计算机、信息、网络等智能化技术有机结合，对数控机床加工过程实行智能监控和人工智能自动编程等。加工过程智能监控可以实现工件装夹定位自动找正，刀具直径和长度误差测量，加工过程刀具磨损和破损诊断、零件装卸物流监控，自动进行补偿、调整、自动更换刀具等，智能监控系统对机床的机械、电气、液压系统出现故障自动诊断、报警、故障显示等，直至停机处理。随着网络技术的发展，远程故障诊断专家智能系统开始应用。数控系统具有在线技术后援和在线服务后援。人工智能自动编程系统能按机床加工要求对零件进行自动加工。在线服务可以根据用户要求随时接通网络接受远程服务。采用智能技术来实现与管理信息融合下的重构优化的智能决策、过程适应控制、误差补偿智能控制、故障自诊断和智能维护等功能，大大提高成形和加工精度，提高制造效率。信息化技术在制造系统上的应用，可促进柔性制造单元和智能网络工厂的发展，并进一步向制造系统可重组的方向发展。

6. 多轴化

由于在加工自由曲面时，三轴联动控制的机床无法避免切削速度接近于零的球头铣刀端部参与切削，进而对工件的加工质量造成破坏性影响，而五轴联动控制对球头铣刀的数控编程比较简单，并且能使球头铣刀在铣削三维曲面的过程中始终保持合理的切削速度，从而显著降低加工表面的表面粗糙度值，大幅提高加工效率。因此，各大系统开发商不遗余力地开发五轴、六轴联动数控系统，随着五轴联动数控系统和编程软件的成熟和日益普及，五轴联动控制的加工中心和数控铣床已经成为当前的一个开发热点。

最近，国外主要的系统开发商在六轴联动控制系统的研究上已经取得很大进展，在六轴联动加工中心上可以使用非旋转刀具加工任意形状的三维曲面，且背吃刀量可以很小，但加工效率太低，目前还难实用化。

7. 高可靠性

随着数控机床网络化应用的日趋广泛，数控系统的高可靠性已经成为数控系统制造商追求的目标。对于每天工作两班的无人工厂而言，如果要求在16h内连续正常工作，无故障率在99%以上，则数控机床的平均无故障运行时间MTBF就必须大于3000h。对某一台数控机床而言，如果主机与数控系统的失效率之比为10∶1（数控系统的可靠性比主机高一个数量级），此时数控系统的MTBF就要大于10/3万小时，而其中的数控装置、主轴及驱动等部分的MTBF就必须大于10万小时。如果对整条生产线而言，可靠性要求还要更高。

项目2　控制装置的发展趋势

教学目标：了解数控系统的发展趋势，以及控制理论的发展情况。

思考与练习：当前重点研究的数控系统有哪几个重要特点？

1. 开放式体系结构

20世纪90年代以来，计算机技术的飞速发展，推动数控技术的更新换代。世界上许多数控系统生产厂家利用PC机的丰富软、硬件资源开发开放式体系结构的新一代数控系统。开放式体系结构使数控系统有更好的通用性、柔性、适应性、可扩展性，并可以较容易地实现智能化、网络化。近几年许多国家纷纷研究开发这种系统，如美国科学制造中心（NCMS）与空军共同开发的"下一代工作站/机床控制器体系结构"NGC，欧盟的"自动化系统中开放式体系结构"OSACA，日本的OSEC计划等。开放式体系结构可以大量采用通用计算机技术，使编程、操作以及技术升级和更新变得更加简单快捷。开放式体系结构的新一代数控系统，其硬件、软件和总线规范都是对外开放的，数控系统制造商和用户可以根据这些开放的资源进行的系统集成，同时它也为用户根据实际需要灵活配置数控系统带来极大方便，促进了数控系统多档次、多品种的开发和广泛应用，开发生产周期大大缩短。同时，这种数控系统可随CPU升级而升级，而结构可以保持不变。

2. 软件数控

实际用于工业现场的数控系统主要有以下四种类型，分别代表了数控技术的不同发展阶段，对不同类型的数控系统进行分析后发现，数控系统不断从封闭体系结构向开放体系结构发展，而且呈现从硬件数控向软件数控发展的趋势。

1）传统数控系统有FANUC 0i系统、MITSUBISHI M50系统、SINUMERIK 810M/T/G系统等。这是一种专用的封闭体系结构的数控系统。目前，这类系统占有制造业的大部分市场。

2) 采用"PC 嵌入 NC"结构的开放式数控系统有 FANUC18i、16i 系统，SINUMER-IK 840D 系统，Num1060 系统，AB 9/360 系统等。这是一些数控系统制造商将多年来积累的数控软件技术和当今计算机丰富的软件资源相结合开发的产品。它具有一定的开放性，但它的 NC 部分仍然是传统的数控系统，用户无法介入数控系统的核心。这类系统结构复杂，功能强大，价格昂贵。

3) "NC 嵌入 PC"结构的开放式数控系统。它由开放体系结构运动控制卡和 PC 机共同构成。这种运动控制卡通常选用高速 DSP 作为 CPU，具有很强的运动控制和 PLC 控制能力。它本身就是一个数控系统，可以单独使用。它开放的函数库可供用户在 Windows 平台下自行开发构造所需的控制系统。因而这种开放结构运动控制卡被广泛应用于制造业自动化控制各个领域。如美国 Delta Tau 公司用 PMAC 多轴运动控制卡构造的 PMAC-NC 数控系统、日本 MAZAK 公司用三菱电机的 MELDASMAGIC 64 构造的 MAZATROL 640 CNC 等。

4) SOFT 型开放式数控系统。这是一种最新开放体系结构的数控系统。它提供给用户最大的选择和灵活性，它的 CNC 软件全部装在计算机中，而硬件部分仅是计算机与伺服驱动和外部 I/O 之间的标准化通用接口。就像计算机中可以安装各种品牌的声卡和相应的驱动程序一样，用户可以在 Windows NT 平台上，利用开放的 CNC 内核，开发所需的各种功能，构成各种类型的高性能数控系统。与前几种数控系统相比，SOFT 型开放式数控系统具有最高的性价比，因而最有生命力。通过软件智能替代复杂的硬件，正在成为当代数控系统发展的重要趋势。典型产品有美国 MDSI 公司的 Open CNC、德国 Power Automation 公司的 PA8000 NT 等。

3. 控制性能智能化

智能化是 21 世纪制造技术发展的一个大方向。随着人工智能在计算机领域的渗透和发展，数控系统引入了自适应控制、模糊系统和神经网络的控制机理，不但具有自动编程、前馈控制、模糊控制、学习控制、自适应控制、工艺参数自动生成、三维刀具补偿、运动参数动态补偿等功能，而且人机界面十分友好，并具有故障诊断专家系统，使自诊断和故障监控功能更趋完善。此外，伺服系统智能化的主轴交流驱动和智能化进给伺服装置，能自动识别负载并自动优化调整参数。

4. 网络化

数控系统的网络化，主要指数控系统与外部的其他控制系统或上位计算机进行网络连接和网络控制。数控系统一般首先面向生产现场和企业内部的局域网，然后再经由因特网通向企业外部，这就是所谓 Internet/Intranet 技术。

随着网络技术的成熟和发展，最近业界又提出了数字制造的概念。数字制造，又称"e-制造"，是机械制造企业现代化的标志之一，也是当今国际先进机床制造商标准配置的供货方式。随着信息化技术的大量采用，越来越多的国内用户在进口数控机床时要求具有远程通信服务等功能。

数控系统的网络化进一步促进了柔性自动化制造技术的发展。现代柔性制造系统从点（数控单机、加工中心和数控复合加工机床）、线（FMC、FMS、FTL、FML）向面（工段车间独立制造岛、FA）、体（CIMS、分布式网络集成制造系统）的方向发展。柔性自动化技术以易于联网和集成为目标，同时注重加强单元技术的开发、完善，数控机床及其构成的柔性制造系统能方便地与 CAD、CAM、CAPP、MTS 联结，向信息集成方向发展，网络系统向开放、集成和智能化方向发展。

项目 3　IT-MT 一体化编程方法

教　学　目　标：了解 STEP-NC 标准及 CAD/CAM 一体化编程理论与实现方法。
思考与练习：实现 IT-MT 一体化编程有何重要意义？

目前，NC 加工中所采用的编程方式是基于半个世纪前所开发的 ISO6983（G/M 代码）标准，这种代码仅仅包括一些简单的运动指令（如 G01、G02）和辅助指令（如 M03、M08），而不包含零件几何形状、刀具路径生成、刀具选择等信息。G/M 代码、地址字的程序格式（ISO6983）是面向运动和开关控制的语言，限制了 CNC 系统的开放性和智能化发展的需要，使 CNC 与 CAM 技术之间形成了瓶颈，体现不出信息技术（IT）技术与制造技术（MT）的结合。为此，国际标准化组织 ISO 制定了"产品模型数据交换标准"（Standard for the Exchange of Product Model Data，简称 STEP 标准，ISO10303）。STEP 标准是面向对象的数据模型，将此扩展到数控领域就形成了 STEP-NC 标准（ISO14649）。

STEP-NC 是一个面向对象的新型 NC 编程数据接口国际标准，1996 年初开始制订，2001 年底成为国际标准草案（Draft International Standard，DIS），由国际标准化组织 ISOITC 1-84 工业数据技术委员会正式命名为 ISO14649，旨在取代在数控机床中广泛使用的 ISO 6983 标准。

STEP-NC 是从 CAM 到 CNC 的数据模型，STEP-NC 是中性的，采用面向对象的 EXPRESS 语言，以面向对象的形式将产品的设计信息与制造信息联系起来。在采用 STEP-NC 标准的 CNC 系统中，可以直接使用符合 STEP 标准的 CAD 三维产品数据模型（包括工件几何数据、设置、制造特征信息、工艺信息和刀具信息），并直接产生加工程序控制机床进行 CAD/CAM 与 CNC 的一体化加工。

STEP-NC 是当前世界各国正在大力开展的研究项目之一，欧美的 Super Model 项目、韩国和日本的 Digital Sater 项目都在积极进行当中，法那科、西门子等世界著名数控系统公司都宣布将执行 STEP-NC 标准。

第 2 单元 数控机床机械部件

模块 1 数控机床本体

项目 1 认识数控机床本体结构

教学目标：通过对数控车床和数控铣床的机械本体结构及功能分析，了解数控机床机械部件运动和力的传递路径及方法，学习拟定机床本体装配、检测与调整工艺的基本方法。

思考与练习：1）请以自己所见数控铣床或车床为例，简述机械部分的主要组成部件及其功能。2）完成一种数控机床运动和力的传递路径分析。

机床本体是数控系统的被控制对象，是实现零件加工运动的执行部件。主要由主运动部件（主轴、主运动传动机构）、进给运动部件（工作台、滑板及相应的传动机构）、支承件（立柱、床身等）以及自动工作台交换（APC）系统、自动刀具交换（ATC）系统和辅助装置（如冷却、润滑、排屑、转位和夹紧装置等）等组成。

数控机床本体结构相对普通机床，主要有以下几个特点：

1）采用高性能的主轴及进给伺服驱动装置，机械传动装置得到了简化，传动链较短。

2）数控机床的机械结构具有较高的动态特性、动态刚度、阻尼精度、耐磨性以及抗热变形性能。

3）较多地采用滚珠丝杠螺母副、直线滚动导轨等高效传动部件。

1. 数控车床主体结构组成

从机械结构上看，数控车床没有脱离卧式车床的结构形式，即由床身、主轴箱、刀架进给系统、液压系统、冷却系统、润滑系统等组成。与卧式车床所不同的是，数控车床的进给系统通过滚珠丝杠螺母副驱动溜板以及安装在其上的刀具，实现进给运动，从而大大简化了进给系统的结构。

数控车床一般具有两轴联动功能，Z 轴是与主轴平行方向的运动轴，X 轴是在水平面内与主轴垂直的运动轴。在最新的车铣加工中心上，增加了一个 C 轴，可用于工件的分度功能，可在刀架中安放铣刀，对工件进行铣削加工。数控车床的本体组成如图 2-1 所示。

数控车床本体结构的布局特点主要是采用自动回转刀架，刀架工位数量有限；数控车削中心一般具有 C 轴控制；床身结构有水平床身水平滑板、倾斜床身水平滑板、水平床身斜滑板和立式床身等。水平床身结构的刀架水平放置，加工工艺性好，有利于提高刀架的运动精度，但其床身下部空间小，排屑困难。目前，中小型数控车床多采用倾斜床身或水平床身斜滑板结构，如图 2-2 所示。其优点主要有：

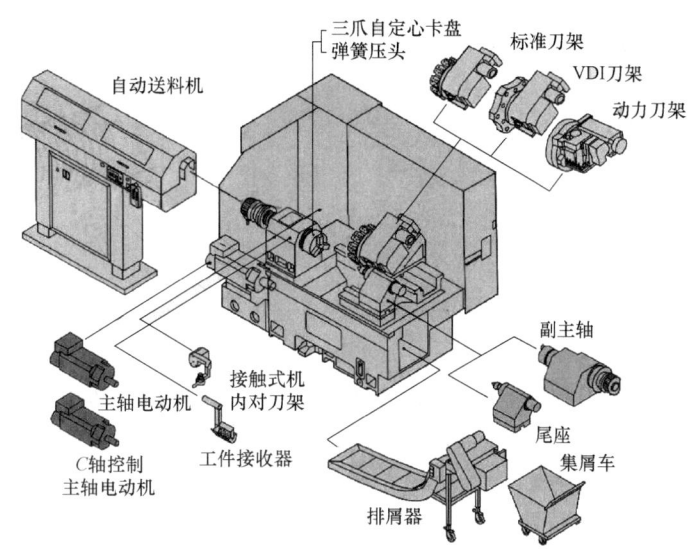

图 2-1 数控车床的本体组成

1) 外形美观,占地面积小。
2) 易于排屑和切削液的排流。
3) 便于操作者操作和观察。
4) 易于安装上下料机械手,实现全面自动化。
5) 可采用封闭截面整体结构,以提高床身的刚度。

2. 数控车床的运动与力传递

(1) 机床的运动 任何规则表面都可以看作是一条母线(线1)沿着另一条导线(线2)运动的轨迹。母线和导线统称为成形表面的发生线,如图 2-3 所示。

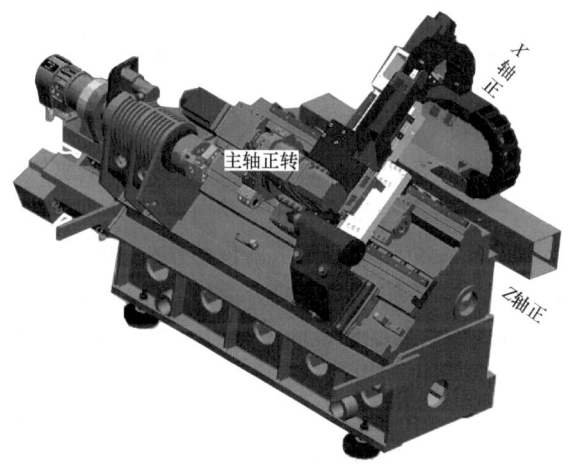

图 2-2 倾斜床身数控车床

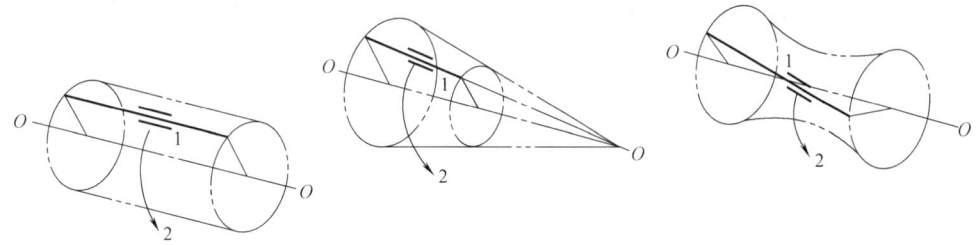

图 2-3 母线原始位置变化时形成的表面
1—母线 2—导线

为了形成工件表面的发生线,机床上的刀具和工件所作的相对运动称为表面成形运动,简称成形运动。表面成形运动是机床上最基本的运动,如图 2-4、图 2-5 所示。

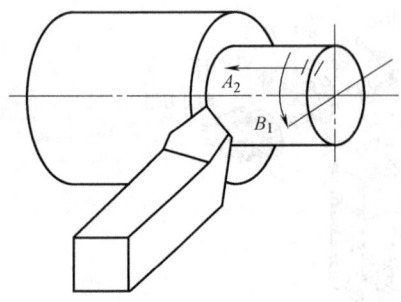

图 2-4 车削外圆柱表面的成形运动

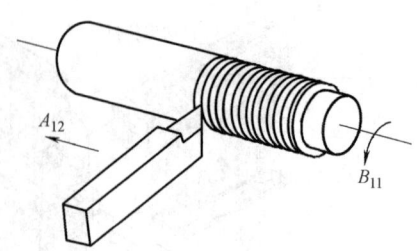

图 2-5 用螺纹车刀车螺纹的成形运动

除表面成形运动外，还需要辅助运动，以实现机床的各种辅助动作。辅助动作的种类很多，主要包括各种空行程运动、切入运动、分度运动、操纵及控制运动等。机床越复杂、功能越多，辅助运动也越多。

(2) 机床的传动联系 为了实现加工过程中所需的各种运动，机床必须具备以下3个基本部分：

1) 执行件，如主轴、刀架、工作台等执行机床运动的部件，带动工件或刀具完成一定形式的运动（旋转或直线运动），并保持其运动的准确性。

2) 动力源是提供运动和动力的装置，是执行件的运动来源，一般为电动机。

3) 传动装置是传递运动和动力的装置，把动力源的运动和动力传给执行件。通常还需完成变速、换向、改变运动形式等任务，使执行件获得所需要的运动速度、运动方向和运动形式。传动装置把执行件和动力源，或者把有关的执行件联接起来，构成传动联系。

构成传动联系的一系列传动件称为传动链。传动链按功用可分为主运动传动链和进给运动传动链等，按性质可以分为外联系传动链和内联系传动链。

1) 外联系传动链联系动力源和机床执行件，使执行件运动，并能改变运动的速度和方向，但不要求动力源和执行件有严格的传动比关系。例如，车削螺纹时，从电动机到车床主轴的传动链就是外联系传动链，它只决定车削螺纹的速度，不影响螺纹表面的成形。

2) 内联系传动链联系复合运动之内的各个分解部分。内联系传动链所联系的执行件的相对速度有严格的传动比要求，用来保证准确的运动关系。例如，在卧式车床上用螺纹车刀车螺纹时，联系主轴和刀架之间的螺纹传动链，就是一条传动比有严格要求的内联系传动链。

3. 数控铣床的主体结构

数控铣床的机械结构主要由下列各部分组成：

1) 主传动系统。

2) 进给系统。

3) 实现工件回转、定位的装置和附件。

4) 实现某些部件动作和辅助功能的系统和装置，如液压、气动、润滑、冷却等系统和排屑、防护等装置。

5) 刀架或自动换刀装置（ATC）。

6) 自动托盘交换装置（APC）。

7) 特殊功能装置，如刀具破损监控、精度检测和监控装置。

8）为完成自动化控制功能的各种反馈信号装置及元件。

图 2-6 所示为宁波海天精工机械有限公司生产的 HTG 系列数控龙门铣床本体结构。

数控铣床的结构布局与数控车床相比更加复杂，根据加工件的重量和尺寸大小，通常有以下四种不同的布局方案：

1）工件进给运动的升降台铣床。

2）铣头垂直进给运动的升降台铣床。

3）工件单方向进给运动的龙门式数控铣床。

4）铣头垂直进给运动的龙门式数控铣床。

（1）运动的分配与部件的布局　需要对工件的顶面进行加工的，铣床主轴一般应布置为立式；需要对工件的多个侧面进行加工，则主轴一般应布置为卧式。

（2）铣床的布局与结构性能　数控铣床的布局应兼顾精度、刚度、抗振性和热稳定性等结构性能要求。

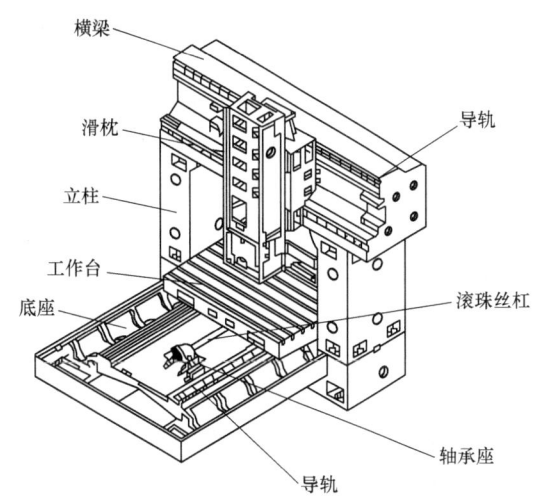

图 2-6　HTG 系列数控龙门铣床本体结构

运动要求与加工功能相同的数控机床，结构总体布局不同，结构性能也不同。T 形床身布局的机床刚性好；而框式立柱布局的机床热变形对加工精度的影响小。

综上所述，除了数控装置代替了操纵手柄、手轮外，数控铣床在外观上与通用铣床确有不少相似之处，数控铣床在结构上的内涵要复杂得多，而与其他数控机床（如数控车床、数控钻镗床等）相比，数控铣床在结构上主要有下列特点：

1）控制机床运动的坐标特征。为了要把工件上各种复杂的形状轮廓连续加工出来，必须控制刀具沿设定的直线、圆弧或空间的直线、圆弧轨迹运动，这就要求数控铣床的伺服驱动系统能在多坐标方向同时协调动作，并保持预定的相互关系，也就是要求机床应能实现多坐标联动。数控铣床要控制的坐标数至少是三坐标中任意两坐标联动；要实现连续加工直线变斜角工件，起码要实现四坐标联动；若要加工曲线变斜角工件，则要求实现五坐标联动。因此，数控铣床所配置的数控系统一般比其他数控机床的要求更高。

2）数控铣床的主轴特征。现代数控铣床的主轴起动与停止、主轴正反转与主轴变速等都可以按事先编好的程序自动执行。不同机床的变速功能与范围不同。采用变频机组（目前已很少采用）驱动的机床只有固定的几种转速，可任选一种编入程序，但不能在运转时改变。采用变频器调速驱动的机床将转速分为几档，编程时可任选一档，在运转中可通过控制面板上的旋钮在规定范围内自由调节。采用伺服驱动的机床则不分档，编程时可在整个调速范围内任选数值，在主轴运转中可以在全速范围内进行无级调整。但从安全角度考虑，每次只能在允许的范围内调高或调低，不能有大起大落的突变。

在数控铣床的主轴套筒内一般都设有自动退刀装置，能在数秒钟内完成刀具装卸，使换刀更加方便。此外，多坐标数控铣床的主轴可以绕 X、Y 或 Z 轴作数控摆动，有些数控铣床还带有万能主轴头，扩大了主轴自身的运动范围，但这种主轴结构也更加复杂。

4. 数控铣床的运动与力传递

数控铣床的运动主要包括主传动和进给传动。

数控铣床的主传动是铣床传动系统中的核心环节，普遍采用无级传动方式。

（1）数控铣床的主传动　无级变速主传动系统主要由主轴无级调速电动机、驱动单元和机械传动机构组成。无级调速电动机具有转速拐点，即额定转速。其特点是小于额定转速的为恒转矩范围，大于额定转速的为恒功率范围，如图 2-7 所示。

额定转速一般有 500r/min、750r/min、1000r/min、1500r/min、2000r/min 等几种，为节约运行成本，通常选用 1500r/min。如果直接使用额定转速为 1500r/min 以上的电动机而不通过机械减速，则输出的恒功率范围和低速转矩较小，不能满足多数场合下的正常使用要求。

主轴无级传动系统通常采用以下几种传动方式。

1）直接传动。可采用电动机与主轴组件直联方式或通过同步带传动方式。结构简单，易获得高转速，但低速转矩小，一般只适用于高速和轻负载场合。

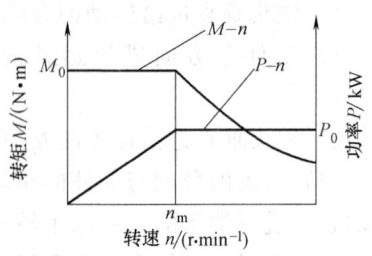

图 2-7　无级调速电动机特性曲线

2）直接减速或升速传动。常采用同步带传动方式，也可采用齿轮传动方式。对于减速传动，可扩大恒功率范围和提高主轴转矩，但扩大和提高程度有限，且最高转速也受到限制。对于升速传动，可获得高转速，但缩小了恒功率范围，降低了低速转矩。

3）高低档两段变速传动。一般采用齿轮两档变速机构，可配合较为经济的额定转速较大的无级调速电动机。既可获得较高转速，又可以较大地拓宽恒功率范围，提高低速转矩，适合于要求较高转速且切削用量较大的场合。

4）高中低三段变速传动。采用齿轮三档变速机构，配合较为经济的额定转速较大的无级调速电动机。既可获得较高的转速，又可大大拓宽恒功率范围，提高低速转矩，适合于要求高转速、大切削用量的场合，其性能几乎与齿轮有级变速相同。但其结构更复杂，且由于采用齿轮多级传动方式，最高转速受限更明显。

（2）数控铣床的进给传动　数控铣床的进给传动装置一般采用伺服电动机直接带动滚珠丝杠旋转，较大的电动机轴和滚珠丝杠之间，通常采用锥环无键联接或高精度联轴器联接，以获得较高的传动精度，如图 2-8 所示。

经济型数控铣床可采用步进电动机伺服进给系统，但这种系统目前已很少使用。中档数控铣床采用功率稳定的有刷直流伺服电动机，但在使用中需要定期更换电刷。

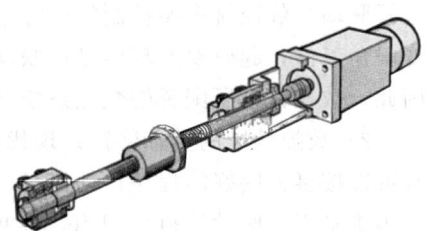

图 2-8　数控铣床的进给传动装置

交流伺服电动机在中高档数控铣床中广泛使用，而高速机床则采用无中间传动链、精度高、进给快的直线电动机系统。

为扩大数控铣床的工艺范围，除了沿 X、Y、Z 三个坐标轴作进给运动外，还需要绕 Y 轴或 Z 轴作圆周进给运动，一般采用回转工作台来实现。

回转工作台分为分度工作台和数控回转工作台。分度工作台只能完成分度运动，不能实现圆周进给。工作时按照数控系统的指令，在需要分度时将工作台连同工件回转一定角度。

数控回转工作台在外观上与分度工作台相似,但内部结构和功用不同。工作时根据数控装置发出的指令完成圆周进给运动,进行各种圆弧或曲面加工,也可进行分度工作。

(3) 数控铣床的受力分析　数控铣床的主轴受力相对简单,主要任务是把主轴电动机提供的动力,通过主传动系统转换成带动刀具旋转、完成切削加工的切削力。进给传动既要控制工件按照预定的轨迹运动,同时也要克服运动阻力和切削反作用力。下面以滚动导轨工作台为例进行分析。

数控铣床在不同性质的切削力作用下进行工作时,其工作面最常见的受力状态可简化为如图2-9所示的力学模型。

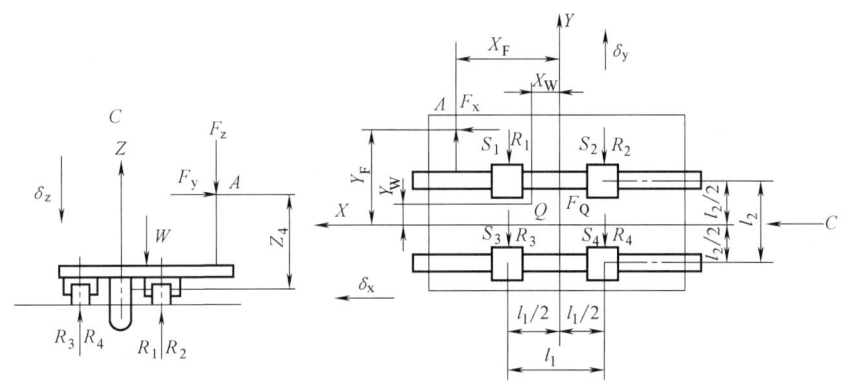

图 2-9　数控铣床力学模型

这些作用力主要有切削力、进给驱动力、约束力、重力和摩擦力。

1) 切削力:在进给方向(X)、水平方向(Y)和垂直方向(Z)的切削分力分别为F_x、F_y、F_z,其作用点的位置坐标为(X_F、Y_F、Z_F)。

2) 进给驱动力:由电动机产生,经过滚珠丝杠传递来的动力F_Q。

3) 约束力:滑块所受的垂直方向的约束力R_1、R_2、R_3、R_4以及滑块所受的水平方向的约束力S_1、S_2、S_3、S_4。L_1为滑块安装距离,L_2为导轨安装距离。

4) 重力:运动着的工作台及安装在它上面的工件的重量W,其重心的位置坐标为(W_x、W_y)。

5) 摩擦力:作用在滚动导轨上的摩擦力F_f。

当运动着的工作台在上述各种外力的作用下处于平衡状态时,应当满足下列条件:

$\Sigma F_x=0 \quad \Sigma F_y=0 \quad \Sigma F_z=0 \quad \Sigma M_x=0 \quad \Sigma M_y=0 \quad \Sigma M_z=0$

项目 2　机床本体的装配与调整

教 学 目 标:学习机床本体的装配、检测与调整工艺的编制方法,掌握立柱、导轨等关键部件的装配与调整方法,并交替进行机床装配实训以巩固学习效果。

思考与练习:简述直线导轨安装与平行度检验的基本方法。

1. 滚动直线导轨的安装与调试

导轨可以分为滑动导轨和滚动导轨两种。滑动导轨具有结构简单、制造方便、接触刚度大等优点。但传统滑动导轨摩擦阻力大、磨损快、动静摩擦系数差别大、低速时易产生爬行现象。目前，数控机床已不采用传统滑动导轨，而是采用带有耐磨粘贴带覆盖层的滑动导轨或新型塑料滑动导轨，这类导轨具有摩擦性能良好和使用寿命长等特点。

滚动直线导轨是近年来新生产的一种滚动导轨，其突出的优点为无间隙，并且能够施加预紧力，导轨的结构如图 2-10 所示。

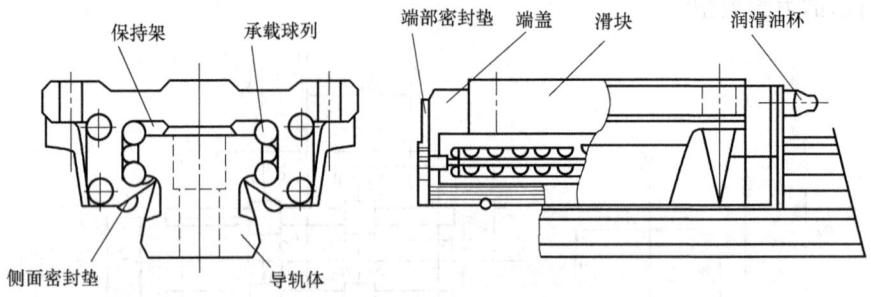

图 2-10 滚动直线导轨的结构

滚动直线导轨由直线滚动导轨体、滑块、承载球列（滚珠）、保持架、端盖等组成。由生产厂组装成导轨单元，故又称单元式直线滚动导轨。使用时，导轨固定在不运动的部件上，滑块固定在运动的部件上。当滑块沿导轨体移动时，滚珠在导轨体和滑块之间的圆弧直槽内滚动，并通过端盖内的滚道，从工作负荷区到非工作负荷区，然后再回到工作负荷区，通过循环运动把导轨体和滑块之间的移动变成滚珠的滚动。目前在国内外的中小型数控机床上广泛采用这种导轨。

（1）滚动直线导轨对安装基面的要求　滚动直线导轨由于承载球列多，对误差有均化作用，导轨弹性变形又能降低安装面的误差，多个滑块对误差也有均化作用，安装在导轨上的运动件的运动误差将减小到安装基面误差的 1/2～1/5。因此，一般情况下安装面无需磨削加工，采用精刨或精铣加工即可。若要达到很高精度时，则安装面也应达到较高的精度。

安装误差对摩擦力和导轨寿命均有一定影响。安装误差较大时，会造成动摩擦力增大、导轨寿命降低。在通常情况下两根导轨的平行度误差 e_1 和高度误差 e_2 必须控制在要求的公差内，以保证小而稳定的摩擦力和较长的使用寿命，如图 2-11 所示。

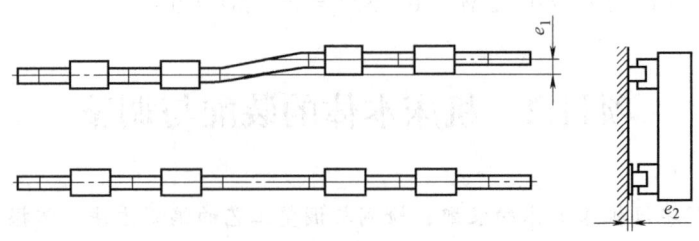

图 2-11 安装基面平行度误差

导轨安装之前应事先测定安装基面的精度。首先，使用油石将机床基面上的毛刺及微小凸出部位擦去、修直，并用纱布擦干净，然后用挥发性液体擦干净。做好以上准备后，再进行各项精度的测量。

导轨安装基准面有和导轨底面结合的 A 面、和导轨侧面结合的 B 面两个，A、B 两面的直线度误差和平行度误差均须进行测量，如图 2-12 所示。

导轨安装基准面精度测量方法由数控机床厂根据自己的条件进行，并将测量数据作为导轨安装检测的参考数据。一般可以按照下列方法进行。

安装基准 A 面的精度测量方法是将千分表固定在表座上，并将表座放置在基准 A 面上，按一定的距离轻轻移动表座，测量与基准面平行的平尺表面。测量所得的数据绘制成如图 2-13 所示的曲线，从而求出 A 面的直线度误差 X。并用同样方法测量出基准 A 面的另一侧的直线度误差 X'。在测量时注意不要移动平尺，以免影响测量精度。根据测量结果，可求出基准 A 面的平行度误差，如图 2-14 所示。

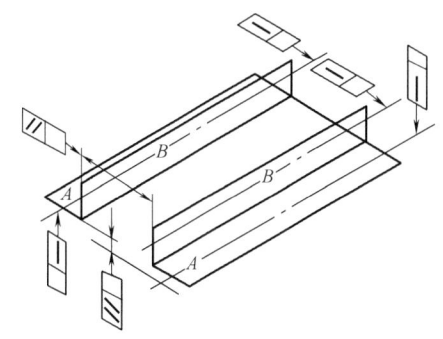

图 2-12 导轨安装基准面的精度测量要求

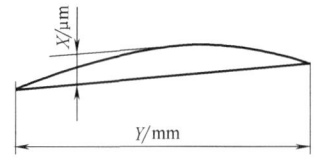 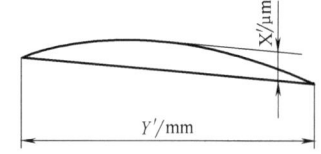

图 2-13 基准 A 面的直线度

滚动直线导轨安装基准 B 面的直线测量方法与 A 面相同，先将平尺安装调整到与 B 面平行，然后测量平尺的侧面，即可得到 B 面的直线度误差。

在双导轨定位的情况下，两个安装基准面均应进行测量，并进行两基准面的平行度误差计算。基准面的精度测量完成后，即可进行滚动直线导轨的安装。

（2）滚动直线导轨的固定方法　滚动直线导轨可以根据结构与负载方向等需要，选择不同的安装方式，主要有水平、垂直、倒置、相对、壁挂和倾斜 6 种形式，如图 2-15 所示。当使用油润滑时，滑块的油路会因不同的安装方式而有所变化，需要特别定制。

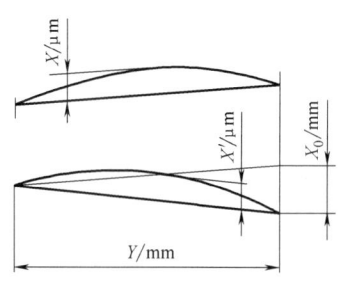

图 2-14 基准 A 面的平行度

为克服机械运动过程中的振动和冲击力的作用，导轨和滑块可以根据受力的大小与作用方向选择压块、推拔块、定位螺钉和滚柱等固定方法。

1）压板固定法：采用压板固定法时，导轨和滑块的侧面需要稍微超出安装基准面的边缘。在压板上需要加工出腰子槽，以防止压板安装时与导轨或滑块的角部产生干涉，如图 2-16 所示。

2）推拔固定法：推拔固定法通过对推拔块的锁紧来施压，过大的锁紧力会造成导轨弯曲或外侧肩部变形，安装时要特别注意锁紧力的大小，如图 2-17 所示。

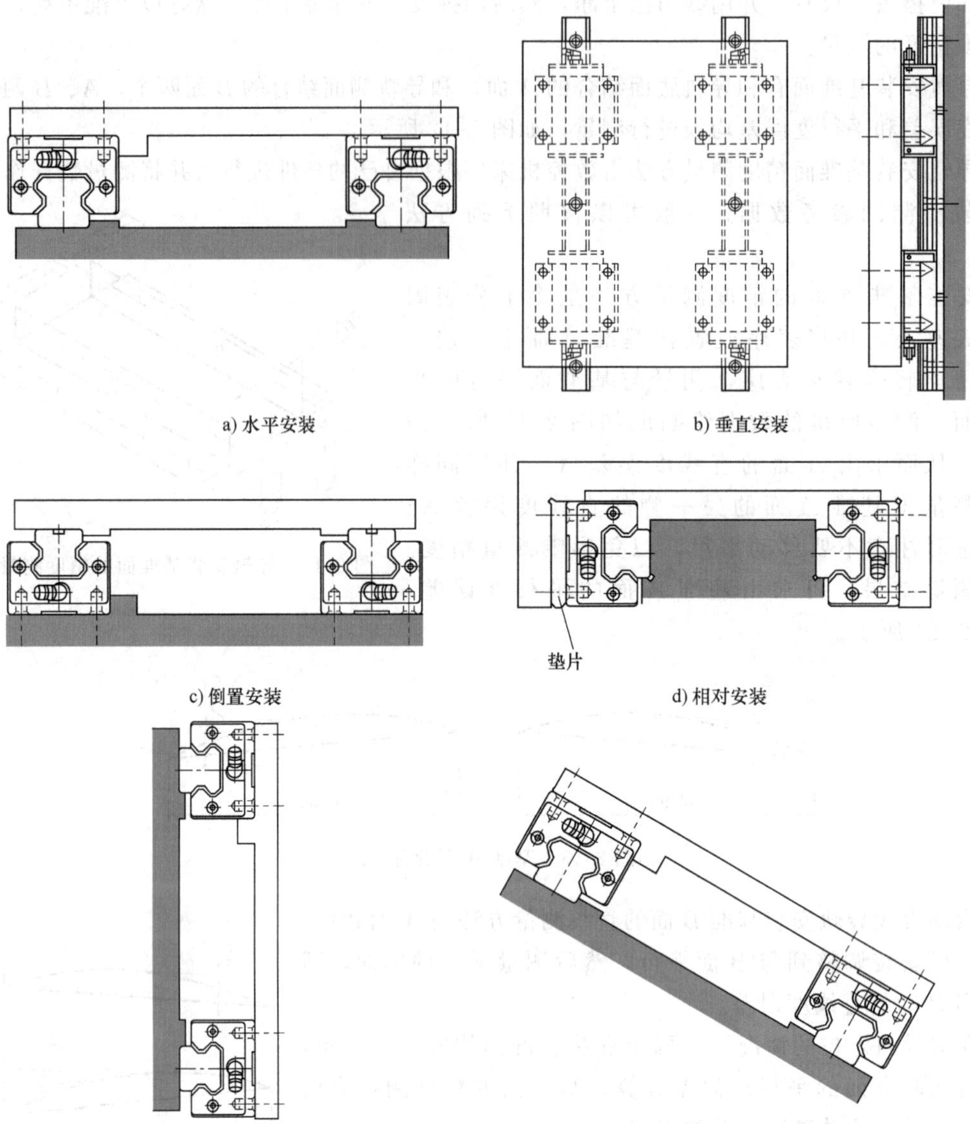

a) 水平安装　　　　　　　　　　b) 垂直安装

c) 倒置安装　　　　　　　　　　d) 相对安装

e) 壁挂安装　　　　　　　　　　f) 倾斜安装

图 2-15　直线导轨的固定形式

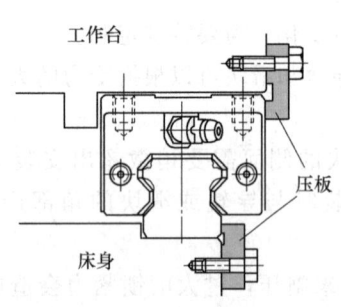

图 2-16　压板固定法

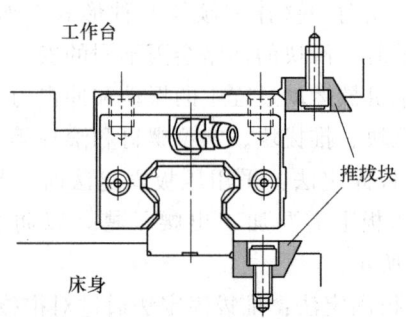

图 2-17　推拔固定法

3) 螺栓固定法：采用螺栓直接固定。因安装空间所限，使用的螺栓尺寸大小应适宜，如图 2-18 所示。

4) 滚柱固定法：滚柱固定法是利用螺钉头部斜度的推进来施压，应特别注意螺钉头部的位置，如图 2-19 所示。

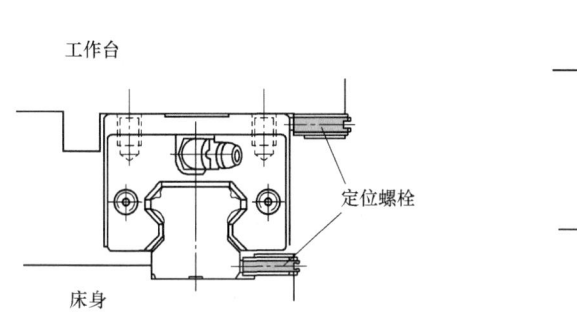

图 2-18 螺栓固定法

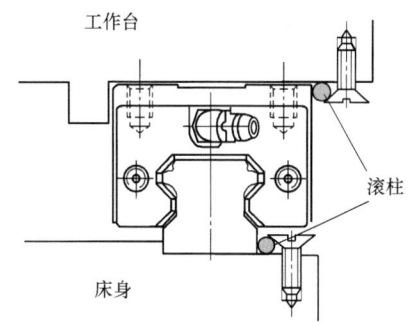

图 2-19 滚柱固定法

(3) 滚动线性导轨的安装

1) 有振动和冲击作用且要求高刚度和高精度的导轨安装如图 2-20 所示。

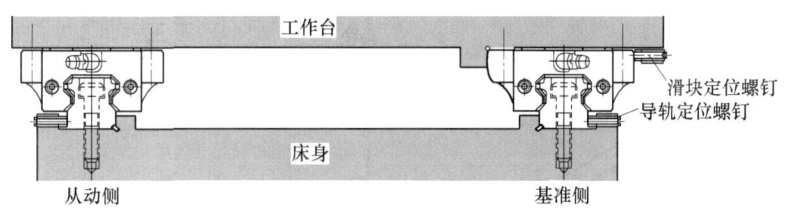

图 2-20 导轨安装图

滚动线性导轨安装分为导轨和滑块的安装。导轨安装前先用油石清除安装基准面的毛刺和污物，如图 2-21 所示。然后将线性导轨平放在安装面上，使导轨的基准面紧贴床身的侧向安装面，如图 2-22 所示。

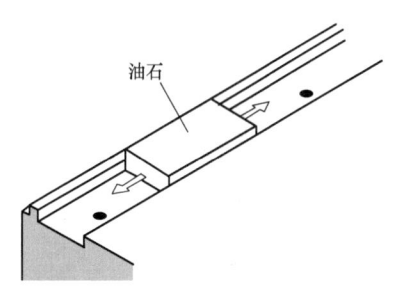

图 2-21 用油石清除毛刺和污物

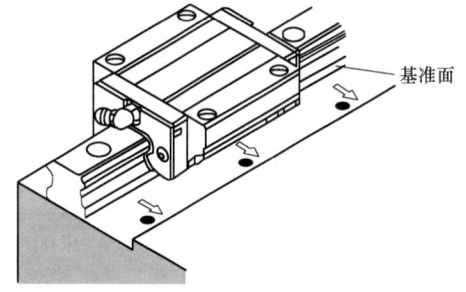

图 2-22 将导轨平放在安装面上

将装配螺栓紧固，但注意不要完全锁死，并使滑轨基准面尽量贴紧床身的侧向安装面。安装前注意螺栓孔与装配螺栓是否吻合，如图 2-23 所示。依次将导轨与床身的侧向安装面紧密贴合，如图 2-24 所示。

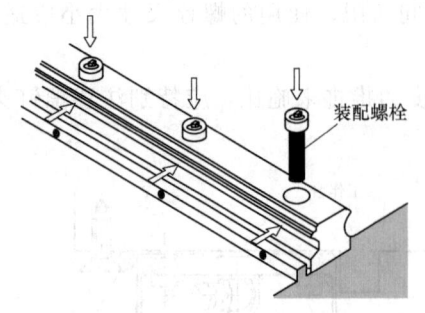

图 2-23 装配螺栓初步固定

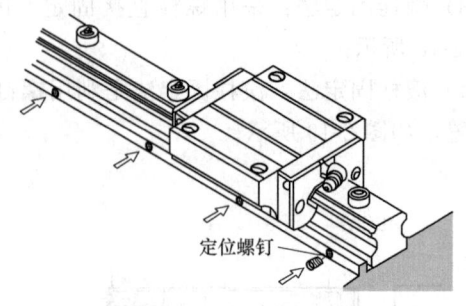

图 2-24 装配螺栓的紧定

使用指针式扭力扳手，将装配螺栓按规定的扭矩值锁紧。锁紧时须由导轨的中央向两端依次锁紧，以获得稳定的精度，如图 2-25 所示。其余导轨的安装方法相同。

在完成导轨的安装后，将工作台安装至滑块上，锁定滑块装配螺栓，但不要完全锁紧。使用定位螺栓将滑块基准面与工作台侧向安装面锁紧，以定位工作台。按①～④滑块对角的顺序，锁紧滑块装配螺栓，如图 2-26 所示。

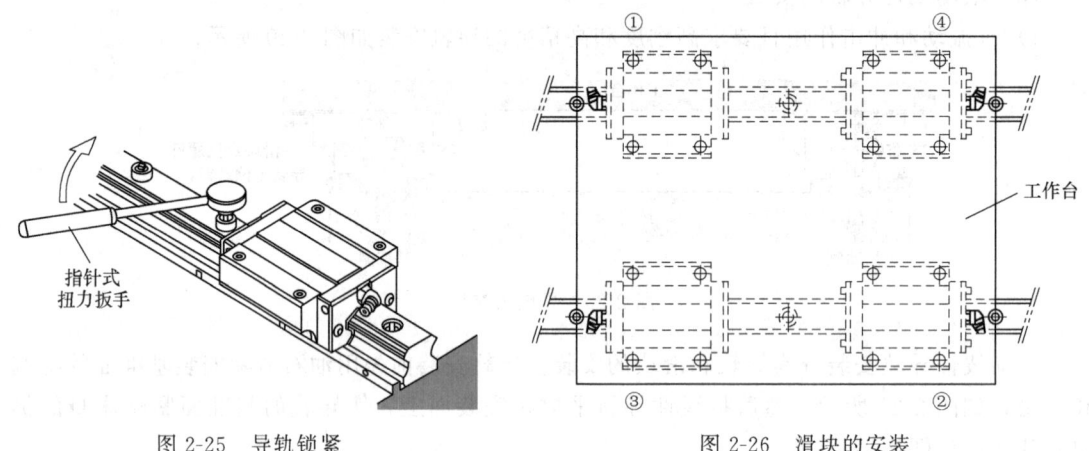

图 2-25 导轨锁紧　　　　图 2-26 滑块的安装

2) 导轨无定位螺钉的安装形式，如图 2-27 所示。

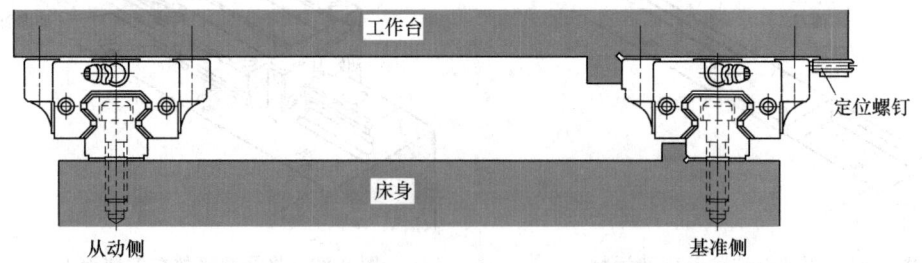

图 2-27 导轨无定位螺钉的安装

安装无定位螺钉的导轨时，先将装配螺栓锁定但不完全锁紧，利用机用平口虎钳将导轨的基准面紧贴床身侧向安装面，再使用指针式扭力扳手，按规定的扭矩值依次锁紧导轨装配螺栓，如图 2-28 所示。

无定位螺钉导轨的从动侧导轨可以采用直线块规法、移动工作台法、仿基准侧导轨法和专用工具安装法。

使用直线块规法安装从动侧导轨时，先将直线块规置于两根导轨之间，使用千分表将其调整至与基准侧导轨侧向基准面平行，然后再以直线规为基准，利用千分表调整从动侧导轨的直线度，并自轴端依次锁紧导轨的装配螺栓，如图 2-29 所示。

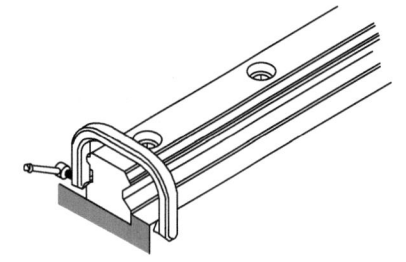

图 2-28　基准导轨的安装

使用移动工作台法安装从动导轨时，先将基准侧的两个滑块固定锁紧在工作台上，使从动侧的导轨与一个滑块分别锁定于床身或工作台上，但不要完全锁紧。将千分表固定在工作台上，并使其测头接触从动侧滑块侧面，自轴端移动工作台校准从动侧导轨平行度，并同时依次锁紧装配螺栓，如图 2-30 所示。

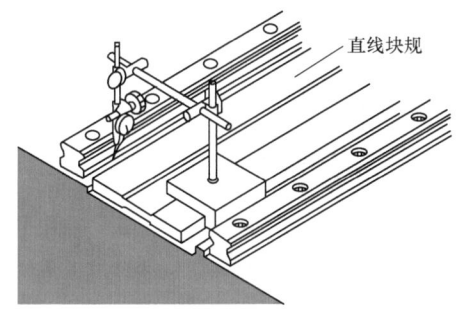

图 2-29　直线块规法

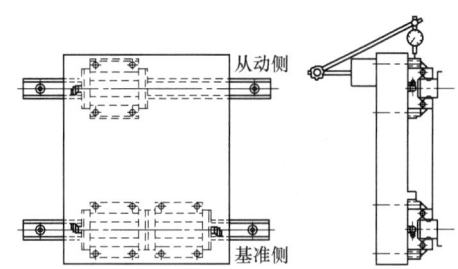

图 2-30　移动工作台法

使用仿基准侧导轨安装法安装从动导轨时，将基准侧的两个滑块固定锁紧在工作台上，而从动侧的导轨与一个滑块分别锁定于床身或工作台上，但不要完全锁紧。自轴端移动工作台，依据滚动阻力的变化调整从动侧导轨的平行度，并同时依次锁紧装配螺栓，如图 2-31 所示。

使用专用工具，以基准侧导轨的侧向基准面为基准，自轴端依安装间隔调整从动侧滑轨侧向基准面的平行度，并同时依次锁紧装配螺栓，如图 2-32 所示。

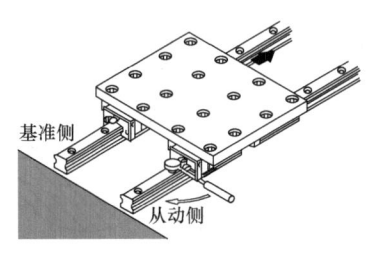

图 2-31　仿基准侧安装法

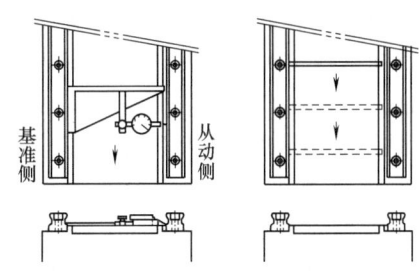

图 2-32　专用工具安装法

3）滑块无侧向定位面的导轨安装如图 2-33 所示。

滑块无侧向定位面的导轨的从动侧安装与前面的安装方法相同，基准侧的安装通常采用假基准面法和直线块规法两种方式。

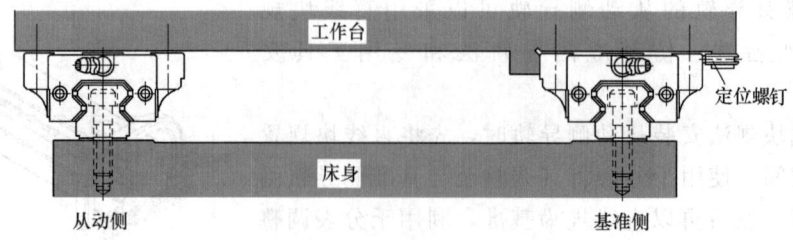

图 2-33　滑块无侧向定位面的导轨安装

采用假基准面法安装导轨时，先将两个滑块靠紧并固定在检验平板上，以导轨附近设定的床身基准面为基准，使用千分表，自轴端开始校准导轨直线度，并同时依次锁紧装配螺栓，如图 2-34 所示。

直线块规法安装导轨时，先用装配螺栓将导轨锁定在床身上，但不完全锁紧，以直线块规为基准，使用千分表，自轴端开始校准导轨直线度，并同时依次锁紧装配螺栓，如图 2-35 所示。

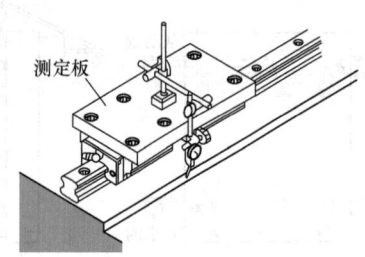
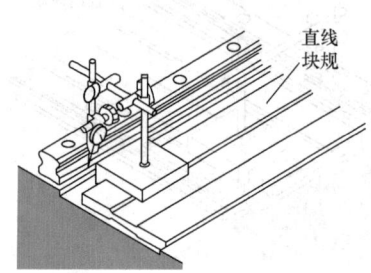

图 2-34　假基准安装法　　　　　　　图 2-35　直线块规法

2. 数控铣床立柱的安装与调试

数控机床的床身与立柱的安装经历了直接刮研、灌胶、灌注螺纹胶三种安装工艺的发展历程。直接刮研工艺由于工作量大、生产效率低已被淘汰。灌胶工艺主要运用于高精度数控机床床身和立柱装配，它是在传统的安装刮研工艺和现代的粘接技术的基础上发展起来的一门新工艺技术。螺纹灌胶工艺是在灌胶工艺基础上发展起来的，和灌胶工艺相比，螺纹灌胶工艺不是在床身与立柱间灌胶，而是在四个支承螺钉的螺纹及支承钢球面上灌胶。螺纹和钢球接触面的设计必须满足立柱的工作强度要求，这种工艺比灌胶工艺更经济，已在一些技术实力较强的数控机床厂的总装中采用。

在精密机床床身和立柱的安装采用灌胶工艺时，为避免过度频繁的调整起吊而破坏连接精度，需要先将这两个连接件支撑住并把它们调整到规定的位置精度，再向两连接件之间的缝隙灌注粘结剂。同时，采取措施确保粘结剂凝固后二者的位置精度不变，如图 2-36 所示。

灌胶工艺的流程如图 2-37 所示。

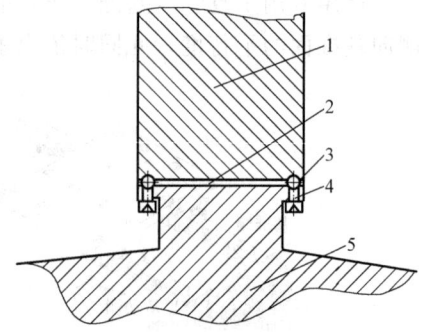

图 2-36　床身与立柱的安装示意图
1—立柱　2—注胶层　3—钢球
4—螺钉　5—床身

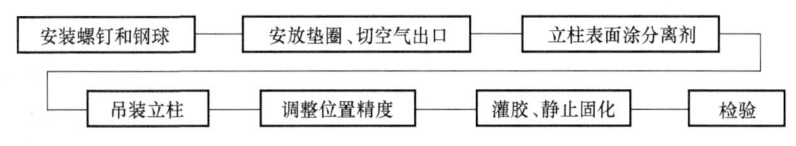

图 2-37 灌胶工艺的流程

首先,在床身的安装面四周均布 4 个联接强度足以支撑起立柱重量的螺钉,用这 4 个螺钉顶起 4 只钢球,然后用调整工具将钢球调整到距离床身一定的高度。钢球顶起的高度既要能够方便地调整立柱导轨与床身工作台的位置精度,又不能让两个连接面之间的间隙过大。因为间隙过大时会增加注胶量,影响成本,且太厚的注胶层会影响粘接强度。然后在安装位置四周装上垫圈,以保证灌注粘结剂时不溢漏,并在床身注胶口前沿切出空气出口供排出空气。注胶孔一般设置在立柱的后面,在距离底部约 20mm 钻一垂直通孔至立柱底面,距离立柱后面 20mm 左右即可。

在吊装立柱之前,先在立柱安装表面涂上分离剂,使立柱和粘结剂分离。然后吊装立柱,将它支撑在钢球上,并反复调整压在钢球下的四个螺钉。调整立柱导轨与床身上工作台面的垂直度误差到合格的范围之内。立柱导轨与床身上工作台台面之间的垂直度误差约为 0.02mm,至此,灌胶前的准备工作就绪。

可以选用 SKC 等环氧胶进行灌注。环氧胶的优点是强度很高,可以粘接,耐高温和化学性能好。缺点是固化慢,需严格按比例与稀释剂混合。胶粘剂的种类和稀释剂的稀释比例对粘接强度有一定影响,间隙大小对粘接强度也有影响。胶粘剂的最终内应力随胶层的增加而增大,间隙大小以 1.5～2mm 为宜。将灌注胶与稀释剂严格按照规定的比例、速度和时间混合搅拌均匀后立即压入注胶口。灌胶要保证两接合面的胶层充分饱满,以灌胶口前方的空气切口有胶液溢出为宜。然后让设备保持原位静止,使粘结胶充分室温固化达到规定的参数。

最后,将所有联接螺钉按规定扭距值拧紧,并校验立柱导轨与工作台台面的垂直度误差。

下面以海天立式数控铣床安装为例,介绍床身与立柱的安装、调试过程。

1)底座定位。在底座定位前,先将轨道研磨面用除油剂清除干净,检查研磨面是否有敲击伤痕或裂痕,完成地脚螺栓孔攻螺纹。将水平仪放置于底座研磨面中央,再在稳定状况下调整底座四角的螺栓,使 X-Y 轴水平仪气泡位于中央位置,锁紧地脚螺栓,完成底座定位,如图 2-38 所示。

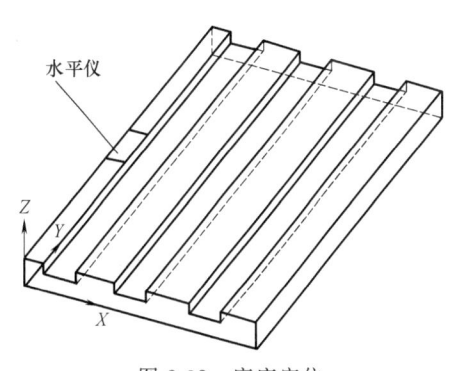

图 2-38 底座定位

2)鞍座装配。清洁鞍座轨道研磨面和底座接触面,并确认没有敲伤、裂痕。清出鞍座螺纹孔内铁屑,再将鞍座固定在底座上。将延伸臂固定在底座上,并将千分表吸附在延伸臂上,测量鞍座研磨面四个点是否与底座平行,如图 2-39 所示。

测量鞍座研磨面的高低差,再用刮刀把鞍座底部耐磨片高点铲除。每次铲刮完后必须擦拭干净,防止铁屑吸附在铲刮面上。在铲刮时用红丹粉磨合耐磨片部位并检查接触点是否均匀。当铲刮完毕后把镶条固定在鞍座左右方,将鞍座移动至底座中间部位,并作水平调整一次。将鞍座来回移动,测试镶条与底座研磨面接触是否良好;同时将千分表吸附在延伸臂上,测量鞍座运动是否平行。

在固定镶条应注意区分左右,并做好记号加以区别。鞍座底部耐磨片上不能沾有铁屑,以防止破坏研磨面。当精度调试完成后,耐磨片与嵌条加润滑剂润滑。

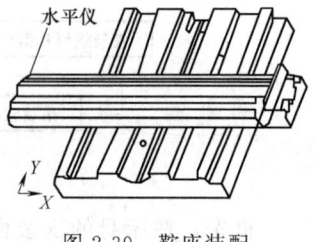

图 2-39 鞍座装配

3) 立柱与主轴头的结合。清洁立柱轨道研磨面和与主轴头相接触面,并确认是否有敲伤、裂痕。清出工作台螺纹孔内铁屑,并将立柱与主轴头固定。将主轴、增压器固定在主轴头上,再将夹具装夹在主轴上。

将延伸臂固定在立柱上,并将千分表吸附在延伸臂上,测量夹具 X 方向(上下)与 Y 方向(左右)的精度,再用刮刀把主轴头耐磨片高点铲除。注意每次铲刮完后必须擦拭干净,防止铁屑吸附在铲刮面上。

调试完毕后将镶条座、左右镶条和平镶条一起固定,来回移动鞍座,测试镶条是否与底座研磨面接触良好,如图 2-40 所示。

4) 立柱与底座的结合。清洁立柱与底座结合面以保证测量精度。将配重块固定在立柱上后,完成立柱与底座的结合。通过前后移动工作台,调整 X-Y 轴水平仪气泡至水平仪中央,同时测量工作台平面度误差和 T 形槽的直线度误差。

将千分表固定在主轴头上,直角尺直立放置于工作台上,用行车将配重块作上下移动测量立柱前后左右倾斜度,再用刮刀把底座高点铲除,直到达到设计要求,如图 2-41 所示。

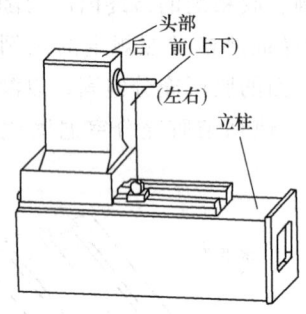

图 2-40 立柱与主轴头的结合

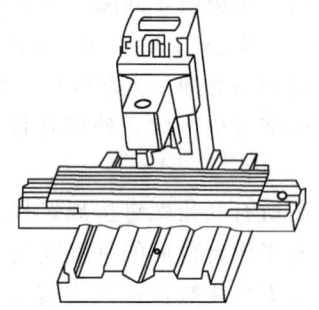

图 2-41 立柱与底座的结合

项目 3 床身关键尺寸检验

教学目标:了解数控机床床身关键尺寸对机床性能的影响,学习常规检测工具、激光测距仪等操作方法,并通过检测实训进一步提升实操能力。

思考与练习:哪些数控机床床身尺寸精度对机床性能有重大影响?请详细阐述一种检测工具的操作要领。

1. 机床的几何精度检验的准备

1) 对机床进行几何精度检验时,应注意防止气流、光线和热辐射的干扰。为避免机床受环境温度变化的影响,室温应在 20℃ 左右,如果不在 20℃ 左右检验,则必须修正轴线定位系统和检验设备间的名义膨胀差值，以获得修正到20℃的检测结果。检验前应检测环境温度不少于12h。

2）机床在检验前应调整机床安装水平。将工作台置于X、Y坐标行程中间位置，水平仪放置在工作台的中间位置，如图2-42所示。水平仪读数在纵向和横向均不得超过：普通级0.03/1000；精密级0.02/1000。

3）在检验项目中，凡未明确规定回转工作台位置的，检验时均应处于零位位置，并处于夹紧状态。

4）当实测长度与本检验规定的长度不同时，公差值应按能够测量的长度进行折算。折算结果普通级小于0.005mm时，按0.005mm计；精密级小于0.003mm时，按0.003mm计。

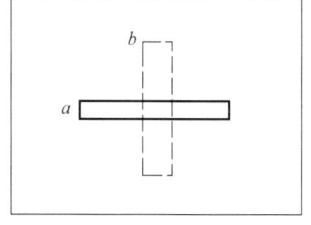

图2-42 水平仪的摆放

5）对带有两个以上交换工作台的机床，检验与工作台有关的几何精度，应将各工作台锁紧在工作位置上分别检验。

6）某些检验项目的偏差采用软件补偿时，应在检验结果中注明。

7）根据机床结构特点和用户要求，在合同注明的情况下，检验项目可以增减。

2. X轴轴线运动的直线度误差检验

X轴轴线运动的直线度误差是指工作台沿X方向左右移动时的偏差，其检验内容、方法和检验工具见图2-43和表2-1。

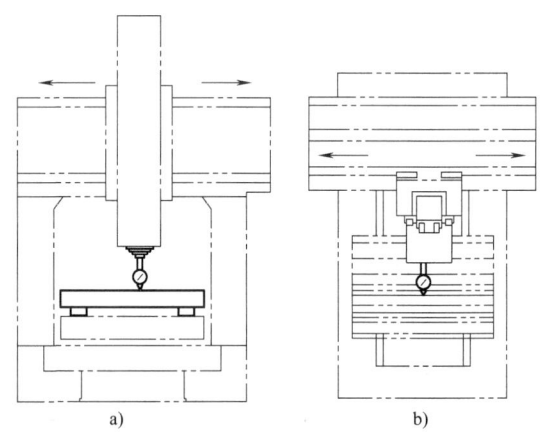

图2-43 X轴轴线运动的直线度误差检验

表2-1 X轴轴线运动的直线度误差检验

检验项目	检验方法	公　差	检验工具
X轴轴线运动直线度误差 a. 在XZ垂直平面内 b. 在XY水平平面内	工作台位于Y轴线行程的中间位置 a. 在工作台面上中间位置放两个可调整垫块，平尺放在其上，并平行于X轴线，固定指示器，使其测头触及平尺检验面，移动滑座，并调整平尺，使指示器读数在平尺的两端相等，沿X轴线移动滑鞍，在全行程上进行检验 b. 在中央T形槽中放置两个可调整垫块，将平尺卧放在其上，固定指示器，使其测头触及平尺检验面，移动滑鞍，并调整平尺，使指示器读数在平尺的两端相等。沿X轴线移动滑座，在全行程上进行检验	X＞1250～2000mm时公差为0.025mm 局部公差：在任意300mm测量长度上为0.007mm	a. 平尺和指示器 b. 平尺和指示器

3. Y轴轴线运动的直线度误差检验

Y轴轴线运动的直线度与X轴轴线运动的直线度的含义基本相同,是指滑鞍沿Y方向前后移动时的偏差,其检验内容、方法和检验工具见图2-44和表2-2。

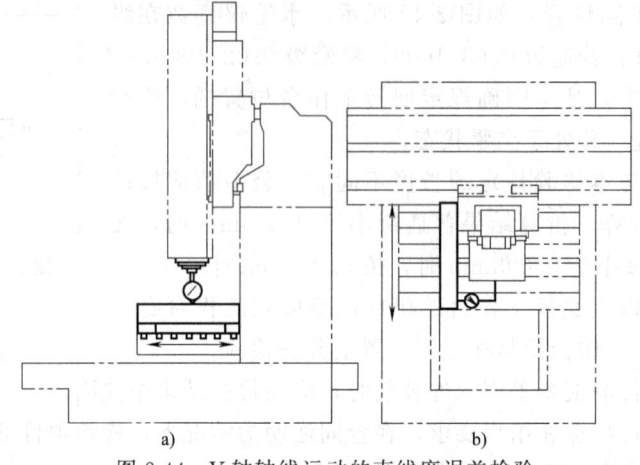

图2-44 Y轴轴线运动的直线度误差检验

表2-2 Y轴轴线运动的直线度误差检验

检验项目	检验方法	公 差	检验工具
Y轴轴线运动直线度误差 a. 在YZ垂直平面内 b. 在XY水平内	滑鞍位于X轴线行程的一侧工作行程的中间位置 在工作台面上中间位置放两个可调整垫块,平尺放在其上,并平行于Y轴线,固定指示器,使其测头触及平尺检验面,移动工作台,并调整平尺,使指示器读数在平尺的两端相等,沿Y轴线移动工作台,在全行程上进行检验 将平尺平行于Y轴线卧放在工作台面上的中间位置,固定指示器,使其测头触及平尺检验面,移动工作台,并调整平尺,使指示器读数在平尺的两端相等,沿Y轴线移动工作台,在全行程上进行检验 a、b两项的误差分别计算,误差以指示器读数的最大差值计	Y>500~800mm时公差为0.015mm 局部公差:在任意300mm测量长度上为0.007mm	a. 平尺和指示器 b. 平尺和指示器

4. Z轴轴线运动的直线度误差检验

Z轴轴线运动的直线度误差与X轴轴线运动的直线度误差的含义基本相同,是指滑鞍沿Z方向上下移动时的偏差,其检验内容、方法和检验工具见图2-45和表2-3。

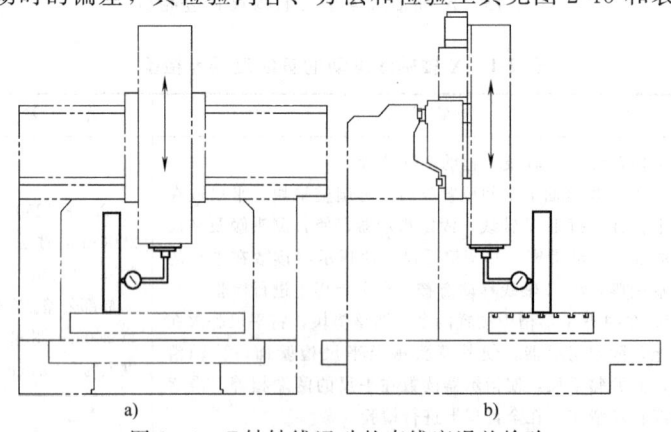

图2-45 Z轴轴线运动的直线度误差检验

表 2-3　Z 轴轴线运动的直线度误差检验

检验项目	检验方法	公差	检验工具
Z 轴轴线运动直线度误差 a. 在平行于 X 轴线的 ZX 垂直平面内 b. 在平行于 Y 轴线的 YZ 垂直平面内	滑鞍位于 X 轴线行程的一侧工作行程的中间位置，工作台位于 Y 轴线行程的中间位置 将角尺放置在工作台面上中间位置处的两个可调整垫块上，对于 a 项，角尺的检验面平行于 YZ 平面；对于 b 项，角尺的检验面平行于 ZX 平面。固定指示器，使其测头触及角尺检验面，移动主轴箱，并调整角尺，使指示器读数在测量长度的两端相等，沿 Z 轴线移动主轴箱，在全行程上进行检验 a、b 两项的误差分别计算，误差以指示器读数的最大差值计	Z>500~800mm 时公差为 0.015mm 局部公差：在任意 300mm 测量长度上为 0.007mm	a. 角尺和指示器 b. 角尺和指示器

5. X 轴轴线运动的角度偏差

X 轴轴线运动的角度偏差包括在平行于移动方向的 Z-X 垂直平面内的俯仰、在 X-Y 水平面内的偏摆和在垂直于移动方向的 Y-Z 垂直平面内的倾斜 3 项角度偏差，如图 2-46 所示。其检验内容、方法和检验工具见图 2-46 和表 2-4。

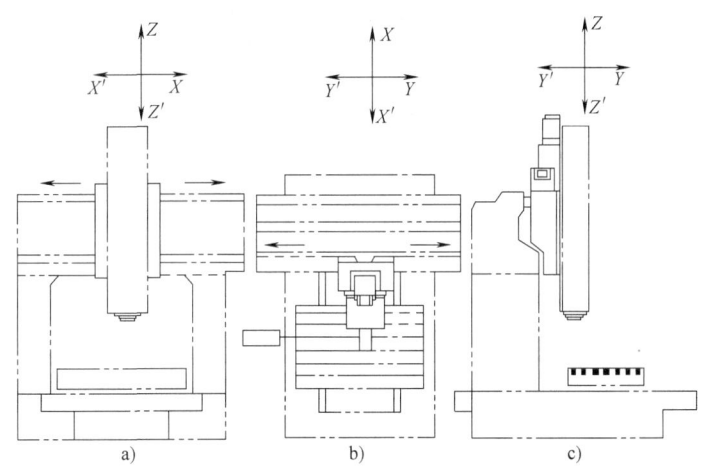

图 2-46　X 轴轴线运动的角度偏差检验

表 2-4　X 轴轴线运动的角度偏差检验

检验项目	检验方法	公差	检验工具
X 轴轴线运动的角度偏差 a. 在平行于移动方向的 Z-X 垂直平面内（俯仰） b. 在 X-Y 水平面内（偏摆） c. 在垂直于移动方向的 Y-Z 垂直平面内（倾斜）	参照 GB/T 17421.1—1998 中的 5.2.3.1.3、5.2.3.2.2 和 5.2.3.3.2 检验工具应置于运动部件上 a.（俯仰）纵向 b.（偏摆）水平 c.（倾斜）横向 沿行程在等距离的五个位置上检验 在每个位置的两个运动方向测取读数。最大与最小读数的差值应不超过公差	0.060/1000 局部公差：任意 500mm 测量长度上为 0.030/1000	a. 精密水平仪或光学角度偏差测量工具 b. 光学角度偏差测量工具 c. 精密水平仪

6. Y 轴轴线运动的角度偏差

Y 轴轴线运动的角度偏差包括在平行于移动方向的 Y-Z 垂直平面内的俯仰、在 X-Y 水平面内的偏摆和在垂直于移动方向的 Z-X 垂直平面内的倾斜 3 项角度偏差，如图 2-47 所示。其检验内容、方法和检验工具见图 2-47 和表 2-5。

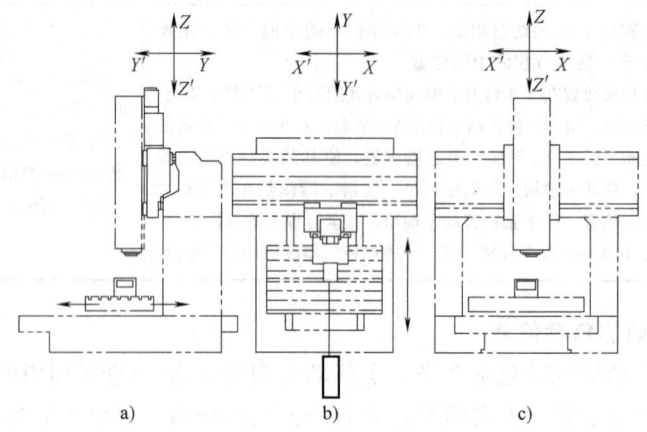

图 2-47　Y 轴轴线运动的角度偏差检验

表 2-5　Y 轴轴线运动的角度偏差检验

检验项目	检验方法	公　差	检验工具
Y 轴轴线运动角度偏差 a. 在平行于移动方向的 Y-Z 垂直平面内（俯仰） b. 在 X-Y 水平面内（偏摆） c. 在垂直于移动方向的 Z-X 垂直平面内（倾斜）	参照 GB/T 17421.1—1998 中的 5.2.3.1.3、5.2.3.2.2 和 5.2.3.3.2 检验工具应置于运动部件上 a.（俯仰）纵向 b.（偏摆）水平 c.（倾斜）横向 沿行程在等距离的五个位置上检验 沿在每个位置的两个运动方向测取读数。最大与最小读数的差值应不超过公差	0.060/1000 局部公差：在任意 500mm 测量长度上为 0.030/1000	a. 精密水平仪或光学角度偏差测量工具 b. 光学角度偏差测量工具 c. 精密水平仪

7. Z 轴轴线运动的角度偏差

Z 轴轴线运动的角度偏差包括在平行于 Y 轴轴线的 Y-Z 垂直平面内的俯仰、平行于 X 轴线的 Z-X 垂直平面内的倾斜 2 项角度偏差，如图 2-48 所示。其检验内容、方法和检验工具见图 2-48 和表 2-6。

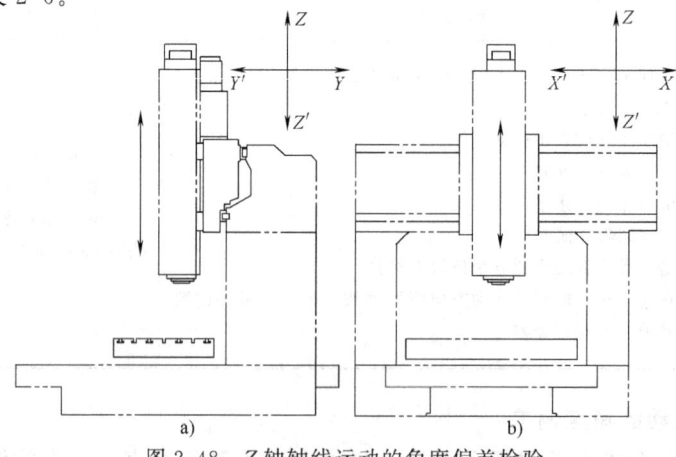

图 2-48　Z 轴轴线运动的角度偏差检验

表 2-6 Z 轴轴线运动的角度偏差检验

检 验 项 目	检 验 方 法	公 差	检 验 工 具
Z 轴轴线运动角度偏差 a. 在平行于 Y 轴轴线的 Y-Z 垂直平面内 b. 在平行于 X 轴轴线的 Z-X 垂直平面内	参照 GB/T 17421.1—1998 中的 5.2.3.1.3、5.2.3.2.2 和 5.2.3.3.2 检验工具应置于运动部件上 沿行程在等距离的五个位置上检验 沿在每个位置的两个运动方向测取读数。最大与最小读数的差值应不超过公差	0.060/1000 局部公差：在任意 500mm 测量长度上为 0.030/1000	精密水平仪或光学角度偏差测量工具

8. X 轴轴线运动和 Z 轴轴线运动间的垂直度误差

X 轴轴线运动和 Z 轴轴线运动间的垂直度误差是指滑鞍沿 X 轴左右移动、沿 Z 轴上下移动两条轨迹线之间的夹角与 90°角的偏差，如图 2-49 所示。

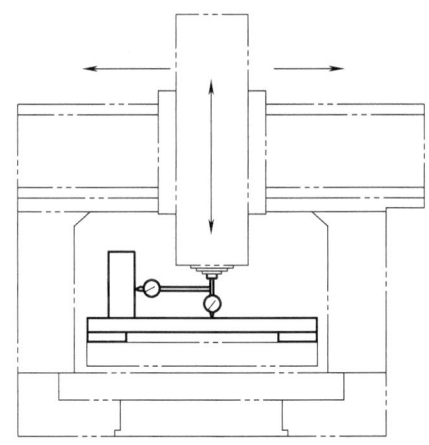

图 2-49 X 轴轴线运动和 Z 轴轴线运动间的垂直度误差

X 轴轴线运动和 Z 轴轴线运动间的垂直度误差的检验内容、方法和工具要求见表 2-7。

表 2-7 X 轴轴线运动和 Z 轴轴线运动间的垂直度误差检验

检 验 项 目	检 验 方 法	公 差	检 验 工 具
X 轴轴线运动和 Z 轴轴线运动间的垂直度误差	a. 将平尺（或平板）平行于 X 轴线放置在工作台中间位置处的两个可调整垫块上，固定指示器，使其测头触及平尺（或平板）的检验面，移动滑枕，并调整平尺使指示器读数在平尺的两端相等。并使滑枕位于 X 轴线行程的中间位置 b. 将角尺放在平尺（或平板）上，固定指示器，使其测头触及角尺的检验面。沿 Z 轴线移动主轴箱，在全行程上进行检验 误差以指示器读数的最大差值计	0.020/500	平尺 平板角尺 指示器

9. Z 轴轴线运动和 Y 轴轴线运动间的垂直度误差

Z 轴轴线运动和 Y 轴轴线运动间的垂直度误差是指滑鞍沿 Z 轴上下移动、沿 Y 轴前后移动两条轨迹线之间的夹角与 90°角的偏差，如图 2-50 所示。

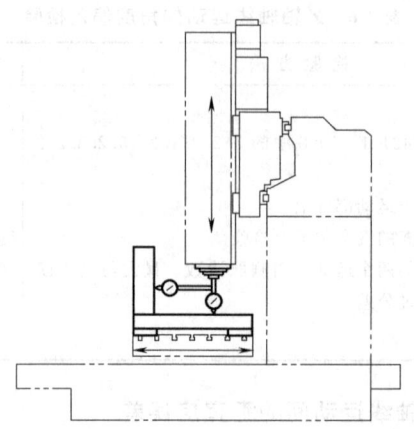

图 2-50 Z 轴轴线运动和 Y 轴轴线运动间的垂直度误差

Z 轴轴线运动和 Y 轴轴线运动间的垂直度误差的检验内容、方法和工具要求见表 2-8。

表 2-8　Z 轴轴线运动和 Y 轴轴线运动间的垂直度误差检验

检验项目	检验方法	公　差	检验工具
Z 轴轴线运动和 Y 轴轴线运动间的垂直度	a. 将平尺（或平板）平行于 Y 轴线放置在工作台中间位置的两个可调整垫块上，固定指示器，使其测头触及平尺（或平板）的检验面，移动工作台，并调整平尺，使指示器读数在平尺的两端相等。并使滑枕位于 X 轴线行程的中间位置 b. 将角尺放在平尺（或平板）上，固定指示器，使其测头触及角尺的检验面。沿 Z 轴线移动主轴箱，在全行程上进行检验 误差以指示器读数的最大差值计	0.020/500	平尺 平板角尺 指示器

10. Y 轴轴线运动和 X 轴轴线运动间的垂直度误差

Y 轴轴线运动和 X 轴轴线运动间的垂直度误差是指滑鞍沿 X 轴左右移动、沿 Y 轴前后移动两条轨迹线之间的夹角与 90°角的偏差，如图 2-51 所示。

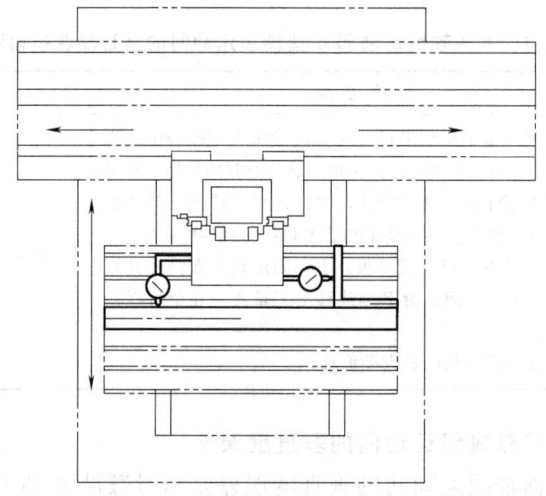

图 2-51　Y 轴轴线运动和 X 轴轴线运动间的垂直度误差

Y 轴轴线运动和 X 轴轴线运动间的垂直度误差的检验内容、方法和工具要求见表 2-9。

表 2-9 Y 轴轴线运动和 X 轴轴线运动间的垂直度误差检验

检 验 项 目	检 验 方 法	公　　差	检 验 工 具
Y 轴轴线运动和 X 轴轴线运动间的垂直度误差	a. 将平尺平行于 X 轴线卧放在工作台的中间位置上，固定指示器，使其测头触及平尺的检验面，移动滑鞍，并调整平尺，使指示器读数在平尺的两端相等。并使滑鞍位于 X 轴线行程的中间位置 b. 将角尺放在工作台上，使其一边紧靠在调整好的平尺上。固定指示器，使其测头触及角尺的另一边，沿 Y 轴线移动立柱检验 误差以指示器读数的最大差值计	0.020/500	平尺 角尺 指示器

模块 2 工 作 台

项目 1 工作台的结构形式

教学目标：了解直线与回转工作台的基本结构，熟悉数控机床工作台的运动控制原理，掌握尺寸换算方法。

思考与练习：工作台是如何将电动机的旋转运动转换成零件加工所需的直线运动或回转运动的？

图 2-52a 所示的十字滑台式工作台是立式加工中心的传统结构，工作台作 X、Y 向移动，刀具作 Z 向移动。该布局工作台系统刚性较弱，易产生悬跳；Y 轴移动部件（滑座和工作台）重量大，动态特性相对较弱；因主轴中心与立柱导轨间距离的局限性，Y 轴加工范围较小；机床模块化程度低。该布局机床生产历史久远，制造工艺成熟，在中小型加工机中较常见。近年来生产的新产品中无此结构。

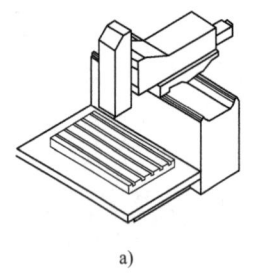 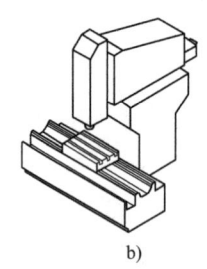 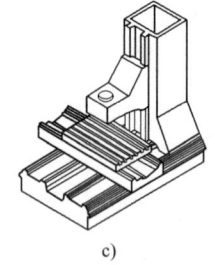

a)   b)   c)

图 2-52 工作台形式

图 2-52b 所示为固定式工作台，工作台不动，刀具作 X、Y、Z 三向移动。其优点是工作台负重大，移动部件质量恒定，不受工件重量变化的影响，动态特性稳定，工件可接近性好，适用于高速铣床和中小型加工中心。缺点是 Y 轴加工范围较小，机床模块化程度低，不宜大切削用量切削。

图 2-52c 所示为倒 T 形工作台，工作台作 X 向移动，刀具作 Y、Z 向移动。该布局工作台系统刚性强，无悬跳；Y、Z 两轴移动部件轻，动态特性好，工件可接近性好，整机刚性强。适用于全功率、大切削用量切削和高速切削。缺点是 Y 轴加工范围较小。

为了提高生产效率，扩大工艺范围，数控机床除了具有沿 X、Y 和 Z 三个坐标轴的直线进给运动之外，往往还带有绕 X、Y 和 Z 三轴的圆周进给运动，一般由回转工作台来实现。数控铣床的回转工作台除了用来进行各种圆弧加工和与直线进给联动进行曲面加工外，还可以实现精确的自动分度，为加工箱体零件带来了便利。对于自动换刀的多工序加工中心来说，回转工作台已成为一个不可缺少的部件。

数控机床中常用的回转工作台有数控回转工作台和分度工作台两种。数控回转工作台主要用于数控镗铣床,它的功用是使工作台进行圆周进给运动,以完成切削工作,并使工作台进行分度运动。

数控回转工作台外形和通用机床的分度工作台相似,但其内部结构却具有数控进给驱动机构的许多特点。图 2-53 所示为自动换刀数控卧式镗铣床的数控回转工作台。这是一种补偿型的开环数控回转工作台,它的进给、分度转位和定位锁紧都由给定的指令进行控制。工作台的运动由伺服电动机驱动,通过减速齿轮带动蜗杆,再传递给蜗轮使工作台回转。为了消除传动间隙和反向间隙,齿轮的啮合间隙通过调整偏心环消除;齿轮与蜗杆通过楔形拉紧圆柱销来联接,有利于消除轴与套的配合间隙;为消除蜗杆副的传动间隙,采用双螺距渐厚蜗杆,通过移动蜗杆的轴向位置来调整间隙。这种蜗杆的左右两侧面具有不同的螺距,因此蜗杆齿厚从头到尾逐渐增厚,但由于同一侧的螺距是相同的,所以仍然保持着正常的啮合。

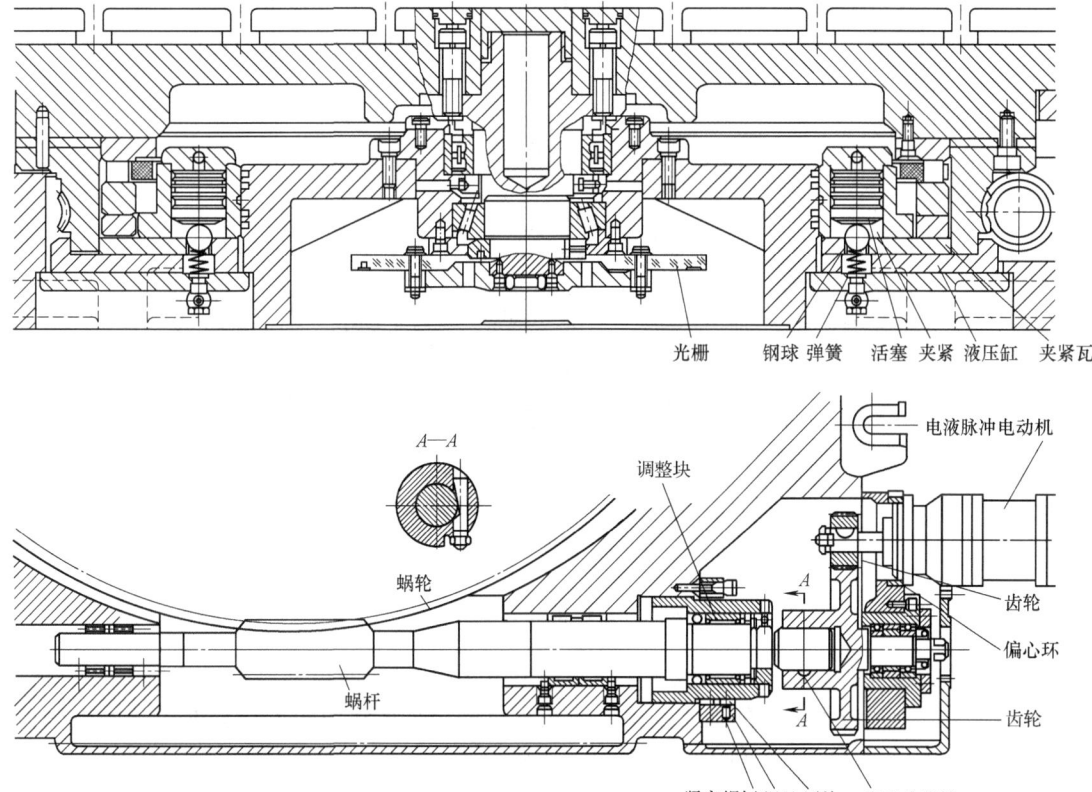

图 2-53 自动换刀数控卧式镗铣床的数控回转工作台

当工作台静止时,必须处于锁紧状态。工作台面用沿其圆周方向分布的八个夹紧液压缸进行夹紧。当工作台不回转时,夹紧液压缸的上腔进压力油,使活塞向下运动,通过钢球、夹紧瓦将蜗轮夹紧。当工作台需要回转时,数控系统发出指令,使夹紧液压缸上腔的油液流回油箱。在弹簧的作用下,钢球抬起,夹紧瓦松开蜗轮,然后由伺服电动机通过传动装置,使蜗轮和工作台按照控制系统的指令作回转运动。

开环系统的数控回转工作台的定位精度主要取决于蜗杆副的传动精度,因而必须采用高精度的蜗杆副。除此之外,还可以实际测量工作台静态定位误差之后,确定需要补偿的角度位置和补偿脉冲的正反向符号,并将其储存在补偿回路中,由数控装置完成误差补偿。

数控回转工作台设有零点,当它作返回零点运动时,挡块先碰撞到限位开关,使工作台降速,然后通过感应块和无触点开关,使工作台准确地停在零位。数控回转工作台在任意角度转位和分度时,由光栅进行读数控制,因此能够达到较高的分度精度。

数控机床的分度工作台与数控回转工作台不同,它只能够完成分度运动,而不能实现圆周进给。由于结构上的原因,分度工作台的分度运动通常只限于完成规定的角度(90°、60°或45°等)。机床分度传动机构本身很难保证工作台分度的高精度要求,常常需要将定位机构和分度机构结合起来,再用夹紧装置保证机床工作时的安全可靠。

图2-54所示为THK6380型自动换刀数控卧式镗铣床的定位销式分度工作台,其定位分度主要靠定位销和定位孔来实现。分度工作台置于长方形工作台中间,在不单独使用分度工作台时,两个工作台可以作为一个整体使用。工作台的底部均匀分布有若干个削边圆柱定位销,在工作台底座上有一定位孔衬套以及供定位销移动的环形槽。因为定位销之间的分布角度为45°,因此工作台只能作二、四、八等分的分度运动。

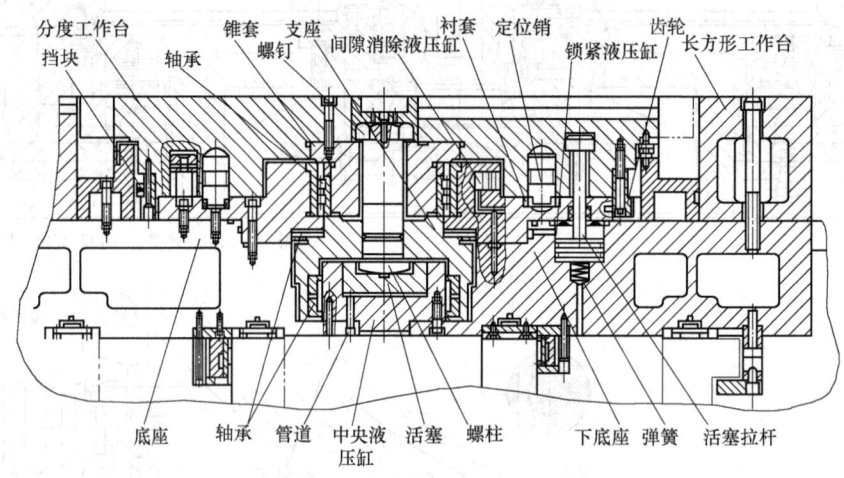

图2-54 定位销式分度工作台

定位销式分度工作台的分度精度,主要由定位销和定位孔的尺寸精度及坐标精度决定,最高可达±5″。为适应大多数的加工要求,应当尽可能提高最常用的180°分度销孔的坐标精度,而其他角度(如45°、90°和135°)可以适当降低。

项目2 工作台的装配与检验

教学目标:了解工作台的装配与检验要点,掌握装配尺寸的测量方法。

思考与练习:简述十字滑台式工作台的装配与检验步骤。

数控机床的机械部分由底座、立柱、XY工作台和Z轴等组成。立柱部分、工作台安装在底座上,主轴通过Z轴传动进给单元连接在立柱上并沿Z轴上下运动。三个基本直线运动构成了空间直角坐标系的三个坐标轴,因此数控机床的几何精度均围绕垂直和平行展开,工作台的检测项目及检测工具如下：

1) 工作台面的平面度误差。所需检测工具包括指示器、平尺、可调量块、等高块或精密水平仪。

2) 工作台面对 Z 轴垂直方向移动的垂直度误差。分为在机床的 XZ 垂直平面内和在 YZ 垂直平面内两项，所需检测工具主要为指示器和直角尺。

3) 工作台面对工作台移动的平行度误差。分为 X 向和 Y 向两项，所需检测工具包括等高块、指示器和平尺。

4) 工作台横向移动对工作台纵向移动的垂直度误差，所需检测工具包括指示器和直角尺。

1. 工作台面的平面度误差测量方法

在规定的测量范围内，当所有被测点被包含在与该平面的总方向平行并相距给定值的两个平面内时，则认为该平面的平面度合格。其测量方法如图 2-55 所示。

首先，在被检验面上选取 A、B、C 点作为零位标记，将三个等高量块放在这三个点上，这三个量块的上表面就确定了与被检面作比较的基准平面。然后将平尺置于 A、C 两点上，并在被检验面上点 E 处放一可调量块，使其与平尺的下表面接触。这时，量块 A、B、C、E 的上表面均在同一平面。再将平尺放在 B、E 两点上，即可找到点 D 的偏差。在点 D 放一个可调量块，并将其上表面调到已经就位的量块的上表面所确定的平面中，将平尺分别放在点 A 和点 D 及

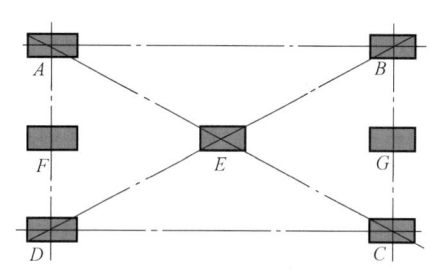

图 2-55　工作台平面度测量

点 B 和点 C 上，即可找到被检验面上处于点 A 和点 D 及点 B 和点 C 之间各点的偏差。处于点 A 和点 B 及点 D 和点 C 之间各点的偏差可用同样的方法找到。

2. 工作台面对 Z 轴垂直方向移动的垂直度误差测量方法

垂直度是用以控制被测要素相对于基准要求的方向成 90°的要求，工作台面对 Z 轴垂直方向移动的垂直度误差测量方法是：将工作台置于行程的中间位置，直角尺放在工作台面上的 YZ 垂直平面和 XZ 垂直平面内。将指示器固定在主轴上，使其测头触及直角尺的检验面，移动 Z 轴进行检验，YZ 平面和 XZ 平面的误差分别计算，误差以指示器读数的最大差值计。

3. 工作台横向移动对工作台纵向移动的垂直度误差测量方法

将工作台置于行程中间位置，将直角尺放在工作台上，将指示器固定在 Z 轴上，使其测头垂直触及直角尺的检验面。调整直角尺，使指示器读数在 X 向移动长度的两端相等。这样，就使直角尺的一个边与 X 向移动轴线平行了。重新固定指示器，使其测头垂直触及直角尺的另一边，按测量长度沿 Y 向移动工作台进行检验。误差以指示器读数的最大差值计。

4. 工作台面对工作台移动的平行度误差测量方法

平行度是用以控制被测要素相对于基准要素的方向成 0°的要求，测量方法是：在工作台面上放两个等高块，平尺放在等高块上，分别在 Y 向和 X 向进行两次测量。在 Z 轴中央固定指示器，使其测头触及平尺的检验面。按测量长度，Y 向和 X 向移动工作台分别进行检验。Y 向和 X 向的误差分别计算。误差以指示器读数的最大差值计。当工作台长度大于 1600mm 时，则将平尺逐次移动进行检验。

模块 3 换刀装置与刀库

自动换刀数控机床多采用刀库式自动换刀装置。带刀库的自动换刀系统由刀库和刀具交换机构组成,它是多工序数控机床上应用最广泛的换刀方法。换刀过程较为复杂,首先把加工过程中需要使用的全部刀具分别安装在标准的刀柄上,在机外进行尺寸预调整之后,按一定的方式放入刀库,换刀时先在刀库中进行选刀,并由刀具交换装置从刀库和主轴上取出刀具。在进行刀具交换之后,将新刀具装入主轴,把旧刀具放回刀库。存放刀具的刀库具有较大的容量,它既可安装在主轴箱的侧面或上方,也可作为单独部件安装到机床以外。

项目 1 刀库的种类

教学目标:了解数控机床整机结构的发展方向,重点了解机械功能部件的发展,以及新型数控机床的结构形式。

思考与练习:目前常用的刀库有哪几种形式?其特点各是什么?

刀库是用于存放刀具的部件,根据存放刀具的数目和取刀方式,可设计成不同类型,如图 2-56 所示。

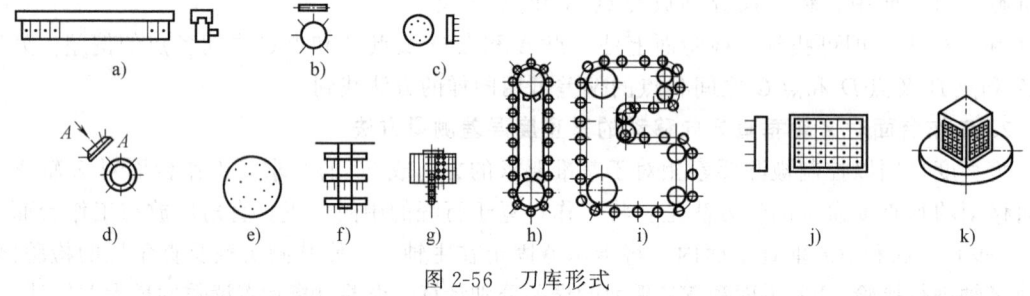

图 2-56 刀库形式

图 2-56a 所示为直线刀库,刀具在刀库中直线排列,结构简单,存放刀具的数量一般为 8~12 把,使用较少。

图 2-56b~g 所示为圆盘刀库,存放刀具量少则 6~8 把,多则 50~60 把,有多种形式。其中图 2-56b 所示的刀库刀具径向布置,占有较大空间,一般置于机床立柱上端。图 2-56c 所示的刀库轴向布置,常置于主轴侧面,刀库轴心线可垂直放置,也可以水平放置,使用较多。图 2-56d 所示的刀库为伞状布置,多斜放于立柱上端。图 2-56e 所示为多圈分布刀具的圆盘刀库,图 2-56f 所示为多层圆盘刀库,图 2-56g 所示为多排圆盘刀库,这三种刀库形式使用较少。

图 2-56h 所示为常用的单排链式刀库,图 2-56i 所示为加长链条的链式刀库。图 2-56j、k 所示为格子箱式刀库,其中图 2-56j 所示为单面式刀库,图 2-56k 所示为多面式刀库。

项目 2　自动换刀的实现

教 学 目 标：了解自动换刀的实现原理，熟悉换刀机构的工作要领。
思考与练习：自动换刀主要有哪几种类型？其优点各是什么？

数控机床刀具交换分为无机械手换刀和机械手换刀两种。无机械手换刀必须先将用过的刀具送回刀库，然后再从刀库中取出新刀具，这两个动作不可能同时进行，因此换刀时间长。机械手换刀有很大的灵活性，可以减少换刀时间。

自动换刀系统结构中刀库的驱动及定位刀库的旋转可分为电气驱动和液压驱动两种方式。电气驱动可以用伺服半闭环系统或数控系统的微机直接发出运转信号控制电动机的运转来带动刀库旋转。液压驱动则需要电气信号的配合，微机给出运转信号，通过电磁阀来实现前级控制，执行机构是液压缸。

在执行自动换刀过程中，除了主轴头的定向及主轴箱的定位外，为确保所更换的刀具准确地被机械手抓住，刀库的定位也是必要的功能。电气驱动时可在电动机上安装位置编码器进行定位，也可以在抓刀的位置安装接近开关来检测定位。液压驱动结构的刀库则采用机电结合式的销定位方式。

1. 刀具识别

刀具识别功能是将给定的刀具从刀库中选择出来，有多种实现方式，灵活性最大的是任意选择方式，即可根据加工需要从刀库中选取任意位置的刀具。任选方式分为刀具编码式、刀套编码式、记忆式。刀具编码式或刀套编码式是在刀具、刀套上安装编码条，用红外线或光电读码器来扫描辨认所选的刀具。记忆式则是将刀库中所有的刀具位置对应地预存到 NC 中，并赋予地址，通过选刀装置来识别选刀。使用光电式编码器选刀时，则通过编码器旋转时产生的脉冲数来判别刀具位置。其工作原理是编码器与刀库的旋转机构安装在一起，刀库转动时编码器也转动，将角位移变成电脉冲。刀具编码器旋转一周所产生的脉冲数与刀库中的刀具数成整数倍关系，NC 将接收到的脉冲数与预置在刀具位置地址内的值相比较，从而确定所选刀具。如果将初始位置值预先储存到 NC 中，那么系统就会将上次断电前的刀具位置令为当前值，选刀时将编码器发出的脉冲数与当前值累加后比较，同样可以找到所需刀号，采用这种软件方式识别刀具的加工中心开机后不需回刀库原点。有些在 NC 内没有设置刀库参考点的选刀装置，开机后则需回刀库的机械原点来建立刀库参考点。

2. 机械手的配合

加工中心根据刀库与主轴的相对位置和结构可配置不同的机械手，如单臂式、双臂式、轨道式等。机械手的任务是将刀库中的刀具送到主轴孔，同时将主轴孔内的刀具送回到原来的刀套中去。由于各种加工中心的刀库位置与主轴头的距离不同，所以机械手的结构及运动过程也不完全相同。使用较广泛的一种是回转式单臂双手的机械手，这种机械手转动角度可达±180°，可满足抓取任意刀具的需要，其运动过程靠液动与电气相配合来完成。

3. 选择自动换刀装置应注意的问题

自动换刀装置（ATC）的工作质量直接影响到整个数控机床尤其是加工中心的工作质

量。现场经验表明，加工中心故障中有 50% 以上与 ATC 有关。ATC 装置的投资一般占整机的 30%～50%，用户应当重视 ATC 的质量以及刀库容量。在满足使用要求的前提下，尽量选用结构简单和可靠性高的 ATC 以降低整机的价格。下面结合实际介绍选择数控机床自动换刀装置及配置刀柄时应注意的问题。

(1) 选择刀库容量时应注意问题　ATC 刀库中储存刀具的容量为 10～100 把，刀库容量一般不宜选得太大，容量大的刀库结构复杂、成本高，故障率会相应地增加，刀具的管理也会相应复杂化。一些新的机床用户往往把刀库当作一个车间的工具室来对待，在加工不同工件时想用什么刀具就直接从刀库中取出，而这些刀具又必须是人工准备好后装到刀库中去的。如果没有丰富的刀库工具管理功能，这样的使用方法对操作者反而是一种沉重的负担。例如，在使用单台加工中心时，操作者要根据新的工艺资料对刀库进行一次清理。刀库中无关的刀具越多，整理工作也就越复杂，也越容易出现人为的差错。加工中心的制造厂家对同一规格机床，通常设有 2～3 种不同容量的刀库。例如，卧式加工中心刀库容量有 30 把、40 把、60 把、80 把等，立式加工中心刀库容量有 16 把、20 把、24 把、32 把等。用户在选定时，可以根据被加工典型工件的工艺分析结果来确定所需刀具数，以确定刀库的容量。一般加工中心的刀库容量只考虑能满足一种工件一次装夹所需的全部刀具，再略放一定的余量。

从表 2-10 所示的刀库的库存刀具数表来看，在立式加工中心上选用 20 把左右刀具容量的刀库，在卧式加工中心上选用 40 把左右刀具容量的刀库比较适宜，可基本满足工作要求。对一些复杂工件，如果一次完成全部加工所需刀具数超过现有的刀库容量，可综合考虑工艺因素，如将粗、精加工分工序进行，插入热处理工序消除内应力及变形量，工件装夹倒换工艺基准等。这样，就把一个复杂工件的加工分为几个加工程序进行，使每个加工程序所需刀具数量不超过刀库容量。

但是，如选用的加工中心机床准备用于柔性单元（FMC）或柔性制造系统（FMS）中，其刀库容量应选取大容量刀库，甚至配置可交换刀库。

表 2-10　刀库的库存刀具数表

刀具数量/把	<10	<20	<30	<40	<50
加工工件占总百分率（%）	18	50	17	10	5

(2) 选择刀柄应注意的问题　加工中心使用专用的工具系统，各国都有相应的标准系列，我国主要采用成都工具研究所制订的 TSG 工具系统刀柄。

标准刀柄与机床主轴连接的结合面是 7∶24 锥面。刀柄有多种规格，常用的有 ISO 标准的 40 号、45 号、50 号，个别的还有 35 号和 30 号。另外还必须考虑换刀机械手的尺寸和主轴上拉紧刀柄的拉钉尺寸要求。目前，国内机床上使用的刀柄规格很多，还有使用美国标准、德国标准和日本标准的。因此，在选定机床后选择刀柄之前，必须了解该机床主轴用的规格，机械手夹持尺寸及刀柄的拉钉尺寸。

全套 TSG 系统刀柄有数百种，用户只能根据典型工件加工所需的工序及其工艺卡片来填制所需刀具卡片，见表 2-11。加工中心用户根据各种典型刀具卡片，可以确定需配刀柄、刀具及附件等的数量。

在 TSG 工具系统中有相当部分产品是不带刀具的，这些刀柄相当于过渡的连接杆，须再配置相应的刀具（如立铣刀、钻头、镗刀头和丝锥等）和附件（如钻夹头、弹簧卡头和丝锥夹头等)。

表 2-11 加工中心用刀具卡片

机床型号		JCS-018	零件号	X-0123	程序编号		03210	制表
刀具号 (T)	工步	刀柄型号	刀具型号		刀具		偏置值 (D. H)	备注
					直径/mm	长度		
T1	1	JT45-M3-60	φ29mm 锥柄钻头		φ29	实测	H01	
T2	2	JT45-TZC25-135	8mm×8mm 镗刀片		φ29.5	实测	H02	
T3	3	JT45-TQW29-135	镗刀头 TQW2		φ30H8	实测	H03	

目前,机床制造厂通常根据自己的使用经验给用户提供一套常用的刀柄。这套刀柄不一定对每个具体用户都适用,用户在订购机床时必须同时考虑订购刀柄,或者在主机厂的一套通用刀柄基础上再增订一些刀柄。

对一些年产几千件到上万件的典型工件,应尽可能考虑选用复合刀具。尽管复合刀具价格昂贵,但在加工中心上采用复合刀具加工,可把多道工序变成一道工序,由一把刀具完成,大大减少了机加工时间。如果加工一批工件能够减少几十工时,就可以考虑采用复合工具。数控机床的立轴电动机功率通常较大,机床刚度好,能够承受多刀多刃的强力切削,采用复合刀具可以充分发挥数控机床的切削功能,提高生产率和缩短生产节拍。

项目 3 自动换刀故障的排除

教学目标:学习自动换刀故障排除的一般方法,能够根据故障征兆分析故障原因。

思考与练习:完成一种自动换刀故障的排除练习。

目前,加工中心的自动换刀装置(ATC)有两种常用类型的换刀方式,一是刀具从刀库中直接由主轴交换,二是依靠机械手完成主轴与刀库上刀具的交换。第一种换刀方式适用于小型加工中心,刀库容量较小,刀具较少,换刀动作简单,出现掉刀等故障时容易发现并能及时排除。第二种换刀方式,从结构上和动作上看属于比较复杂的一种。本文以某型号加工中心为例分析掉刀故障现象并加以处理。

1. 加工中心换刀动作分析

加工中心换刀程序多达 900 多步,其工作原理十分复杂。为此略去 ATC 数据交换、传递、存储及刀号存储等内容,把换刀动作简述如下:CNC 换刀指令(M06)→刀套下降→下降到位→机械手转动→转动减速→转动到位→主轴刀松开→松开到位→机械手转动→转动减速→转动到位→主轴刀夹紧→夹紧到位→机械手逆转→机械手原位,换刀完成。其中,机械手的快、慢速由变频器实现,电动机转动时带动机械凸轮传动实现机械手的上升、下降。

2. 掉刀故障

该型号加工中心掉刀故障现象出现时间较长,开始时,偶尔出现一次,一月一次,甚至两三月一次,操作者以为是偶然因素引起的,没有引起足够的重视,慢慢地故障变为一周出现一次,甚至两次,同时伴随着主轴上的刀具装不到位的情况。后来慢慢地演变为一个班次多次出现故障,严重地影响了生产进度,造成废品产生。经仔细观察后,发现掉刀故障有两种情况,一种是在本工步加工完成后掉刀,一种是本工步加工前,刀具落在工作台上。由于加工过程中,换刀动作均执行,动作顺序正常,故出现掉刀、装刀(装到主轴上)不到位时均无任何报警现象,只有操作者在工件检查或听到掉刀异常声音时,才会发现故障,因而在自动加工生产线上有时会因掉刀而出现批量废品的现象。

3. 故障分析与处理

1)检查机械手。执行 ATC 换刀故障排除步骤,把机械手停止在垂直极限位置。检查机械手手臂上的两个卡爪及支持卡爪的弹簧等附件。均没有发现问题,说明机械手夹持刀具紧固,在机械手转动情况下不会出现掉刀现象。

2)检查刀具夹持情况。根据刀具有主轴上装不到位的现象分析,可能是主轴内孔中碟簧不能对刀具夹持紧固,从而出现刀装不到位,甚至装不上而掉刀的现象。拆开主轴内部,发现有几处碟簧已碎,于是更换了全部碟簧。试车时没有出现任何问题。运行一个班次后又出现掉刀现象。

3)检查换刀程序。针对本故障仅出现在换刀动作过程中,与其他动作无关,编辑一个自动换刀反复执行程序,并运行此程序,以期找到掉刀的真正原因。编辑自动换刀程序如下:O0200→S500→M03→G04 X3.0→M06→M99→%

在程序运行中,发现有时在主轴刀具夹紧没有到位,甚至还没有夹紧动作的情况下,机械手就开始转动,造成掉刀。依前文换刀动作顺序分析,可能是主轴刀具夹紧到位行程开关误动作引起掉刀故障。打开 PLC 梯形图,监控该行程开关(输入为 X2.5),反复按压该行程开关,发现 20 多次压合中有 3 次 X2.5 为"0"状态的现象,同时压合后 X2.5 不能由"1"状态转到"0"状态的现象出现两次,根据以上判定该行程开关损坏。此开关为 OM-RON ZC-Q2255,用国产 CXW5-11Q1 替换,试车正常。一周后,操作者仍反映有掉刀现象,当然出现的频次小了,这说明掉刀故障仍未彻底排除。

4)故障处理反复运行两个小时,自动换刀几百次。终于发现一次故障:在机械手没有到位的情况下,主轴上的刀具松开,机械手没有抓住刀具,从而出现掉刀现象,这说明机械手到位磁感应开关误动作。更换开关 E2E-CR8C1,故障现象仍然存在。查看 PLC 梯形图,此开关输入点为 X4.7。梯形图中 X4.7 为常开触点,当此开关感应时状态为"0",不感应时状态为"1"。其逻辑状态与常见的感应开关逻辑状态相反。当 X4.7 断线时,也会引起 X4.7 为"1"状态,于是排查 X4.7 的连线,发现电磁感应开关后方的接线端子处 X4.7 松动,每当自动换刀时,机械手凸轮一系列动作引起的轻微震动,使 X4.7 线处于断开状态,这样在机械手未到位时,松开刀具的感应开关虽仍感应,但因处于断线状态,X4.7 仍为"1"状态,于是在机械手未到位时,刀具松开而出现掉刀故障。这种情况的掉刀故障,是刀具已完成加工工步后掉的刀,在上文提到的则是刀具未完成任何加工工步就掉刀的故障。

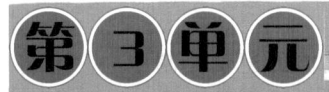

数控机床电气部件

模块 1　电气控制的实现方法

项目 1　电气控制功能的实现

教学目标：掌握数控机床电气控制原理，根据电气控制要求设计或选择合理的电气控制线路。

思考与练习：数控机床电气控制系统主要分哪几个部分？试完成一种给定机床的控制电路设计。

1. 数控机床电气控制功能的实现

数控机床是一种典型而复杂的机电一体化产品，按照传动形式所采用的机件和工作介质的不同可划分成电气传动控制系统、机械传动控制系统和液压气压传动控制系统三大部分。各种数控机床的电气传动控制系统的基本构成及原理相同，可以用图 3-1 所示的系统框图来表示。

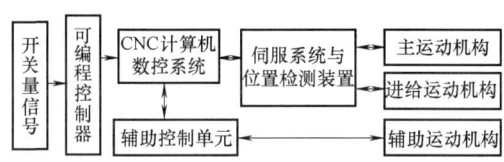

图 3-1　数控机床电气控制系统

电气传动控制系统一般由主回路、控制电路和辅助电路等组成。作为初学者，在了解电气控制系统的总体结构、电动机、电气元件的分布状况及控制要求等内容之后，便可以阅读分析电气原理图。首先从主回路入手，根据伺服电动机、辅助机构电动机和电磁阀等执行电器的控制要求，分析它们的启动控制、方向控制、调速和制动电路；再根据主回路中各伺服电动机、辅助机构电动机和电磁阀等执行电器的控制要求，逐一找出控制电路中的控制环节；最后分析电源显示、工作状态显示、照明和故障报警等辅助电路。数控机床对于安全性和可靠性有很高的要求，在控制线路中还设置了一系列电气保护环节。

整个电气控制系统可分为 CNC 数控系统和强电两大部分。CNC 数控系统是一专用的数控装置，由 CNC 系统、输入/输出接口、驱动单元和执行机构组成，是控制机床执行加工任务的核心。数控机床强电部分包括可编程控制单元、主轴控制单元及主轴电动机、强电电路及机床电器、速度控制单元及进给电动机等。本单元主要阐述强电部分，CNC 数控系统部分将在第四单元阐述。

(1) 可编程控制器　可编程控制器（PLC）是数控机床各项功能的逻辑控制中心。它将来自CNC的各种运动及功能指令进行逻辑排序，使它们能够准确地、协调有序地安全运行。同时，将来自机床的各种信息及工作状态传送给CNC装置，使CNC装置能及时准确地发出进一步的控制指令，从而实现对整个机床的控制。

现代数控机床中的PLC的控制软件多集成于数控系统中，而PLC硬件在规模较大的数控系统中往往采取分布式结构。PLC与CNC的集成采取软件接口实现，通常将二者间的各种通信信息分别指定固定的存放地址，由数控系统对所有地址的信息状态进行实时监控，根据各接口信号的实时状态加以分析判断，据此做出进一步的控制命令，完成对运动或功能的控制。不同厂商的PLC有不同的PLC语言和不同的语言表达形式，因此，要熟悉某一型号机床的PLC程序必须先熟悉该机床所用的PLC语言。

(2) 主轴控制单元及驱动电动机　主轴控制单元接受来自CNC的驱动指令，经过速度与转矩（功率）调节输出驱动信号来驱动主轴电动机转动。通过可编程控制单元（PLC）将主轴的各种实时工作状态通告CNC用以完成对主轴的各项功能控制。对于半闭环或闭环数控系统，则同时接受速度反馈实施速度闭环控制。

(3) 速度控制单元及进给电动机　速度控制单元接受来自CNC对每个运动坐标轴分别提供的速度指令，经过速度与电流（转矩）调节输出驱动信号驱动伺服电动机转动，实现机床坐标轴运动。它可通过PLC与CNC通信，通报实时工作状态并接受CNC的控制。对于半闭环或闭环数控系统，则同时接受速度反馈信号实施速度闭环控制。

(4) 强电电路及机床电器　随着PLC功能的不断强大，强电电路主要由电源生成与控制电路、隔离继电器部件及各类执行电器（继电器、接触器），很少有继电器逻辑电路的存在。但是一些进口机床柜中还有使用自含一定逻辑控制的专用组合型继电器的情况，一旦这类元件出现故障，除了更换之外，还可以将其去除而由PLC逻辑取而代之。但是这不仅需要对该专用电器的工作原理有清楚的了解，还要对机床的PLC语言与程序深入掌握才行。

机床电器包括所有的电动机、电磁阀、制动器、各种开关等，是实现机床各种动作的执行者和机床各种实时状态的报告员。

2. 电路分析

现以经济型CK6140数控车床为例，介绍数控机床的电气控制线路。

(1) CK6140数控车床的组成　CK6140数控车床采用主轴变频调速，机床主轴的旋转运动由5.5kW变频主轴电动机经带传动至Ⅰ轴，经三联齿轮变速将运动传至主轴，并得到低速、中速和高速三段范围内的无级变速。

机床进给为两轴联动，配有四工位电动刀架，可满足不同需要的加工。

Z坐标为大拖板左右运动方向，其运动由GK6063-6AC31交流永磁伺服电动机与滚珠丝杠直联实现。X坐标为中拖板前后运动方向，其运动由GK6062-6AC31交流永磁伺服电动机通过同步齿形带及带轮带动滚珠丝杠和螺母实现。为保证螺纹车削加工时主轴转1圈，刀架移动一个导程（即被加工螺纹导程），主轴箱的左侧安装了光电编码器配合纵向进给交流伺服电动机，主轴至光电编码器的齿轮传动比为1∶1。

(2) CK6140数控车床的技术参数及控制要求　CK6140数控车床的部分技术参数见表3-1。

表 3-1 CK6140 数控车床的部分技术参数

项目		单位	技术规格
加工范围	床身上最大回转直径	mm	ϕ400
	床鞍上最大回转直径	mm	ϕ180
	最大车削直径	mm	ϕ240
	最大工件长度	mm	1000
	最大车削长度	mm	800
主轴	主轴通孔直径	mm	80
	主轴头的形式		ISO702/Ⅱ No.6
	主轴转速	r/min	36～2000
	高速	r/min	170～2000
	中速	r/min	95～1200
	低速	r/min	36～420
	主轴电动机功率	kW	5.5（变频）
尾座	套筒直径	mm	ϕ55
	套筒行程（手动）	mm	120
	尾座套筒锥孔		MT No.4
刀架	快速移动速度 X/Z	m/min	3/6
	刀位数		4
	刀方尺寸	mm	20×20
	X 向行程	mm	200
	Z 向行程	mm	800
主要精度	机床定位精度	X	mm	0.030
		Z	mm	0.040
	机床重复定位精度	X	mm	0.012
		Z	mm	0.016
其他	机床尺寸 $L×W×H$	mm	2140×1200×1600
	机床毛重	kg	2000
	机床净重	kg	1800

CK6140 数控车床主轴的旋转运动由 5.5kW 变频主轴电动机实现，与机械变速配合得到低速、中速和高速三段范围的无级变速。Z 轴、X 轴的运动由交流伺服电动机带动滚珠丝杠实现，两轴的联动由数控系统控制。

加工螺纹由光电编码器与交流伺服电动机配合实现。除上述运动外，还有电动刀架的转位，冷却电动机的起停等。

（3）主回路分析 图 3-2 所示为 CK6140 数控车床电气控制中的 380V 强电回路。

图 3-2 中的 QF1 为电源总开关。QF2、QF3、QF4、QF5 分别为伺服强电、主轴强电、冷却电动机、刀架电动机的断路器，它们的作用是接通电源及在短路、过流时起保护作用。其中 QF4、QF5 带辅助触点，该触点输入到 PLC，作为 QF4、QF5 的状态信号，并且这两

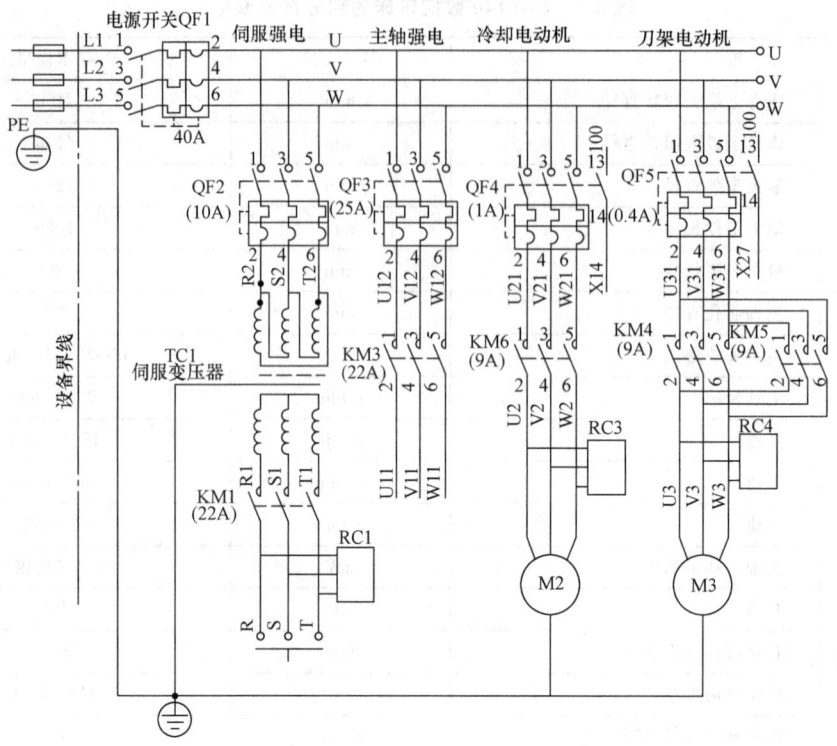

图 3-2 CK6140 数控车床强电回路

个断路器的保护电流可调,可根据电动机的额定电流来调节断路器的设定值,起到过流保护作用。KM3、KM1、KM6 分别为主轴电动机、伺服电动机、冷却电动机交流接触器,由它们的主触点控制相应电动机。KM4、KM5 为刀架正反转交流接触器,用于控制刀架的正反转。TC1 为三相伺服变压器,将 AC380V 变为 AC200V,供给伺服电源模块。RC1、RC3、RC4 为阻容吸收,当相应的电路断开后,吸收伺服电源模块、冷却电动机、刀架电动机中的能量,避免产生过电压而损坏器件。

(4) 电源电路分析 图 3-3 所示为 CK6140 数控车床电气控制中的电源回路图。

图 3-3 中的 TC2 为控制变压器,初级为 AC380V,次级为 AC110V、AC220V、AC24V。其中,AC110V 给交流接触器线圈和强电柜风扇提供电源;AC24V 给电柜门指示灯和工作灯提供电源;AC220V 通过低通滤波器滤波给伺服模块、电源模块、DC24V 电源提供电源。VC1 为 24V 电源,将 AC220V 转换为 DC24V 电源,供给数控系统、PLC 输入/输出、24V 继电器线圈、伺服模块、电源模块、吊挂风扇提供电源。

(5) 控制电路分析 CK6140 数控车床控制电路主要有主轴电动机、刀架电动机和冷却泵电动机 3 种。图 3-4 所示为交流控制回路,图 3-5 所示为直流控制回路。

1) 主轴电动机的控制。在图 3-2 中,先将 QF2、QF3 断路器合上。在图 3-5 中,当机床未压限位开关、伺服未报警、急停未压下、主轴未报警时,KA2、KA3 继电器线圈通电,继电器触点吸合。此时,PLC 输出点 Y00 发出伺服允许信号,KA1 继电器线圈通电,继电器触点吸合。在图 3-4 中,KM1 交流接触器线圈通电,交流接触器触点吸合,KM3 主轴交流接触器线圈通电。在图 3-2 中交流接触器主触点吸合,主轴变频器加上 AC380V 电压。若

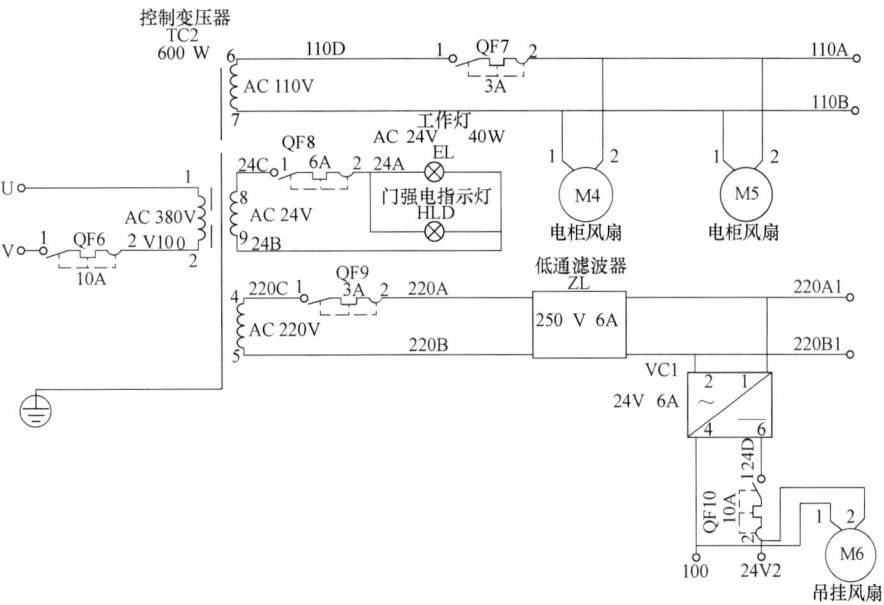

图 3-3 CK6140 数控车床电源回路

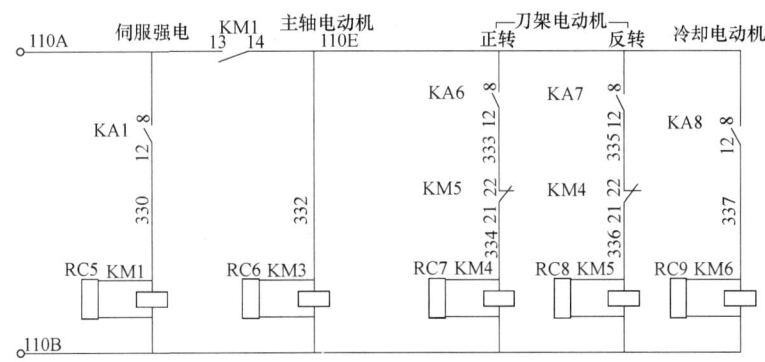

图 3-4 CK6140 数控车床交流控制回路

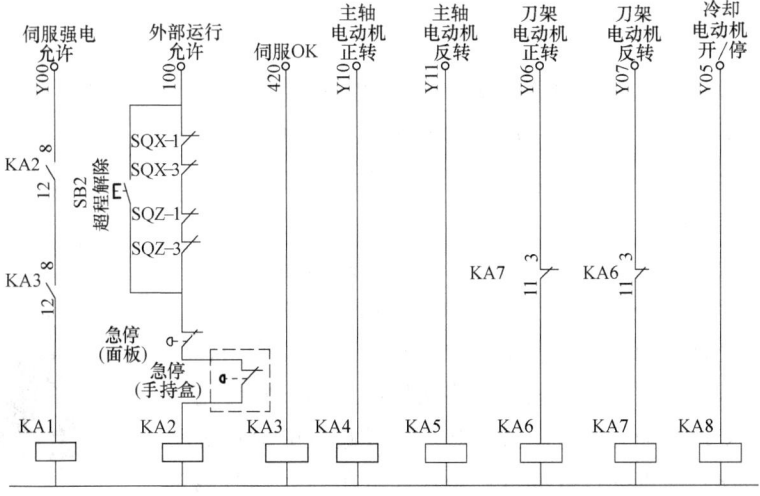

图 3-5 CK6140 数控车床直流控制回路

有主轴正转或主轴反转及主轴转速指令时（手动或自动），在图3-5中，PLC输出主轴正转Y10或主轴反转Y11有效、主轴转速指令输出对应于主轴转速的直流电压值（0～10V）至主轴变频器上，主轴按指令值的转速正转或反转。当主轴速度到达指令值时，主轴变频器输出主轴速度到达信号给PLC，主轴转动指令完成。主轴的启动时间、制动时间由主轴变频器内部参数设定。

2）刀架电动机的控制。当有手动换刀或自动换刀指令时，经过系统处理转变为刀位信号。这时，在图3-5中，PLC输出Y06有效，KA6继电器线圈通电，继电器触点闭合。在图3-4中，KM4交流接触器线圈通电，交流接触器主触点吸合，刀架电动机正转。当PLC输入点检测到指令刀具所对应的刀位信号时，PLC输出Y06有效撤销，刀架电动机正转停止。接着PLC输出Y07有效，KA7继电器线圈通电，继电器触点闭合。在图3-4中KM5交流接触器线圈通电，交流接触器主触点吸合，刀架电动机反转，延时一定时间后（该时间由参数设定），并根据现场情况作调整，PLC输出Y07有效，KM5交流接触器主触点断开，刀架电动机反转停止、换刀过程完成。为了防止电源短路和电气互锁，在刀架电动机正转继电器线圈、接触器线圈回路中串入了反转继电器、接触器常闭触点，反转继电器、接触器线圈回路中串入了正转继电器、接触器常闭触点。请注意，刀架转位选刀只能一个方向转动，取刀架电动机正转；若刀架电动机反转时，刀架则锁紧定位。

3）冷却泵电动机控制。当有手动或自动冷却指令时，图3-4中的PLC输出Y05有效，KA8继电器线圈通电，继电器触点闭合。在图3-4中KM6交流接触器线圈通电，交流接触器主触点吸合，冷却电动机旋转，带动冷却泵工作。

项目2　电气元器件的选用

教　学　目　标：掌握常用电气元器件的选型方法，能够根据执行元件的参数选择合理的电气元器件。

思考与练习：完成断路器、接触器和继电器的型号与容量选择训练，重点说明选择的理由，并进行安装调试实训。

机床电路一般由电源控制电路和程序控制电路组成。电源控制电路包括断路器、熔断器、接触器、热继电器等元器件，而程序控制电路包括按钮、行程开关、中间继电器、时间继电器、速度继电器等元器件。

1. 断路器的选用

断路器按其使用范围分为高压断路器和低压断路器，一般将耐压3kV以上的称为高压断路器。如图3-6所示为低压断路器。

低压断路器又称自动开关，它是一种既有手动开关作用，又能自动进行失电压、欠电压、过载和短路保护的电器。它可用来分配电能，不频繁地起动异步电动机，对电源线路及电动机等实行保护。当它们发生严重的过载或者短路及欠电压等故障时能自动切断电路，其功能相当于熔断器式开关和过电压、欠电压继电

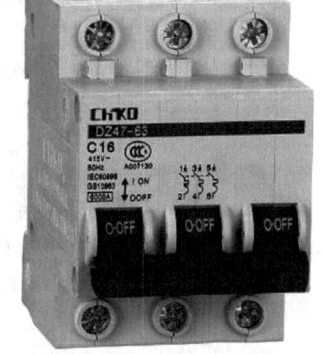

图3-6　低压断路器

器等的组合。在分断故障电流后一般不需要变更零部件，低压断路器已获得了广泛的应用。

断路器的基本技术参数有额定电压 U_n、额定电流 I_n、过载保护（I_r 或 I_{rth}）和短路保护（I_m）的脱扣电流、额定短路分断电流（I_{cu}）等。

额定工作电压（U_e）：断路器在正常（不间断的）的情况下工作的电压。

额定电流（I_n）：配有专门的过电流脱扣继电器的断路器，在制造厂家规定的环境温度下所能无限承受的最大电流值。在此电流下工作，能保证电流承受部件的工作温度不超过规定极限值。

短路继电器脱扣电流整定值（I_m）：短路脱扣继电器（瞬时或短延时）使断路器快速跳闸时的极限电流。

额定短路分断电流（I_{cu}）：断路器能够分断而不被损害的最大电流值。标准中提供的电流值为故障电流交流分量的均方根值，计算标准值时直流暂态分量（总在最坏的情况下出现）假定为零。

(1) 低压断路器的选用的一般原则

1) 低压断路器额定工作电压（U_e）应不小于线路的额定电压。

2) 低压断路器额定电流（I_n）应不小于线路的计算负载电流。

3) 低压断路器额定分断电流（I_{cu}）应不小于线路中最大的短路电流。

4) 线路末端的单相对地短路电流与低压断路器脱扣整定电流之比应在 1.25 倍以上。

5) 脱扣继电器的额定电流应不小于线路的计算电流。

6) 欠电压脱扣器的额定电压应等于线路的额定电压。

(2) 配电用低压断路器的选择

1) 长延时动作电流整定值应等于 0.8～1 倍导线允许载流量。

2) 3 倍长延时动作电流整定值的可返回时间不小于线路中最大起动电流的电动机起动时间。

3) 短延时动作电流整定值不小于 1.1（$I_{jx}+1.35KI_{dem}$）。其中，I_{jx} 为线路计算负载电流；K 为电动机的起动电流倍数；I_{dem} 为电动机最大额定电流。

4) 短延时的延时时间按被保护对象的热稳定性校核。

5) 无短延时的时候，瞬时电流整定值不小于 1.1（$I_{jx}+K_1KI_{dem}$）。其中，K_1 为电动机起动电流的冲击系数，可取 1.7～2。

6) 有短延时的时候，瞬时电流整定值不小于 1.1 倍下级开关进线端计算短路电流值。

(3) 电动机保护用低压断路器的选择

1) 长延时电流整定值等于电动机的额定电流。

2) 6 倍长延时电流整定值的可返回时间不小于电动机的实际起动时间。按起动时负载的轻重，可选用可返回时间为 1s、3s、5s、8s、15s 中的某一档。

3) 瞬时整定电流：笼型电动机瞬时整定电流为 8～15 倍脱扣器额定电流；绕线转子电动机瞬时整定电流为 3～6 倍脱扣器额定电流。

(4) 照明用低压断路器的选择

1) 长延时整定值不大于线路计算负载电流。

2) 瞬时动作整定值等于 6～20 倍线路计算负载电流。

2. 热继电器的选用

热继电器是由流入热元件的电流产生热量，使有不同膨胀系数的双金属片发生形变，当形变达到一定距离时，就推动连杆动作，使控制电路断开，从而使接触器失电，主电路断开，实现电动机的过载保护的电器，如图 3-7 所示。

热继电器作为电动机的过载保护元件，以其体积小，结构简单、成本低等优点在生产中得到了广泛应用。其主要技术参数如下：

1) 额定电压：热继电器能够正常工作的最高的电压值。有交流 220V、380V 和 600V 等几种。

2) 额定电流：热继电器的额定电流指通过热继电器的电流。

3) 额定频率：热继电器的额定频率一般按照 45～62Hz 设计。

4) 整定电流范围：整定电流的范围由本身的特性来决定。在一定的电流条件下，热继电器的动作时间和电流的平方成正比。

图 3-7 热继电器

选择热继电器作为电动机的过载保护时，应使选择的热继电器的安秒特性位于电动机的过载特性之下，并尽可能地接近甚至重合，以充分发挥电动机的能力，并使电动机在短时过载和起动瞬间不受影响。

一般场所可选用不带断相保护装置的热继电器，但作为电动机的过载保护时应选用带断相保护装置的热继电器。热继电器的额定电流应大于电动机的额定电流，并根据额定电流来确定热继电器的型号。热继电器的热元件额定电流应略大于电动机的额定电流。使用时，一般将热继电器的整定电流调整到等于电动机的额定电流；对过载能力差的电动机，可将热元件整定值调整到电动机额定电流的 0.6～0.8 倍。对起动时间较长、拖动冲击性负载或不允许停车的电动机，热元件的整定电流应调整到电动机额定电流的 1.1～1.15 倍。

3. 接触器的选用

接触器是指利用线圈流过电流产生磁场，使触点闭合，以达到控制负载的电器。接触器由电磁系统（铁心，静铁心，电磁线圈）触点系统（常开触点和常闭触点）和灭弧装置组成。其原理是当接触器的电磁线圈通电后，会产生很强的磁场，使静铁心产生电磁吸力吸引衔铁，并带动常闭触点断开或常开触点闭合。当线圈断电时，电磁吸力消失，衔铁在释放弹簧的作用下释放，使触点复原，如图 3-8 所示。

接触器的型号很多，电流在 5～1000A 不等，通用接触器可分交流和直流两类。交流接触器主要有电磁机构、触点系统、灭弧装置等组成。直流接触器一般用于控制直流电器设备，线圈中通以直流电，直流接触器的动作原理和结构基本上与交流接触器是相同的。接触器的类型应根据负载电流的类型和负载的大小来选择。

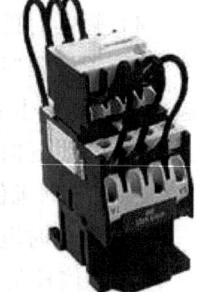

图 3-8 接触器

主触点的额定电流应大于电动机功率除以 1～1.4 倍电动机额定电压。如果接触器控制的电动机起停或反转频繁，一般将接触器主触点的额定电流降一级使用。

接触器铭牌上所标电压指主触点能承受的额定电压，并非吸引线圈的电压，使用时接触器主触点的额定电压应不小于负载的额定电压。

操作频率就是指接触器每小时通断的次数。当通断电流较大及通断频率过高时，会引起触点严重过热甚至熔焊。操作频率若超过规定数值应选用额定电流大一级的接触器。

线圈额定电压不一定等于主触点的额定电压。当线路简单、使用电器少时，可直接选用380V或220V电压的线圈。如线路复杂、电器使用时间超过5h时，可用24V、48V或110V电压的线圈。

4. 熔断器的选用

熔断器是根据电流超过规定值一定时间后，以其自身产生的热量使熔体熔化，从而使电路断开的原理制成的一种电流保护器，广泛应用于低压配电系统、控制系统及用电设备中。

熔断器可分为螺旋式、有填料管式、无填料管式和有填料封闭管式等几种。

螺旋式熔断器在熔断管中装有石英砂，熔体埋于其中，熔体熔断时，电弧喷向石英砂及其缝隙，可迅速降温而熄灭。为了便于监视，熔断器一端装有色点，不同的颜色表示不同的熔体电流，熔体熔断时，色点跳出，示意熔体已熔断。螺旋式熔断器额定电流为5～200A，主要用于短路电流大的分支电路或有易燃气体的场所。

有填料管式熔断器是一种有限流作用的熔断器。由填有石英砂的瓷熔管、触点和镀银、铜栅状熔体组成。填料管式熔断器均装在特别的底座上，如带隔离刀闸的底座或以熔断器为隔离刀的底座上，通过手动机构操作。填料管式熔断器额定电流为50～1000A，主要用于短路电流大的电路或有易燃气体的场所。

无填料管式熔断器的熔丝管是由纤维物制成。使用的熔体为变截面的锌合金片。熔体熔断时，纤维熔管的部分纤维物因受热而分解，产生高压气体，使电弧很快熄灭。无填料管式熔断器具有结构简单、保护性能好、使用方便等特点，一般均与刀开关组成熔断器刀开关使用。

有填料封闭管式快速熔断器是一种快速动作型熔断器，由熔断管、触点底座、动作指示器和熔体组成。熔体为银质窄截面或网状形式，熔体为一次性使用，不能自行更换。由于其具有快速动作性，一般用于保护半导体整流元件。

(1) 熔体额定电流的选择　对于变压器、照明等负载，熔体的额定电流应略大于或等于负载电流。对于输配电线路，熔体的额定电流应略大于或等于线路的安全电流。

在电动机回路中用作短路保护时，应考虑电动机的起动条件，按电动机起动时间的长短来选择熔体的额定电流。对起动时间不长的电动机，熔体的额定电流为 $I_{st}/(2.5～3)$。其中 I_{st} 为电动机的起动电流。对起动时间较长或起动频繁的电动机，熔体的额定电流为 $I_{st}/(1.6～2)$。

对于为多台电动机供电的主干母线处的熔断器的额定电流可按下式计算：

$$I_n = (2.0～2.5)I_{memax} + \sum I_{me}$$

式中　I_n——熔断器的额定电流；

　　　I_{me}——电动机的额定电流；

　　　I_{memax}——多台电动机中容量最大的一台电动机的额定电流；

　　　$\sum I_{me}$——其余电动机的额定电流之和。

在电动机末端回路时，熔断体的额定电流应稍大于电动机的额定电流。

(2) 熔断器的选择　熔断器额定电压应大于线路电压；熔断器额定电流应大于线路电流；熔断器的最大分断电流应大于被保护线路上的最大短路电流。

模块 2 电气系统的连接

项目 1 电气连接的工作准备

教学目标：了解电气部件连接的基本工作步骤，以及常规工具、量仪的准备方法。
思考与练习：绘制一种数控车床的主电路原理图，并准备连接用的工具、量仪。

1. 读懂原理图

三相异步电动机控制线路原理图是安装与检修数控机床电气系统的基本准则和依据。常见的电动机基本控制线路有点动控制、正反转控制、位置控制、顺序控制、降压起动控制、制动控制等，熟悉和掌握基本控制线路的工作原理非常重要。

2. 规划装接位置

电气元件在电气柜中的实际安装位置，直接关系到控制线路安装时布线的合理与美观程度。对于同一种控制线路有多种布局形式，不同的布局形式有不同的接线方式，完成后的接线美观程度也不同，选择合理的布局图更有利于接线，完成后的电气柜也更完美。

3. 初步装接电路

初步装接电路是初学者学习强电装接的重要环节。初步装接电路是在掌握了电路原理、不讲究装接工艺的前提下，应用软导线较快速完成控制电路后，进行控制电路模拟试车的一种训练方式。通过这个学习过程，更有利于初学者对整个电路的走线有初步的了解和认识，进一步熟悉电路的动作过程和实现功能。

4. 细致绘制接线图

细致绘制接线图是根据规划的位置图，形象地描绘出各元器件的各部分（用符号表示实物），按照原理图进行合理布线，根据初步装接的走线思路，细致地绘制电路的接线图。这样，可以对强电装接的布线工艺起到保障作用，也能为编制完美的布线工艺打下扎实基础。

5. 精确装接实用电路

精确装接实用电路，是根据合理的元器件位置图和细致绘制的接线图，严格遵守安装规划，完成实用电路的装接过程。在安装电路过程中，一般主电路采用铜芯红色导线，控制电路采用铜芯黄色导线，按钮引出线采用比控制电路稍细的相同导线，而接地线一般采用黄绿双色铜芯导线。

常用导线有铜导线和铝导线。铜导线的电阻率比铝导线小，焊接性能和机械强度比铝导线好，因此它常用于要求较高的场合。铝导线密度比铜导线小，而且资源丰富，价格较铜低廉。导线有单股和多股两种，一般截面积在 $6mm^2$ 及以下为单股线；截面积在 $10mm^2$ 及以上为多股线。多股线是由几股或几十股线芯绞合在一起形成一根的，有 7 股、19 股、37 股等。导线还分裸导线和绝缘导线，绝缘导线有电磁线、绝缘电线、电缆等多种。常用绝缘导线在导线线芯外面包有绝缘材料，如橡胶、塑料、棉纱、玻璃丝等。

（1）B 系列橡胶塑料电线 这种系列的电线结构简单，电气和力学性能好，广泛用作动力、照明及大中型电气设备的安装线,交流工作电压一般为500V以下。

(2) R系列橡胶塑料软线 这种系列软线的线芯由多根细铜丝绞合而成,除具有B系列电线的特点外,还比较柔软,广泛用于家用电器、小型电气设备、仪器仪表及照明灯线等。

此外还有Y系列通用橡套电缆,该系列电缆常用作一般场合下的电气设备、电动工具等的移动电源线。几种常用导线的名称、结构、型号、应用见表3-2,塑料绝缘线的安全载流量见表3-3。

表3-2 几种常用导线的名称、结构、型号及应用

名 称	型 号		允许长期工作温度	主要用途
	铜 芯	铝 芯		
聚氯乙烯绝缘电线	BV	BLV	65℃	500V以下动力和照明线路的固定敷设
聚氯乙烯绝缘护套线	BVV	BLVV		500V以下照明和小容量动力线路固定敷设
聚氯乙烯绝缘绞合软线	BVS			250V及以下移动电器和仪表及吊灯的电源连接
聚氯乙烯绝缘平行软线	RVB			
氯丁橡套软线	RXF	RX		安装时要求柔软的场合及移动电器电源线

注:型号中,V表示聚氯乙烯绝缘,X表示橡套绝缘,XF表示氯丁橡套绝缘。

表3-3 塑料绝缘线的安全载流量 (单位:A)

导线截面积/mm²	固定敷设用的线芯		明线安装	穿钢管安装						穿硬塑料管安装					
	芯线股数/单股直径/mm	近似英规		一管二根线		一管三根线		一管四根线		一管二根线		一管三根线		一管四根线	
				铜	铝	铜	铝	铜	铝	铜	铝	铜	铝	铜	铝
1.0	1/1.13	1/18#	17	12		11		10		10		10		9	
1.5	1/1.37	1/17#	21	16	17	13	15	11	14	10	14	11	13	10	11	9
2.5	1/1.76	1/15#	28	22	23	17	21	16	19	13	21	16	18	13	17	12
4	1/2.24	1/13#	35	28	30	23	27	21	24	19	27	21	24	19	22	17
6	1/2.73	1/11#	48	37	41	30	36	28	32	24	36	27	31	23	28	22
10	7/1.33	7/17#	65	51	56	42	49	38	43	33	49	36	43	33	38	29
16	7/1.70	7/16#	91	69	71	55	64	49	56	43	62	48	56	42	49	38
25	7/2.12	7/14#	120	91	93	70	82	61	74	57	82	63	74	56	65	50
35	7/2.5	7/12#	147	113	115	87	100	78	91	70	104	78	91	69	81	61
50	19/1.83	19/15#	187	143	143	108	127	96	113	87	130	99	114	88	102	78
70	19/2.14	19/14#	230	178	177	135	159	124	143	110	160	126	145	113	128	100
95	19/2.50	19/12#	282	216	216	165	195	148	173	132	199	151	178	137	160	121

6. 灵活运用电工量仪

(1) 试电笔 使用试电笔时,必须手指触及笔尾的金属部分,并使氖管小窗背光且朝向自己,以便观测氖管的亮暗程度,防止因外界光线太强造成误判断。当用试电笔测试带电体时,电流经带电体、试电笔、人体及大地形成通电回路,当带电体与大地之间的电位差超过60V时,试电笔中的氖管就会发光。低压试电笔检测的电压范围可达60~500V。

使用试电笔前，必须在有电源处对验电器进行测试，以证明该试电笔性能良好，方可使用。试电时，应使试电笔逐渐靠近被测物体，直至氖管发亮，不可直接接触被测体。试电时，手指必须触及笔尾的金属体，否则带电体也会误判为非带电体。同时要防止手指触及笔尖的金属部分，以免造成触电事故。

（2）电工刀　在使用电工刀时，不得用于带电作业，以免触电。应将刀口朝外剖削，并注意避免伤及手指。剖削导线绝缘层时，应使刀面与导线成较小的锐角，以免割伤导线。使用完毕，随即将刀身折进刀柄。

（3）螺钉旋具　螺钉旋具较大时，除大拇指、食指和中指要夹住握柄外，手掌还要顶住柄的末端以防施转时滑脱。螺钉旋具较小时，用大拇指和中指夹着握柄，同时用食指顶住柄的末端用力旋动。螺钉旋具较长时，用右手压紧手柄并转动，同时左手握住中间部分（不可放在螺钉周围，以免将手划伤），以防止滑脱。

带电作业时，手不可触及螺钉旋具的金属杆，以免发生触电事故。不应使用金属杆直通握柄顶部的螺钉旋具。为防止金属杆触到人体或邻近带电体，金属杆应套上绝缘套。

（4）钢丝钳　钢丝钳在电工作业时用途广泛。钳口可用来弯绞或钳夹导线线头，齿口可用来紧固或起松螺母，刀口可用来剪切导线或钳削导线绝缘层，侧口可用来铡切导线线芯、钢丝等较硬线材。

使用钢丝钳前，要检查钢丝钳绝缘是否良好，以免带电作业时造成触电事故。在带电剪切导线时，不能用刀口同时剪切不同电位的两根线（如相线与零线、相线与相线等），以免发生短路事故。

（5）尖嘴钳　尖嘴钳因为其头部尖细而得名，特别适用于在狭小的工作空间操作，可用来剪断细小的导线，夹持较小的螺钉、螺母、垫圈、导线等，也可用来对单股导线整形（如平直、弯曲等）。若使用尖嘴钳带电作业，应检查其绝缘是否良好，在作业时金属部分不要触及人体或邻近的带电体。

（6）斜口钳　专用于剪断各种电线电缆。对粗细不同、硬度不同的材料，应选用大小合适的斜口钳。

（7）剥线钳　剥线钳是专用于剥削细小导线绝缘层的工具。使用剥线钳剥削导线绝缘层时，先将要剥削的绝缘长度用标尺定好，然后将导线放入相应的刃口中（比导线直径稍大），再压握钳柄，导线的绝缘层即被剥离。

（8）电烙铁　焊接前，一般要把焊头的氧化层除去，并用焊剂进行上锡处理，使得焊头的前端经常保持一层薄锡，以防止氧化，减少能耗，保持良好导热性。

电烙铁的握法没有统一的要求，以不易疲劳、操作方便为原则，常用笔握法和拳握法。

用电烙铁焊接导线时，必须使用焊料和焊剂。焊料一般为丝状焊锡或纯锡，常见的焊剂有松香、焊膏等。

对焊接的基本要求是：焊点必须牢固，焊锡必须充分渗透，焊点表面光滑有光泽，应防止出现"虚焊"、"夹生焊"。产生"虚焊"的原因是因为焊件表面未清除干净或焊剂太少，使得焊锡不能充分流动，造成焊件表面的挂锡太少，焊件之间未能充分固定。造成"夹生焊"的原因是因为电烙铁温度低或焊接时电烙铁停留时间太短，焊锡未能充分熔化。

电烙铁使用前应检查电源线是否良好，有无被烫伤。焊接电子类元件（特别是集成块）时，应采用防漏电等安全措施。当焊头因氧化而不"吃锡"时，不可硬烧。当焊头上锡较多不便焊接时，不可甩锡，不可敲击。焊接较小元件时，时间不宜过长，以免因高温损坏元件或绝缘层。焊接完毕，应拔去电源插头，将电烙铁置于金属支架上，防止烫伤或火灾的发生。

（9）常用电工仪表　用来测量各种电量和磁量的仪器仪表统称为电工仪表，是用于获得各种数据和参数，保证各类电气设备安全运行的必不可少的计量器具。电工仪表既可以用来测量电压、电流、电阻、功率因数等各种电参数，也可以间接测量如温度、湿度等非电参数。

1）按仪表的工作原理不同，电工仪表可分为电磁系仪表、磁电系仪表、电动系仪表以及感应系仪表。

2）按测量对象的不同，分为电压表、电流表、欧姆表、电度表、功率表等。

3）按测量时工作电流的不同，分为直流表、交流表和交直流表等。

4）按仪表的外形和尺寸大小不同，可分为大型、中型、小型和微型仪表等。

5）按测量精度可分为七级，即0.1级、0.2级、0.5级、1.0级、1.5级、2.5级和5.0级。

6）按读数装置的不同，可分为指针式、光指示器式和振簧式。

对于安装完成的电动机控制线路，要用万用表的欧姆档判断电路的准确性，这是通电试车前的关键步骤。用万用表欧姆档在按下按钮时刻检测线路的接通状况，主要检测线圈的电阻值。

7. 安全启动电气系统

在前面6个步骤完成之后，就可启动系统、通电试车。通电试车是强电装接的尾声，也是最具危险的一步，必须掌握合理正确的操作步骤及动作要领。

项目2　熟读电气原理图

教学目标：能够通过分析电气原理图，编制合理的接线图。

思考与练习：完成数控铣床控制电路的识读，并绘制接线图，准备器材。

图3-9所示为C650卧式车床电气控制原理图。该车床共有三台电动机：M1为主轴电动机，驱动主轴旋转并通过进给机构实现进给运动。主要有正转与反转控制、停车制动时快速停转、加工调整时点动操作等电气控制要求。M2是冷却泵电动机，驱动冷却泵对零件加工部位进行供液。电气控制要求是加工时起动供液，并能长期运转。M3是快速移动电动机，拖动刀架快速移动，要求能够随时手动控制起动与停止。卧式车床电气零件符号及名称见表3-4。

表3-4　卧式车床电气零件符号及名称

符　号	名　称	符　号	名　称
M1	主电动机	SB1	总停按钮
M2	冷却泵电动机	SB2	主电动机正向点动按钮
M3	快速移动电动机	SB3	主电动机正转按钮
KM1	主电动机正转接触器	SB4	主电动机反转按钮
KM2	主电动机反转接触器	SB5	冷却泵电动机停转按钮
KM3	短接限流电阻接触器	SB6	冷却泵电动机起动按钮
KM4	冷却泵电动机起动接触器	TC	控制变压器
KM5	快移电动机起动接触器	FU（1～6）	熔断器
KA	中间继电器	FR1	主电动机过载保护热继电器

(续)

符号	名称	符号	名称
KT	通电延时时间继电器	FR2	冷却泵电动机保护热继电器
SQ	快移电动机点动行程开关	R	限流电阻
SA	开关	EL	照明灯
KS	速度继电器	TA	电流互感器
A	电流表	QS	隔离开关

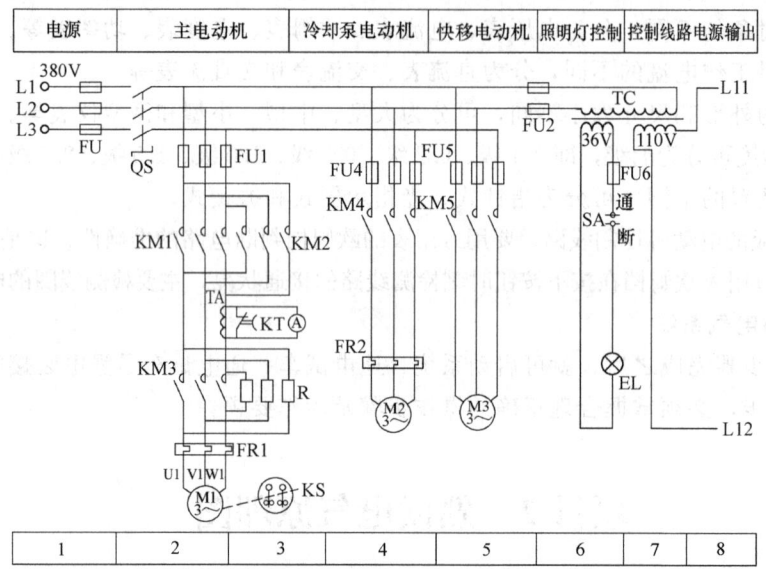

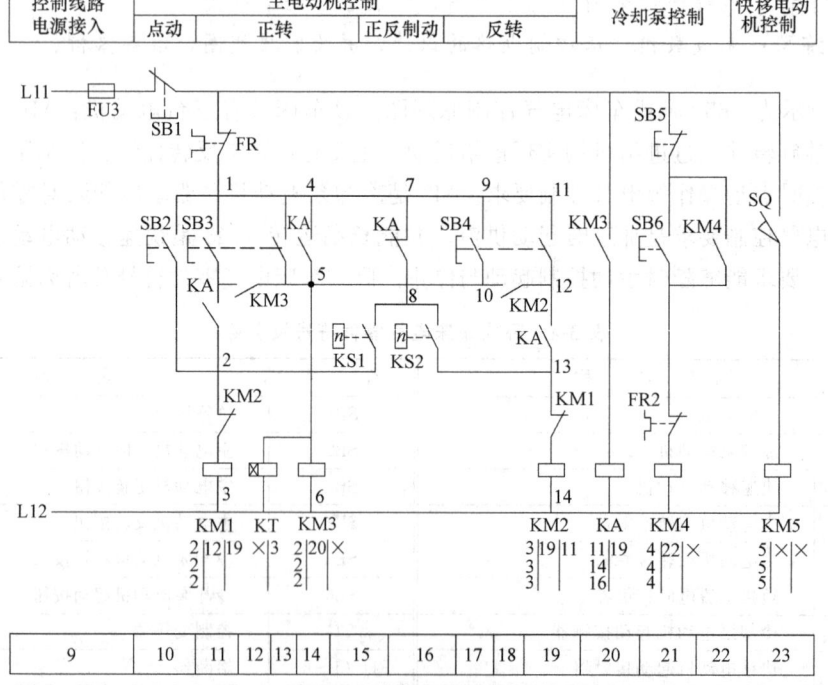

图 3-9 C650 卧式车床电气控制原理图

1. 动力电路识读

（1）主电动机电路

1）电源引入与故障保护。三相交流电源 L1、L2、L3 经熔断器 FU 后，由隔离开关 QS 引入 C650 车床主电路，主电动机电路中，熔断器 FU1 为短路保护环节，FR1 是热继电器加热元件，对电动机 M1 起过载保护作用。

2）主电动机正反转。KM1 与 KM2 分别为交流接触器 KM1 与 KM2 的主触点。根据电气控制基本知识分析可知，KM1 主触点闭合、KM2 主触点断开时，三相交流电源将分别接入电动机的 U1、V1、W1 三相绕组中，主电动机 M1 将正转。反之，当 KM1 主触点断开、KM2 主触点闭合时，三相交流电源将分别接入主电动机 M1 的 W1、V1、U1 三相绕组中，与正转时相比，U1 与 W1 进行了换接，导致主电动机反转。

3）主电动机全压与减压状态。当 KM3 主触点断开时，三相交流电源电流将流经限流电阻 R 而进入电动机绕组，电动机绕组电压将减小。如果 KM3 主触点闭合，则电源电流不经限流电阻而直接接入电动机绕组中，主电动机处于全压运转状态。

4）绕组电流监控。电流表 A 在电动机 M1 主电路中起绕组电流监视作用，通过线圈 TA 空套在绕组一相的接线上，当该接线有电流流过时，将产生感应电流，通过这一感应电流将显示电动机绕组中当前电流值。其控制原理是当 KT 常闭延时断开触点闭合时，TA 产生的感应电流不经过电流表 A，而一旦 KT 触点断开，电流表 A 就可检测到电动机绕组中的电流。

5）电动机转速监控。KS 是和主电动机 M1 主轴同轴安装的速度继电器检测元件，根据主电动机主轴转速对速度继电器触点的闭合与断开进行控制。

（2）冷却泵电动机电路　冷却泵电动机电路中熔断器 FU4 起短路保护作用，热继电器 FR2 则起过载保护作用。当 KM4 主触点断开时，冷却泵电动机 M2 停转不供液；而 KM4 主触点一旦闭合，M2 将起动供液。

（3）快移电动机电路　快移电动机电路中熔断器 FU5 起短路保护作用。KM5 主触点闭合时，快移电动机 M3 起动，而 KM5 主触点断开，快移电动机 M3 停止。

主电路通过变压器 TC 与控制线路和照明灯线路建立联系。变压器 TC 一次侧接入电压为 380V，二次侧有 36V、110V 两种供电电源，其中 36V 给照明灯线路供电，而 110V 给车床控制线路供电。

2. 控制线路的识读

控制线路读图分析的一般方法是从各类触点的断开、闭合与相应电磁线圈得电、断电之间的关系入手，并通过线圈判断电路状态，分析主电路中受该线圈控制的主触点的断合状态，得出电动机受控运行状态的结论。

控制线路从 6 区至 17 区，各支路垂直布置，相互之间为并联关系。各线圈、触点均为原态（即不受力态或不通电态），而原态中各支路均为断路状态，所以 KM1、KM3、KT、KM2、KA、KM4、KM5 等各线圈均处于断电状态，这一现象可称为"原态支路常断"，是机床控制线路读图分析的重要技巧。

（1）主电动机点动控制　按下 SB2，KM1 线圈通电，根据原态支路常断现象，其余所有线圈均处于断电状态。因此主电路中为 KM1 主触点闭合，由隔离开关 QS 引入的三相交流电源将经 KM1 主触点、限流电阻接入主电动机 M1 的三相绕组中，主电动机 M1 串电阻减压起动。一旦松开 SB2，KM1 线圈断电，电动机 M1 断电停转。SB2 是主电动机 M2 的点动控制按钮。

(2) 主电动机正转控制　按下 SB3，KM3 线圈与 KT 线圈同时通电，20 区的常开辅助触点 KM3 闭合而使 KA 线圈通电，KA 线圈通电又导致 11 区中的 KA 常开辅助触点闭合，使 KM1 线圈通电。而 11、12 区的 KM1 常开辅助触点与 14 区的 KA 常开辅助触点对 SB3 形成自锁。主电路中 KM3 主触点与 KM1 主触点闭合，电动机不经限流电阻 R 全压正转起动。

绕组电流监视电路中，因 KT 线圈通电后延时开始，但由于延时时间还未到达，所以 KT 常闭延时断开触点保持闭合，感应电流经 KT 触点短路，造成电流表 A 中没有电流通过，避免了全压起动初期绕组电流过大而损坏电流表 A。KT 线圈延时时间到达时，电动机已接近额定转速，绕组电流监视电路中的 KT 断开，感应电流流入电流表 A，将绕组中电流值显示在电流表上。

(3) 主电动机反转控制　按下 SB4，通过 9、10、5、6 线路导致 KM3 线圈与 KT 线圈通电，与正转控制相类似，20 区的 KA 线圈通电，再通过 11、12、13、14 使 KM2 线圈通电。主电路中 KM2、KM3 主触点闭合，电动机全压反转起动。KM1 线圈所在支路与 KM2 线圈所在支路通过 KM2 与 KM1 常闭触点实现电气控制互锁。

(4) 主电动机反接制动控制

1) 正转制动控制。KS2 是速度继电器的正转控制触点，当电动机正转起动至接近额定转速时，KS2 闭合并保持。制动时按下 SB1，控制线路中所有电磁线圈都将断电，主电路中 KM1、KM2、KM3 主触点全部断开，电动机断电降速，但由于正转的转动惯性，需较长时间才能降为零速。

一旦松开 SB1，则经 1、7、8、KS2、13、14，使 KM2 线圈通电。主电路中 KM2 主触点闭合，三相电源电流经 KM2 使 U1、W1 两相换接，再经限流电阻 R 接入三相绕组中，在电动机转子上形成反转转矩，并与正转的惯性转矩相抵消，电动机迅速停车。

在电动机正转起动至额定转速，再从额定转速制动至停车的过程中，KS1 反转控制触点始终不产生闭合动作，保持常开状态。

2) 反转制动控制。KS1 在电动机反转起动至接近额定转速时闭合并保持。与正转制动相类似，按下 SB1，电动机断电降速。一旦松开 SB1，则经 1、7、8、KS1、2、3，使线圈 KM1 通电，电动机转子上形成正转转矩，并与反转的惯性转矩相抵消，使电动机迅速停车。

(5) 冷却泵电动机的起停控制　按下 SB6，线圈 KM4 通电，并通过 KM4 常开辅助触点对 SB6 自锁，主电路中 KM4 主触点闭合，冷却泵电动机 M2 转动并保持。按下 SB5，KM4 线圈断电，冷却泵电动机 M2 停转。

(6) 快移电动机的点动控制　行程开关由车床上的刀架手柄控制。转动刀架手柄，行程开关 SQ 将被压下而闭合，KM5 线圈通电。主电路中 KM5 主触点闭合，驱动刀架快移的电动机 M3 起动。反向转动刀架手柄复位，SQ 行程开关断开，则电动机 M3 断电停转。

(7) 照明电路　灯开关 SA 置于闭合位置时，EL 灯亮。SA 置于断开位置时，EL 灯灭。

项目 3　电气接线的技巧

教学目标：掌握电气接线过程常用的操作技巧，避免出现干扰等电气故障。
思考与练习：完成强弱电分开布局设计，并进行实际操作，以验证设计的合理性。

电气接线的基本步骤为熟读电气原理图、绘制电气安装接线图、检查和调整电气元件、电气控制柜的安装配线、电气控制柜的安装检查和电气控制柜的调试 6 个步骤。下面以车床电气接线为例进行说明。

1. 电气原理图与电气安装接线图

电气原理图是根据控制线路工作原理绘制，具有结构简单、层次分明的特点，主要用于研究和分析电路工作原理。车床电气原理图如图 3-10 所示。

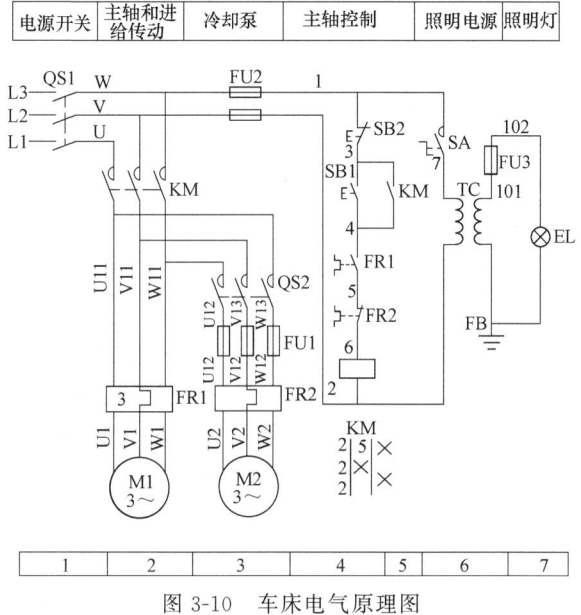

图 3-10 车床电气原理图

电气安装接线图是为安装电气设备和电气元件而进行配线或检修电气故障服务的。在电气安装接线图中可显示出电气设备中各元件的空间位置和接线情况，可在安装或检修时对照电气原理图使用。车床电气安装接线图如图 3-11 所示。

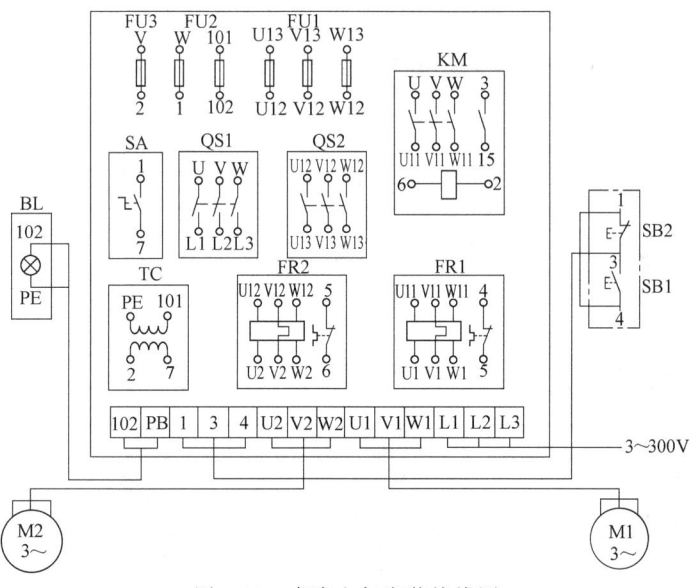

图 3-11 车床电气安装接线图

电气安装接线图是根据电气设备位置布局合理经济的原则设计的，表示机床电气设备各单元之间的接线关系，并标注出外部接线所需的数据。根据电气安装接线图就可以进行电气设备的安装接线了。

在实际工作中，电气安装接线图常与电气原理图结合起来使用。线路比较简单时，可根据电气原理图完成接线，但在线路复杂时，按电气原理图接线很容易出错，而且对工人的技术要求很高。在这种情况下，详细绘制并标出线的线号和型号、不显示接线原理的电气安装接线图，可方便施工并降低对工人的技术要求。

2. 电气原理图的识读

如图 3-10 所示，车床电气线路是由主电路、控制电路、照明电路等部分组成。

（1）主电路　电动机电源采用 380V 的交流电源，由电源开关 QS1 引入。主轴电动机 M1 的起停由 KM 的主触点控制，主轴通过摩擦离合器实现正反转；主轴电动机起动后，才能起动冷却泵电动机 M2，是否需要冷却由转换开关 QS2 控制。熔断器 FU1 为电动机 M2 提供短路保护。热继电器 FR1 和 FR2 为电动机 M1 和 M2 提供过载保护，它们的常闭触点串联后接在控制电路中。

（2）控制电路　主轴电动机的控制过程：合上电源开关 QS1，按下起动按钮 SB1，接触器 KM 线圈通电使铁心吸合，电动机 M1 因 KM 的三个主触点吸合而通电起动运转，同时并联在 SB1 两端的 KM 辅助触点（3、4）吸合，实现自锁；按下停止按钮 SB2，M1 停转。

冷却泵电动机的控制过程为：当主轴电动机 M1 起动后（KM 主触点闭合），合上 QS1，电动机 M2 得电起动；若要关掉冷却泵，断开 QS2 即可；当 M1 停转后，M2 也停转。

若电动机 M1 和 M2 中任何一台过载，其相对应的热继电器的常闭触点即断开，从而使控制电路失电，接触器 KM 释放，所有电动机停转。FU2 为控制电路的短路保护。另外，控制电路还具有欠电压保护，当电源电压低于接触器 KM 线圈额定电压的 85% 时，KM 会自行释放。

（3）照明电路　照明电路由变压器 TC 将交流 380V 转换为 36V 的安全电压供电，FU3 为短路保护。合上开关 SA，照明灯 EL 亮。照明电路必须接地，以确保人身安全。

（4）图 3-10 所示的车床电气原理图中所使用的电气元件见表 3-5。

表 3-5　电气元件代号、名称、型号、规格一览表

代　号	元 件 名 称	型　号	规　格	件　数
M1	主轴电动机	J52-4	7kW 1400r/min	1
M2	冷却泵电动机	JCB-22	0.125kW 2790r/min	1
KM	交流接触器	CJ0-20	380V	1
FR1	热继电器	JR16-20/3D	14.5A	1
FR2	热继电器	JR2-1	0.43A	1
QS1	三相转换开关	HZ2-10/3	380V10A	1
QS2	三相转换开关	HZ2-10/2	380V10A	1
FU1	熔断器	RM3-25	4A	3
FU2	熔断器	RM3-25	4A	2
FU3	熔断器	RM3-25	1A	1
SB1、SB2	控制按钮	LA4-22K	5A	1
TC	照明变压器	BK-50	380V/36V	1
EL	照明灯	JC6-1	40W 36V	1

3. 绘制电气安装接线图

根据前面的介绍，先确定电气元件的安装位置，然后绘制电气安装接线图，如图3-11所示。

4. 检查和调整电气元件

根据表3-5列出的车床电气元件，配齐电气设备和电气元件，并逐件对其检验。

1) 核对各电气元件的型号、规格及数量。

2) 用电桥或万用表检查电动机M1、M2各相绕组的电阻，用兆欧表测量其绝缘电阻，并作好记录。

3) 用万用表测量接触器KM的线圈电阻，记录其电阻数值；检查KM外观是否清洁完整、有无损伤，各触点的分合情况，接线端子及紧固件有无短缺、生锈等。

4) 检查电源开关QS1、QS2的分合情况及操作的灵活程度。

5) 检查熔断器FU1、FU2的外观是否完整，陶瓷底座有无破裂。

6) 检查按钮的常开、常闭触点的分合动作。

7) 用万用表检查热继电器FR1、FR2的常闭触点是否接通，并分别将热继电器FR1、FR2的整定电流调整到14.5A和0.43A。

5. 电气控制柜的安装配线

(1) 制作安装底板　由于图3-10所示的车床电气线路简单，电气元件数量较少，可以利用机床机身的柜架作为电气控制柜。除电动机、按钮和照明灯外，其他电气元件安装在配电盘上。配电盘可采用钢板或绝缘板，为了美观和加强绝缘，要在钢板上覆盖一层玻璃布层压板或布胶木层，也可在钢板上喷漆。

(2) 选配导线　由于各生产厂家不同，车床电气控制柜的配线方式也有所不同，但大多数采用明配线。其主电路的导线可采用单股塑料铜芯线BV2.5mm²（黑）、控制电路采用BV1.5mm²（红）、按钮线采用LBVR0.75mm²（红）。

(3) 画安装尺寸线及走向线，弯电线管　在熟悉电原理后，根据安装接线图，按照安装操作规程，在安装底板上画安装尺寸线以及电线管的走向线，并度量尺寸，锯割电线管，根据走向线方向弯管。

(4) 安装电气元件　根据安装尺寸线钻孔，固定电气元件。若采用导轨安装形式，则应先安装导轨，再安装电气元件。

(5) 给各元件和导线编号　根据图3-10所示的电气原理图，给各电气元件和连接导线作好编号标志，给接线板编号。

(6) 接线　接线时，先接控制柜内的主电路、控制电路，需外接的导线接到接线端子排上，然后再接柜外的其他电器和设备，如按钮SB1和SB2、照明灯EL、主轴电动机M1、冷却泵电动机M2。引入车床的导线要用金属软管加以保护。

6. 电气控制柜的安装检查

安装完毕后，测试绝缘电阻并根据安装要求对电气线路、安装质量进行全面的检查。

(1) 常规检查　对照电气原理图和安装接线图，逐线检查，核对线号，防止错接、漏接；检查各接线端子的接触情况，若有虚接现象应及时排除。

(2) 用万用表检查　在不通电的情况下，用万用表的欧姆档对电路进行通断检查，具体方法如下。

1) 检查控制电路。断开主电路接在 QS1 上的三根电源线 U、V、W，断开 SA，把万用表拨到 Rx100，调零以后，将两只表笔分别接到熔断器 FU2 两端，此时电阻应为零，否则有断路问题。将两只表笔再分别接到 1、2 端，此时电阻应为无穷大，否则接线可能有误（如 SB1 应接常开触点，而错接成常闭触点）或按钮 SB1 的常开触点粘连而处于闭合状态；按下 SB1，此时若测得一电阻值（为 KM 线圈电阻），说明 1、2 支路接线正确；按下接触器 KM 的触点架，其常开触点（3、4）闭合，此时万用表测得的电阻仍为 KM 的线圈电阻，表明 KM 自锁起作用；否则 KM 的常开触点（3、4）可能有虚接或漏接等问题。

2) 检查主电路。接上主电路上的三根电源线 U、V、W，断开控制回路（取出 FU2 的熔芯），取下接触器 KM 的灭弧罩，合上开关 QS1，将万用表拨到适当的电阻挡。把万用表的两只表笔分别接到 L1～L2、L2～L3、L3～L1 之间，此时测得的电阻应为无穷大，若某次测得电阻为零，则说明所测两相接线间有短路；按下接触器 KM 的触点架，使 KM 的常开触点闭合，重复上述测量，此时测得的电阻应为电动机 M1 两相绕组的电阻值，且三次测得的结果应基本一致，若有电阻为零、无穷大或不一致的情况，则应进一步检查电路。

3) 将万用表的两只表笔分别接到 U11～V11、V11～W11、W11～U11 之间，未合上 QS2 时，测得的电阻应为无穷大，否则可能有短路问题；合上 QS2 后测得的电阻应为电动机 M2 两相绕组的电阻值，且三次测得的结果应基本一致，若有电阻为零、无穷大或不一致的情况，则应进一步检查。

对于上述检查中发现的问题，应结合测量结果，通过分析电气原理图，再作进一步检查、维修。

7. 电气控制柜的调试

电路经过检查无误后，才可进行通电试车。

1) 空操作试车。断开主电路接在 QS1 上的三根电源线 U、V、W，合上电源开关 QS1 使控制电路得电。按下起动按钮 SB1，KM 应吸合并自锁，按下 SB2，KM 应断电释放。合上开关 SA，机床照明灯应亮，断开 SA，则照明灯灭。

2) 空载试车。空操作试车通过后，断电接上 U、V、W，然后通电，合上 QS1。按下 SB1，观察主轴电动机 M1 的转向、转速是否正确，再合上 QS2，观察冷却泵电动机 M2 的转向、转速是否正确。空载试车时，应先拆下连接主轴电动机和主轴变速箱的带，以免转向不正确，损坏传动机构。

3) 负载试车。在机床电气线路及所有机械部件安装调试后，按照车床的性能指标，逐项进行试车。

8. 电气接线注意事项

随着电子技术的发展，数控系统的集成度越来越高，其体积也越来越小，系统与外部设备之间的电缆连接使用了更多的串行通信接口。为此，在数控机床的电气设计过程中，数控系统对干扰的抑制就显得尤为重要，如果处理得不好，经常会发生数控系统和电动机反馈的异常报警。在机床电气设备完成装配后，处理这类问题就非常困难，为了避免此类故障的发生，在机床设计时要求电气设计人员全方面考虑系统的布线、屏蔽和接地问题。同时，在进行机床的强电装配时，要严格按照设计的要求进行装配，从而提高数控系统的抗干扰能力，为数控机床可靠、安全地运行打下基础。

（1）数控系统电缆的分类和接地　在 FANUC 各系统的连接（硬件）说明书中，对数控系统所使用的电缆进行了分类，即分为 A、B、C 三类。A 类电缆是导通交流/直流动力电源的电缆，一般用作工作电压为 380 V/220 V/110 V 的强电电器、接触器和电动机的动力电缆，它会对外界产生较强的电磁干扰，特别是电动机的动力电缆，对外界干扰很大。因此，A 类电缆是数控系统中较强的干扰源。B 类电缆用于导通以 24V 电压信号为主的开关信号，这种电缆因为电压较 A 类电缆低，电流也较小，一般比 A 类电缆干扰小。C 类电缆的电源工作负载是 5V，主要用作显示电缆、I/O-Link 电缆、手轮电缆、主轴编码器电缆和电动机的反馈电缆。因为此类电缆在 5V 的逻辑电平下工作，并且工作信号的频率较高，极易受到干扰，所以在机床布线时要特别注意采取相应的屏蔽措施。

数控机床地线的总体连接图如图 3-12 所示。一台机床的总地线应该由接地板分别连接到机床床身、强电柜和操作面板三个部分上。控制系统单元、电源模块、主轴模块和伺服模块的地线端子，应该通过地线分别连接到设在强电柜中的地线板上，并与接地板相连。连接到操作面板的信号电缆都必须通过电缆卡子将 C 类电缆中的屏蔽线固定在电缆卡子支架上，屏蔽才能产生效果。

应该尽量避免将 A、B、C 三类电缆混装于一个导线管内。如分装有困难，也应将 B、C 类电缆通过屏蔽板与 A 类电缆隔开，如图 3-13 所示。

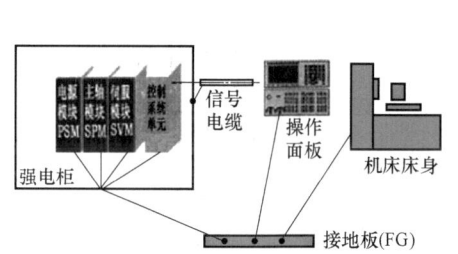

图 3-12　数控机床地线的总体连接图

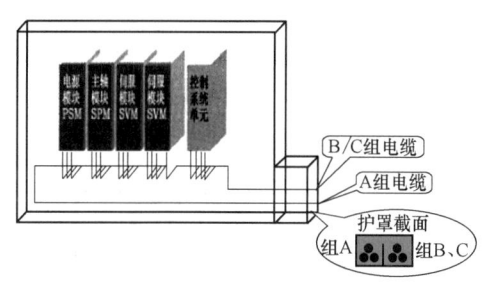

图 3-13　系统电缆的走线示意图

在 FANUC 系统中，每个单元均配有用于屏蔽的电缆卡子。在装配过程中，使用电缆卡子将 B、C 类电缆固定在支架上，如图 3-14 所示。

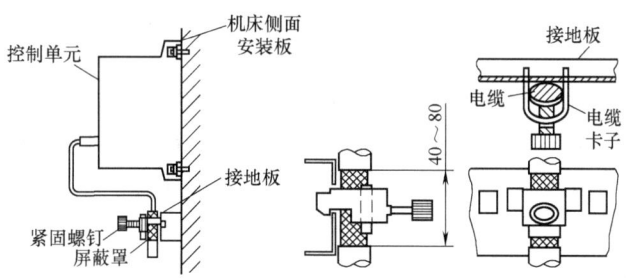

图 3-14　电缆卡子的使用方法

（2）浪涌吸收器的使用　为了防止来自电网的干扰，在异常输入时起到保护作用，电源的输入应该设有保护措施，通常采用的保护装置是浪涌吸收器。浪涌吸收器包括两部分，一个为相间保护，另一个为线间保护，如图 3-15 所示。

从图 3-15 可以看出，浪涌吸收器除了能够吸收输入交流的干扰信号以外，还可以起到保护的作用。当输入的电网电压超出浪涌吸收器的钳位电压时，会产生较大的电流，该电流即可使5A断路器断开,而输送到其他控制设备的电流随即被切断。

(3) 伺服放大器和电动机反馈电缆的地线处理 FANUC 伺服放大器与 I 系列系统间用光纤 (FSSB) 连接,大大减少了系统与伺服放大器之间的信号干扰。但是,由于伺服放大器和伺服电动机之间的反馈电缆仍然会受到干扰,还是容易造成伺服放大器和编码器的相关报警。所以,伺服放大器和电动机反馈电缆之间的接地处理非常重要。按照前面介绍的接地要求,伺服放大器和电动机间的地线连接如图3-16所示。

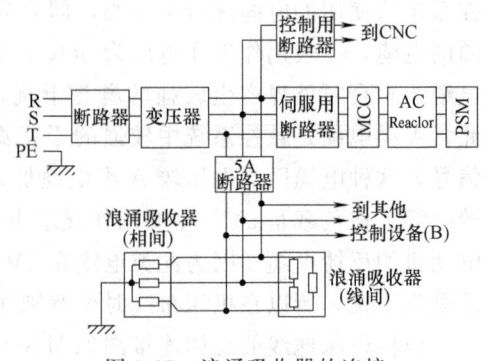

图 3-15 浪涌吸收器的连接

根据动力电缆与反馈电缆分开的原则,动力电缆和反馈电缆使用两个接地端子板。FANUC 提供的动力电缆为屏蔽电缆,也可以进行动力电缆屏蔽。

电源模块、主轴模块、伺服模块与电动机间的地线连接如图3-17所示。电动机的接地线需从接地端子板1上连接到电动机一侧,接地线铜芯截面积通常应大于 $1.2 mm^2$。

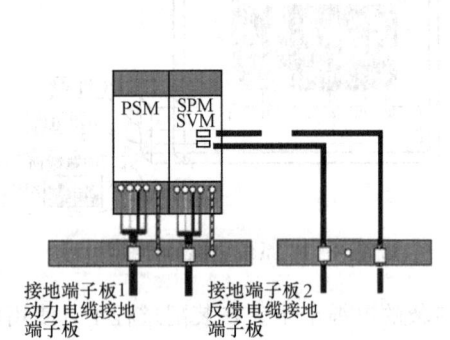

图 3-16 伺服放大器和电动机间的地线连接

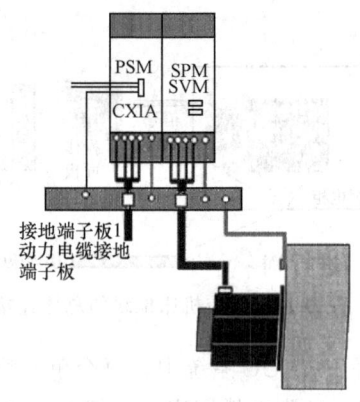

图 3-17 电源模块、主轴模块和伺服模块与电动机间的地线连接

当接地线出现问题时,FANUC 的 I 系列产品通常会发出 367 (count miss)、368 (serial data error) 和 369 (data trans. error) 伺服报警。当机床出现以上报警时,可以从抗干扰入手,采取上述措施能有效地减少干扰,提高系统抗干扰的能力。

(4) 导线捆扎处理 在配线过程中,通常将各类导线捆扎成圆形线束,线束的线扣节距应力求均匀,导线线束的规定见表3-6。

表 3-6 导线线束的规定

项 目	线束直径 D/mm			
	5~10	>10~20	>20~30	>30~40
捆扎带长度 L/mm	50	80	120	180
线扣节距 L/mm	50~100	100~150	150~200	200~300

线束内的导线超过 30 根时，允许加一根备用导线并在其两端头进行标记。标记采用回插的方式以防止脱落。线束在跨越活动门时，其导线数不应超过 30 根，超过 30 根时，应再分离出一束线束。

随着机床设备的智能化，遥感、遥测等技术越来越多地在机床设备中使用，绝缘导线的电磁兼容问题越来越突出。目前，电气回路配线已经不局限在一般绝缘导线，屏蔽导线也开始广泛地被采用。因此，在配线时应注意：不要将大电流的电源线与低频的信号线捆扎成一束；没有屏蔽措施的高频信号线不要与其他导线捆成一束；高电平信号线与低电平信号线不能捆扎在一起，也不能与其他导线捆扎在一起；高电平信号输入线与输出线不要捆扎在一起；直流主电路线不要与低电平信号线捆扎在一起；主回路线不要与信号屏蔽线捆扎在一起。

（5）行线槽的安装与导线在行线槽内的布置　电气元件应与行线槽统一布局、合理安装、整体构思。与元器件的横平竖直要求相对应，行线槽的布置原则是每行元器件的上下都安放行线槽，整体配电板两边加装行线槽。当配电板过宽时，根据实际情况在配电板中间加装纵向行线槽。根据导线的粗细、根数多少选择合适的行线槽。导线布置后，不能使槽体变形，导线在槽体内应舒展，不要相互交叉。允许导线有一定弯度，但不可捆扎，不可影响上槽盖。

模块 3　电气系统的通电调试

项目 1　电气系统的通电

教学目标：熟悉电气系统通电要领，掌握初次通电的基本操作步骤。
思考与练习：进行电气系统通电前的连接检查训练。

1. 电源的检查

检查电源输入电压是否与机床设定相匹配，频率转换开关是否置于相应的位置；检查确认变压器的容量是否满足控制单元和伺服系统的电能消耗；检查电源电压波动范围是否在数控系统允许的范围内。日本的数控系统一般允许实际电压在电压额定值的±10%范围内波动，而欧美的一些数控系统要求电压波动范围在±5%以内。

对于采用晶闸管控制元件的速度控制单元和主轴控制单元的供电电源，一定要检查相序。在相序不正确的情况下接通电源，可能使速度控制单元的熔断器烧断，这是由于误导通造成的大电流引起的。相序检查方法有相序表测量和示波器测量两种。当相序接法正确，即与表上的端子标记的相序相同时，相序表按顺时针方向旋转。用示波器测量两相之间的波形，两相比较就可确定各相序。

各种数控系统内部都有直流稳压电源单元，为系统提供+5V，±15V，+24V 等直流电压。因此，在系统通电前，需要用万用表来确认直流稳压电源单元电压输出端对地是否短路。

接通电源之后，首先应该检查数控柜内各风扇是否旋转，确认电源是否接通。各种直流电压是否在允许的范围内波动，一般来说，+5V 电源主要供给逻辑电路，它对电压稳定性要求较高，其波动应在±5%范围内；+24V 的电源波动应在±10%范围内，超出范围要进行调整，以免影响系统的稳定性。

对整体钣金件和所有的器件进行确认，检查是否有错误、划伤等问题出现，并对钣金件进行整理和清洁。检查并确认所有线槽、导轨、UK3N 端子排、接地排在钣金件上的固定都是采用 M4×16 十字圆头螺钉并加平垫圈和弹性垫圈联接；主接触器、UK16N 端子排、浪涌吸收器、整流器在钣金件上的固定都是采用 M5×16 十字圆头螺钉并加平垫圈和弹性垫圈联接；检查各器件是否按照装配图要求安装在导轨上。

2. 参数的设定确认

（1）短路棒的设定　数控系统内的印制电路板上有许多短路棒设定点，它们的设定已由机床制造厂完成，用户只需确认与记录一下。但对于单个购入的数控装置，用户则必须根据需要自行设定。因为数控装置出厂时，是按标准方式设定的，不一定适合具体的用户要求。设定确认的内容随数控系统而定，一般有以下三方面。

1）确认控制部分印制电路板上的设定。主要确认主板、ROM 板、连接单元、附加轴控制板以及旋转变压器和感应同步器控制板上的设定。这些设定与机床返回基准点的方法、速度反馈的检测元件、检测增量调节及分度精度调节等有关。

2) 确认速度控制单元印制电路板上的设定。在直流速度控制单元和交流速度控制单元上都有许多的设定点，用于选择检测元件的种类，回路增益以及各种报警等。

3) 确认主轴控制单元印制电路板上的设定。在直流或交流主轴控制单元上，均有一些用于选择主轴电动机电流极限和主轴转数的设定点。但数字式交流主轴控制单元上已用数字设定代替短路棒的设定，故只能在通电时才能进行设定与确认。

(2) 确认数控系统中各种参数的设定　设定系统参数的目的是在数控装置与机床相连接时，使机床具有最佳的工作性能。即使是同一种数控系统，其参数设定也随机而异。随机附带的参数表是机床的重要技术资料，应妥善保管，不得遗失，否则将给机床的维修和恢复性能带来困难。

显示参数的方法也随机而异，大多数厂家的产品可通过 MDI/CRT 单元上的参数键来显示已存入系统存储器的参数。显示的参数内容应与机床安装调试完成后的参数表一致。

如果所用的进给和主轴控制单元是数字式的，那么它的参数设定也是用数字设定方式，而不用短路棒，须根据随机所带的说明书予以确认。

3. 各控制回路的调试

确认各种电源电压正确之后可以起动 CNC，CNC 起动/停止控制回路如图 3-18 所示。CNC 起动后，LCD 出现显示。

为保证机床的安全，数控机床均设置有急停按钮，在出现紧急状态时按下机床操作面板上的急停按钮，机床将立刻停止运动。一般情况下，运动轴超程检测由 CNC 通过参数处理（称为软件限位），没有必要设置外部限位开关。但是为避免由于伺服回馈系统发生故障而使机床移动超出软件限位值，确保机床停下来，通常安装行程限位开关（称为硬件限位）。当限位开关被挡块压住后，CNC 复位并进入急停状态，伺服电动机和主轴电动机减速直至停止。紧急停止控制回路如图 3-19 所示。

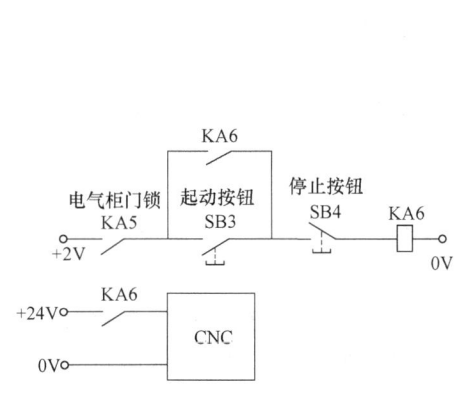

图 3-18　CNC 起动/停止控制回路

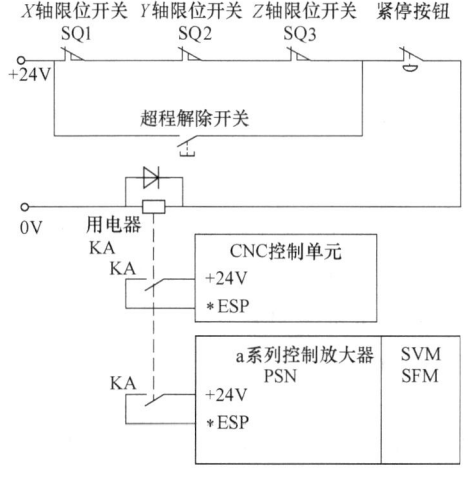

图 3-19　紧急停止控制回路

4. 弱电调试

CNC 伺服系统接通之后，在没有设置机床参数时 LCD 会出现报警。机床参数主要指当

CNC 与机床组合在一起之后,为了最大限度地发挥 CNC 机床的功能而设置的值。机床参数需要按照数控系统说明书的要求来调整。对于没有进行任何调整的系统,其调整步骤如下:

(1) 核对系统功能参数　各种数控系统出厂时都附带有参数表,在 FANUC 0i 系统中 900 号以上的参数即为系统功能参数,其规定的基本功能已在系统出厂时设置好,用户需按照此表核对设置。

(2) 控制轴设定　FANUC 0i 系统的机床参数号范围是 0～8999。P1020 表示编程时的各控制轴名称;P1022 用于在基本坐标系中设定各轴的名称,该参数一定要设置,否则将不能进行 G02、G03 插补运算;P1023 表示各轴的伺服轴号,其设定值与控制轴号相同;P1010 为 CNC 控制轴数;P8130 表示总控制轴数。

(3) 伺服引导　伺服引导是指进给伺服系统的参数初始化,没有进行伺服引导前 LCD 上将出现 417 报警。若有参数设定不合理,即出现报警。报警的处理方法详见伺服电动机参数手册。

(4) 主轴引导　主轴引导是指主轴伺服系统的参数初始化,没有进行主轴引导前 LCD 上将出现 750 和 751 报警。设定主轴电动机型号参数 P4133、主轴电动机最高转速参数 P4020;设定主轴最高转速参数:P3741(第一档)、P3742(第二档)、P3743(第三档);设定参数 P4019#7=1(P4019#7=1 表示第 4019 号机床参数是位参数,其 bit7=1),进行自动 A 系列主轴参数初始化。在 CNC 断电后再通电时,参数初始化才能生效。P4019#7 自动参数初始化之后,复位为 0。如果主轴参数设置不正确或未完成设置,会出现 5138 报警。

(5) PMC 模块参数和系统参数的设置　PMC 即数控机床上所使用的 PLC,它用来完成机床辅助功能的控制,可在系统相应的页面进行设置。

5. PMC 梯形图 (LADDER) 的调试

PMC 梯形图调试工作量相当大,需与机械工作人员密切配合、共同进行,一起分析调试过程中出现的问题。调试人员对各功能的接口信号和参数必须十分熟悉,有深刻的理解。对于接口信号,应该明确 PMC 除了与机床的各种信号装置通信外,还与 CNC 通信,将伺服系统的实际工作状态报告给 CNC,并接受 CNC 的控制。PMC 调试的基本过程如下:

(1) 传送 PMC 程序　通过 RS232 通信接口和软件 FAPT LADDER 将事先编制的 PMC 程序送入 CNC。

(2) 调试机床控制面板程序　该调试的目的是使操作方式等按钮生效。机床控制面板程序一经调试成功,今后若使用相同的控制面板,便可复制此程序。如果自行设计制作控制面板,则需根据接口信号重新编程调试。

(3) 调试机床润滑　在进给轴移动前,必须使机床导轨润滑正常,应通过 PMC 程序调试定时润滑。

(4) 各进给轴的移动　在 JOG 方式下按各轴移动键,各坐标轴应按机床参数指定的速度向正方向或反方向移动,并受倍率开关的控制。调试时主要进行有关进给参数设置,并处理有关接口信号。

(5) 各轴参考点的设置　参考点是数控机床的坐标原点,需通过 PMC 调试处理相关的接口信号,并设置相关的参数。对于 Z 轴参考点的设置,应与换刀位置配合调整。回参考点的过程如图 3-20 所示。

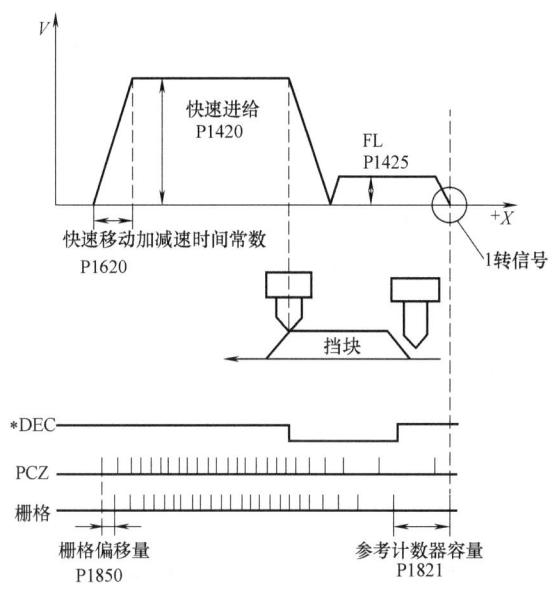

图 3-20 回参考点的过程

（6）轴行程的设置　数控系统超程检测是 CNC 的基本功能，也称为软件限位。软件限位和硬件限位的位置关系如图 3-21 所示。当机床带有刀库，且刀库在前位时，Z 轴不能在参考点下移动，需设置软件限位保护 Z 轴。

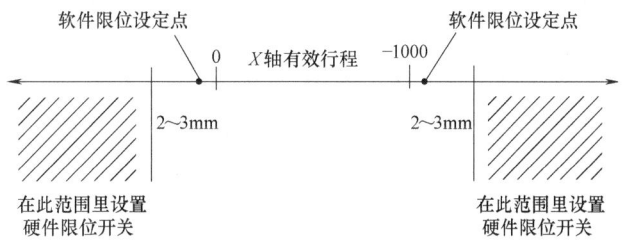

图 3-21　软件限位和硬件限位的位置关系

6. 主轴的调试

主轴控制单元（或称主轴放大器）接受来自 CNC 的译码指令，同时接受速度反馈实施速度循环控制。它还通过 PLC 将主轴的各种实际工作状态报告给 CNC，用以完成对主轴的各项功能控制。

主轴电动机控制接口为主轴串行输出（与模拟输出相对应，串行输出中输出到主轴的命令值为数字数据），同时使用外界位置编码器与 CNC 相联，用于检测主轴的位置。

在进行主轴调试时，主要应完成转速的指定，如 S500　M03 等，以及使主轴停留在某个固定的位置，如 M19。为保证刀具能准确地在主轴和刀库之间交换，必须使用主轴准停功能，其控制梯形图如图 3-22 所示。相关的参数有 P4075＝20 准停完成信号检测水平、P4077 准停偏移量。如果定向停止位置不准，将会损坏换刀装置，可通过该参数对主轴定向位置进行精调。

7. 自动换刀的调试

自动换刀装置（ATC）是加工中心的重要设备，其可靠的运行是决定该加工中心加工质量和生产效率高低的关键。CNC 执行至 M06 TXX 时，调用 O9001 子程序（内含前述各换刀动作）。设计自动换刀的 PMC 程序时，应充分考虑安全互锁。取刀时，采用快捷方式。快捷方式取刀可采用 FAPT LADDER 提供的 ROT 指令实现。

8. 其他辅助动作的调试

其他辅助动作，诸如冷却、排屑、照明等，也需由 PMC 梯形图控制。

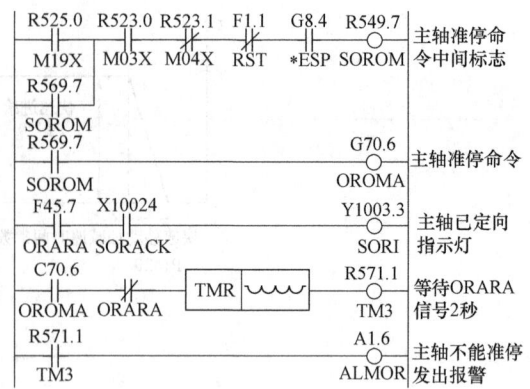

图 3-22　主轴准停控制梯形图

项目 2　电气性能的检测

教学目标：能够使用常规电气测量仪完成一般电气性能的检测。

思考与练习：请简述常用电量检测的工具、测量仪及其操作方法。

数控系统通电之后还需要对其电气性能作进一步的检测，这对第一次通电运行的数控系统尤为必要，电气性能主要检测以下内容：

1）电气控制柜中各个风扇是否运转正常。

2）确认各个印制电路板或模块上的直流电源是否正常，各种电压是否都在其允许波动的范围之内。

3）数控系统的各种参数，包括系统参数、PLC 参数、伺服的数字设定等应符合随机所带的说明书上的要求。

4）数控系统与机床一起联机通电时，应在接通电源的同时，作好按压急停开关的准备，以便出现紧急情况时可随时切断电源。通过联机通电，确认各种电缆的连接是否正确。尤其是当伺服电动机的速度反馈信号线接反时，将会出现机床"飞车"现象，这时必须立即切断电源，以免造成对人身和设备的危害。

5）采用手动进给方式以低速移动各个轴，观察机床移动方向的显示是否正确，然后让各轴碰撞到各个方向的超程限位开关，用以检查超程限位开关是否有效，数控系统是否在超程时发出报警。

6）进行几次机床返回基准点的操作，检查数控机床是否具有返回基准点的功能，并检查每次返回基准点的位置是否完全一致。

7）数控系统的功能测试。按照数控系统的使用说明书，用手动或编制程序的方法来检查该数控系统应具备的功能。如定位，直线插补，圆弧插补，螺旋线插补，自动加减速，M、S、T 辅助功能，刀具半径补偿，刀具长度补偿，螺距误差补偿，间隙补偿，固定循环，镜像功能，以及用户宏程序等主要功能。

数控机床不宜长期封存不用，购买数控机床以后要充分利用，尤其是投入使用的第一年，使其容易出故障的薄弱环节尽早暴露，以便在保修期内加以排除。在没有加工任务时，数控机床也要定期通电，最好是每周通电 1~2 次，每次通电空运行 1h 左右，以利用机床本身的发热量来降低机内的湿度，使电气元件不致受潮，同时也能及时发现有无电池报警发生，以防止系统软件、参数的丢失。

数控系统经过较长时间的使用后，电子元器件会老化甚至损坏。为了尽量地延长元器件的寿命和零部件的磨损周期，防止各种故障，特别是恶性事故的发生，就必须对数控系统进行日常的维护保养工作。具体的日常维护保养的要求在有关数控系统的使用、维修说明书中都有明确的规定。概括起来主要有以下几个方面：

1）严格遵守操作规程和日常维护制度。

2）尽量少开数控柜和强电柜的门。在机加工车间的空气中一般都会有油雾、灰尘甚至金属粉末，一旦它们落在数控系统内的印制电路板或电子元器件上，就容易引起元器件间绝缘电阻下降，甚至导致元器件及印制电路板损坏。在夏天有的用户为了使数控系统能超负荷长期工作，打开数控柜的门来散热，这是一种极不可取的做法，其最终将导致数控系统的加速损坏。

3）定时清扫数控柜的散热通风系统。应该检查数控柜上的各个冷却风扇工作是否正常。每半年或每季度检查一次风道过滤器是否有堵塞现象，若过滤网上灰尘积聚过多，且没有及时清理，将会引起数控柜内温度过高。

4）数控系统的输入/输出装置的定期维护。

5）直流电动机电刷的定期检查和更换。直流电动机电刷的过度磨损会影响电动机的性能，甚至造成电动机损坏。为此，应对电动机电刷进行定期检查和更换。数控车床、数控铣床、加工中心等设备中直流电动机的电刷，应每年检查一次。

6）定期更换存储用电池。一般数控系统内对 CMOS RAM 存储器件设有可充电电池维护电路，以保证系统不通电期间能保持其存储器的内容。在一般情况下，即使电池尚未失效，也应每年更换一次，以确保系统正常工作。电池的更换应在数控系统供电状态下进行，以防更换时 CMOS RAM 内信息丢失。

7）备用电路板的维护。备用的印制电路板不能长期闲置，应定期装到数控系统中通电运行一段时间，以防损坏。

模块 4　电气系统常见故障排除

项目 1　电气元件故障诊断与排除

教学目标：掌握电气元件故障诊断与排除的一般方法，并能够实际操作。
思考与练习：电气元件常见的故障有哪些？怎样排除？

1. 电气系统常见故障

电气系统常见故障主要有电源故障、数控系统位置环故障和相关参数不匹配等。

（1）电源故障　电源是整个机床正常工作的能量来源，电源失效或者产生故障，轻则会丢失数据、造成停机；重则会毁坏局部甚至全部电气系统。西方发达国家电力充足、电网质量高，其机床电气系统的电源设计考虑较少。我国部分地区供电网存在较大电压波动和高次谐波，再加上某些人为的因素，难免出现由电源而引起的故障。因此在设计数控机床的供电系统时应尽量做到：

1）提供独立的配电箱而不与其他设备串用。
2）电网供电质量较差的地区应配备三相交流稳压装置。
3）电源始端有良好的接地。
4）接入数控机床的三相电源应采用三相五线制，中线（N）与接地（PE）严格分开。
5）电气柜内元器件的布局和交、直流电线的敷设要相互隔离。

（2）数控系统的位置环故障　数控系统的位置环故障主要有位置环报警和坐标轴在没有指令的情况下产生运动两种。位置环报警产生的原因主要有位置测量回路开路、测量元件损坏、位置控制建立的接口信号不存在等。坐标轴在没有指令的情况下产生运动的原因则可能是漂移过大、位置环或者速度环接成正反馈、反馈接线开路、测量元件损坏。

（3）机床坐标找不到零点　该故障产生的原因可能是零方向在远离零点、编码器损坏或接线开路、光栅零点标记移位、回零减速开关失灵。

（4）机床动态特性变差，工件加工质量下降，甚至在一定速度下机床发生振动　这种现象多数情况下是由于机械传动系统间隙过大、磨损严重或者导轨润滑不充分、磨损而造成的，也可能是速度环、位置环和相关参数已不在最佳匹配状态，如果故障在机械故障基本排除后仍然存在，可通过重新最佳化进行调整。

2. 故障的调查与分析

故障的调查与分析是排除故障的第一阶段，也是非常关键的阶段，主要应做好下列工作：

（1）询问调查　在接到机床现场出现故障并要求排除的信息时，首先应要求操作者尽量保持现场故障状态，不做任何处理，这样有利于迅速精确地分析故障原因；同时仔细询问故障指示情况、故障现象及故障产生的背景情况，做出初步判断，以便确定现场排除故障时所应携带的工具、仪表、图样资料、备件等，减少往返时间。

（2）现场检查　到达现场后，首先要验证操作者提供的各种情况的准确性、完整性，从而核实初步判断的准确度。由于操作者对故障状况的描述不一定完全准确，因此到现场后仍然不要急于动手处理，应重新仔细调查各种情况，以免破坏了现场，增加排除故障的难度。

（3）故障分析　根据已知的故障状况按上节所述故障分类办法分析故障类型，从而确定排故原则。由于大多数故障是有指示的，所以一般情况下，对照机床配套的数控系统诊断手册和使用说明书，可以得出产生该故障的多种可能的原因。

（4）确定故障原因　对多种可能的原因进行排查，从中找出本次故障的真正原因。确定故障原因综合考验了维修人员对该机床的熟悉程度、知识水平、实践经验和分析判断能力。

（5）排故准备　有的故障的排除方法很简单，有些故障则较为复杂，对于复杂故障需要做一系列的准备工作，例如工具仪表的准备、局部的拆卸、零部件的修理、元器件的采购甚至排故计划步骤的制订等。

电气故障的常用诊断方法主要有以下几种：

（1）直观检查法　这是故障分析之初必用的方法，就是利用感官的检查，通过询问、目视、触摸和通电四个步骤确定故障部位和故障元件。

询问就是向故障现场人员仔细询问故障产生的过程、故障现象及故障后果，并且在整个分析判断过程中要多次询问。目视就是总体查看机床各部分的工作状态是否处于正常状态（例如各坐标轴位置、主轴状态、刀库、机械手位置等），各电控装置（如数控系统、温控装置、润滑装置等）有无报警指示，局部查看有无熔体烧断，有无元器件烧焦或开裂，有无电线或电缆脱落，各操作元件位置正确与否等。触摸就是在整机断电条件下通过触摸各主要电路板的安装状况、各插头座的插接状况、各功率及信号电缆（如伺服系统与电动机接触器接线）的连接状况等来发现可能出现故障的原因。通电是指为了检查有无冒烟、打火、异常声音、气味以及触摸有无过热电动机和元件存在而通电，一旦发现异常应立即断电分析。

（2）仪器检查法　使用常规电工仪表，对各组交、直流电源电压及相关直流信号和脉冲信号等进行测量，从中寻找可能的故障。例如用万用表检查各电源情况，并对某些电路板上设置的相关信号状态测量点进行测量，用示波器观察相关的脉冲信号的有无、幅值、相位，用 PLC 编程器查找 PLC 程序中的故障部位及原因等。

（3）报警指示分析法　硬件报警指示指的是各电子、电气装置上的各种状态和故障指示灯，结合指示灯状态和相应的功能说明便可获知指示内容及可能的故障原因与排除方法。

软件报警指示指的是当系统软件、PLC 程序与加工程序中出现错误时，通常都会显示报警号，依据报警号，对照相应的诊断说明手册便可获知可能的故障原因及其排除方法。

（4）接口状态检查法　多数现代数控系统都集成了 PLC，而 CNC 与 PLC 之间则以一系列接口信号的形式相互通信连接。有些故障是由于接口信号错误或丢失而产生的，这些接口信号有的可以在相应的接口板和输入/输出板上由指示灯显示，有的可以通过简单操作在 CRT 屏幕上显示，而所有的接口信号都可以用 PLC 编程器调出。这种诊断方法要求维修人员既要熟悉本机床的接口信号，又要熟悉 PLC 编程器的应用。

（5）参数调整法　数控系统、PLC 及伺服驱动系统都设置了许多可修改的参数以适应不同机床、不同工作状态的要求。这些参数不仅能使各电气系统与具体机床相匹配，而且更是使机床各项功能达到最佳化所必需的。因此，任何参数的变化（尤其是模拟量参数）或丢失都是不允许的。机床的长期运行所引起的力学性能或电气性能的变化会打破最初的匹配状态和最佳化状态，需要重新调整相关的一个或多个参数方可排除。这种诊断方法对维修人员的要求是很高的，维修人员不仅要对系统主要参数十分了解，知晓其地址并熟悉其作用，而且要有较丰富的电气调试经验。

（6）备件置换法　由于电路集成度的不断扩大，当故障分析结果集中于某一印制电路板上时，要把故障落实于其上某一区域乃至某一元件是十分困难的，为了缩短停机时间，在有相同备件的条件下可以先将备件换上，然后再去检查修复故障板。备件的更换要注意以下问题：

1）更换任何备件都必须在断电情况下进行。

2）许多印制电路板上都有一些开关或短路棒的设定以匹配实际需要，因此在更换备件时一定要记录下原有的开关位置和设定状态，并将新板作好同样的设定，否则系统会产生报警而不能工作。

3）某些印制电路板还需在更换后进行某些特定操作以完成其中软件与参数的建立，这一点需要仔细阅读相应电路板的使用说明。

4）有些印制电路板是不能轻易拔出的，例如含有工作存储器的电路板，或者备用电池板，拔出它会丢失有用的参数或者程序。必须更换这类电路板时也必须遵照有关说明操作。

（7）交叉换位法　当发生不能确定某电路板是否为故障板，或者确定是故障板而又没有备件的情况下，可以将系统中相同或相兼容的两个板互换检查，例如将两个坐标的指令板或伺服板进行交换从中判断故障板或故障部位。这种交叉换位法应特别注意的是，不仅要将硬件接线正确交换，还要将一系列的参数相应交换，否则不仅达不到诊断目的，还会产生新的故障，因此一定要事先考虑周全，设计好软、硬件交换方案，确认准确无误后再行交换检查。

（8）特殊处理法　当今的数控系统已进入PC基、开放化的发展阶段，其中的软件含量越来越丰富，有系统软件、机床制造者软件，甚至还有使用者自己的软件，由于软件逻辑的设计中难免有一些缺陷，会使得有些故障状态无从分析，例如死机现象。对于这种故障现象可以采取特殊手段来处理，比如整机断电，稍作停顿后再开机，有时可以将故障消除。维修人员可以在自己的长期实践中摸索其规律或者其他有效的方法。

3. 电气故障排除应注意的事项

在确定是电气故障后，着手进行故障排除时应注意以下几点：

1）确认有无电气短路现象。若有电气短路时一定不能送电，必须先排除这一故障，否则可能导致电气部件严重损坏。

2）送电后首先检查电源部分（包括主电源、辅助电源、励磁电源、以及±24V、±15V、±5V等直流电源）和相应的熔断器。

3）启动NC，注意有无异常现象，如飞车、电动机啸叫、强烈振动等，如有异常必须立即按紧急停止按钮。

4）若显示器上有报警号，要查阅操作说明，找出报警号相对应的故障范围，然后着手解决。

5）若NC已启动，虽然没有显示报警号，但操作面板上一些按键或旋钮失灵，则应先检查NC相关的参数和机床数据表，若无问题，再用PLC编程器分析PC的内存程序逻辑关系，通过查找相应的输入/输出点关系来分析故障。

6）若PC、NC都无问题（或查不出问题），且无机床外围设备故障，但仍出现如转速不可控、进给量与指令值相差为随机数、或者加工出来的零件精度太差等现象，就应查找响应的给定值和反馈值。给定值与反馈值若不成比例，很可能给定时就存在故障，故障一般是接口接触不良、继电器损坏、插头插错位或其他接线错误。如反馈出错，可能的故障原因是接触不良、极性接反、检测元件灵敏度下降（由于环境温度、湿度、烟雾、油污、机械磨损等所致）或传感器完全损坏。

项目 2　PMC 常见故障的诊断与排除

教 学 目 标：熟悉 PMC 的工作原理、功能及常见故障的诊断与排除步骤。
思考与练习：简述 PMC 的工作原理及其在数控机床中的主要作用。

PMC 就是数控机床中的可编程序控制器（PLC），PLC 可按照逻辑条件进行顺序动作或按照时序动作，另外还有与顺序、时序无关的按照逻辑关系进行连锁保护动作的控制，PLC 是取代继电器线路和进行顺序控制的主要产品，在机床的电气控制中应用也比较普遍。

PMC 是机床各项功能的逻辑控制中心，控制软件集成于数控系统中，而硬件在规模较大的系统中往往采取分布式结构。PMC 主要用于对主轴单元实现控制，将程序中的转速指令进行处理后控制主轴转速；管理刀库，进行自动刀具交换、选刀方式、刀具累计使用次数、刀具剩余寿命及刀具刃磨次数等管理；控制主轴正反转和停止、准停；控制切削液开关、卡盘夹紧松开、机械手取送刀等动作；对机床外部开关（行程开关、压力开关、温控开关等）进行控制；对输出信号（刀库、机械手、回转工作台等）进行控制。

1. PMC 故障的诊断

PMC 有很强的自诊断能力，当 PMC 自身故障或外围设备故障，都可用 PMC 上具有诊断指示功能的发光二极管进行诊断。

（1）总体检查　主要找出 PMC 故障点的大方向，再逐渐细化以找出具体故障。PMC 总体检查的基本流程如图 3-23 所示。

（2）电源故障检查　电源灯不亮时需对供电系统进行检查，PMC 电源故障检查流程如图 3-24 所示。

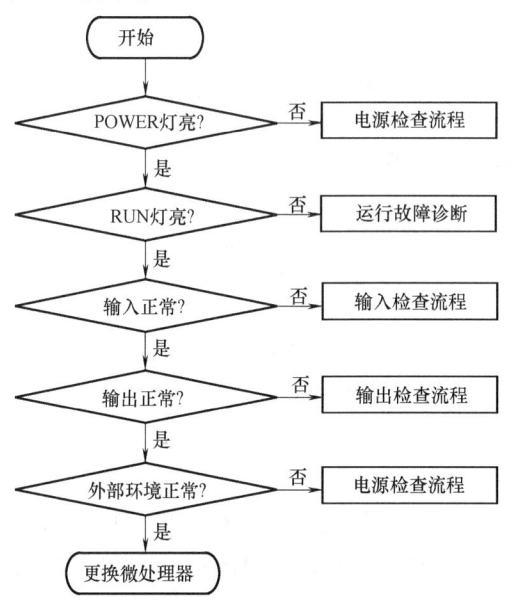

图 3-23　PMC 故障总体检查的基本流程

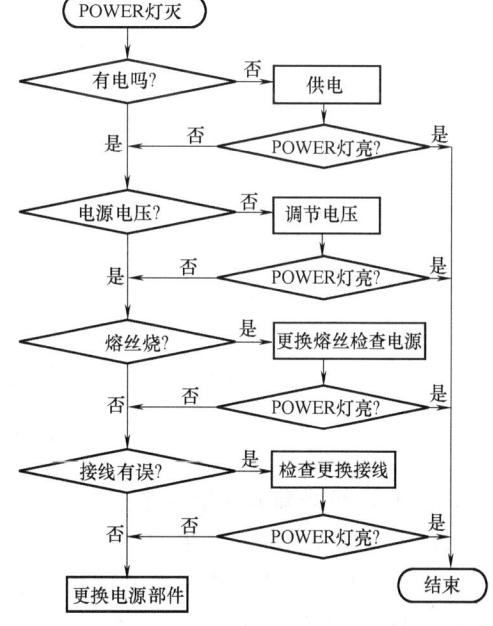

图 3-24　PMC 电源故障检查流程

(3) 运行故障检查 电源正常，运行指示灯不亮，说明系统已因某种异常而终止了正常运行，PMC 运行故障检查流程如图 3-25 所示。

(4) 输入/输出故障检查 输入/输出是 PMC 与外部设备进行信息交流的通道，其是否正常工作，除了和输入/输出单元有关外，还与连接配线、接线端子、熔断器等元件状态有关。PMC 输入、输出故障检查流程分别如图 3-26、图 3-27 所示。

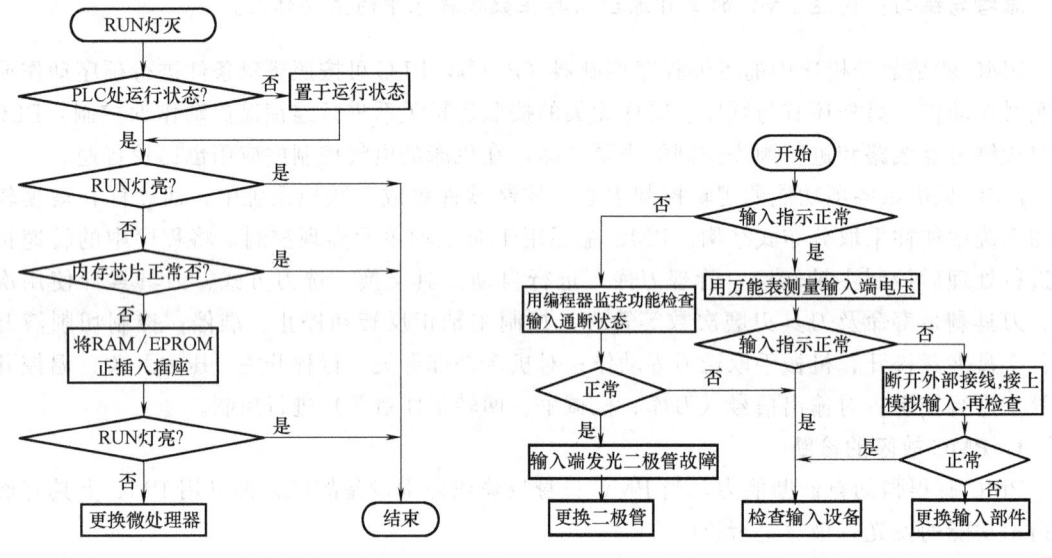

图 3-25 PMC 运行故障检查流程   图 3-26 PMC 输入故障检查流程

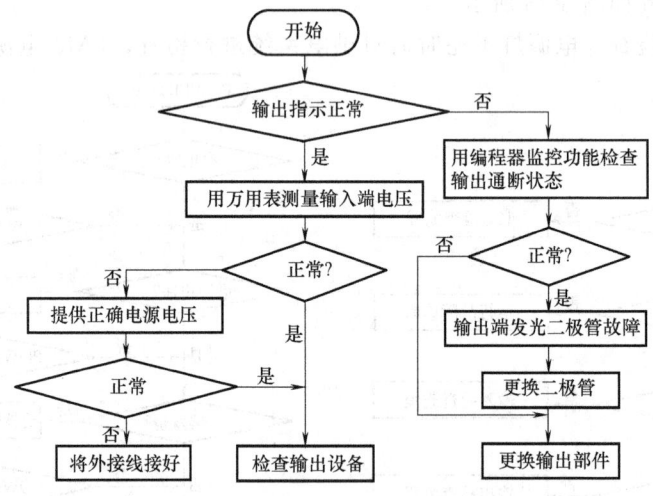

图 3-27 PMC 输出故障检查流程

2. PMC 故障排除的一般方法

(1) 常见故障排除 如果 PMC 停止在某些输出被激励的地方，一般是处于中间状态，此时应查找引起下一步操作发生的信号（输入信号、定时器信号、线圈信号、鼓轮控制器信号等），编程器会显示那个信号的 ON/OFF 状态。

将编程器显示的信号状态与输入模块的 LED 指示作比较,若结果不一致,则更换输入模块。如果发现在扩展架上有多个模块要更换,那么在更换之前,应先检查 I/O 扩展电缆及其连接情况。

如果输入信号状态与输入模块的 LED 指示一致,就要比较一下发光二极管与输入装置(按钮、限位开关等)的状态。如果二者不同,测量一下输入模块,如发现问题,则需要更换 I/O 装置、现场接线或电源;否则,要更换输入模块。

如线圈没有输出信号或输出信号与线圈的状态不同,就要用编程器检查输出的驱动逻辑,并检查程序清单。检查应按从左到右进行,找出第一个不能接通的触点。

如果信号是定时器信号,而且停在小于 999.9 的非零值上,则要更换 CPU 模块。

(2) 更换框架 通过检查确定 PMC 框架发生故障时,应按下列步骤对框架进行更换:

1) 切断 AC 电源,并拔掉编程器。

2) 从框架右端的接线端上拔下塑料盖板,拆去电源接线。

3) 拔掉所有 I/O 模块。如果原先在安装时有多个回路的话,不要搞乱 I/O 的接线,记下每个模块在框架上的位置,以便重新插上时不至于搞乱。

4) 如果更换 CPU 框架,则需拔出 CPU 模块和填充模块,将它放在安全的地方,以便以后安装。卸去底部的两个固定框架的螺钉,松开顶部两个螺钉,但不用拆掉。

5) 将框架向上推移一下,然后把框架向下拉出来放在旁边。将新的框架从顶部螺钉上套进并装上底部螺钉,将四个螺钉都拧紧。

6) 插入 I/O 模块,注意位置要与拆下时一致。如果模块插错位置,将会引起控制系统误操作,但不会损坏模块。

7) 插入卸下的 CPU 模块和填充模块。

8) 在框架右边的接线端上重新接好电源,再盖上接线端的塑料盖板。

9) 检查一下电源接线是否正确,确认无误后再通上电源。

10) 仔细地检查整个控制系统的工作,确保所有的 I/O 模块位置正确,顺序没有变化。

(3) 更换 CPU 模块 PMC 的 CPU 模块更换步骤如下:

1) 切断电源,并拔掉编程器。

2) 向中间挤压 CPU 模块面板上的上下弹性锁扣使它们脱出卡口。

3) 把模块从槽中垂直拔出。如果 CPU 上装有 EPROM 存储器,把 EPROM 存储器拔下,装在新的 CPU 上。

4) 将新的 CPU 模块插入底部导槽。轻微的晃动 CPU 模块,使 CPU 模块对准顶部导槽。把 CPU 模块插进框架,直到二个弹性锁扣卡进卡口。

5) 重新插上编程器,确认无误后通电。

6) 在对系统编程初始化后,把录在磁带上的程序重新装入。

7) 检查一下整个系统的操作是否正常。

(4) 更换 I/O 模块

1) 切断框架和 I/O 系统的电源。

2) 卸下 I/O 模块接线端上的塑料盖板,拆下有故障模块的现场接线。

3）拆去 I/O 接线端的现场接线或卸下可拆式接线插座，这要视模块的类型而定。给每根线贴上标签并记下安装连线的位置，以便于将来重新连接。

4）向中间挤压 I/O 模块的上下弹性锁扣，使它们脱出卡口。

5）垂直向上拔出 I/O 模块。

6）将新的 I/O 模块插入并用弹性锁扣固定好。

7）按标签重新接线，确认无误后盖上塑料盖板。

8）接通电源，检查系统是否工作正常。

第4单元 数控机床控制装置

模块1 初识数控装置

数控系统（Numerical Control System）是数字控制系统的简称。早期由硬件电路构成，称为硬件数控（Hard NC）。1970年以后，硬件电路逐步被专用的计算机代替，称为计算机数控系统（Computerized Numerical Control，简称CNC）。

计算机数控系统是用计算机实现加工功能数值控制的系统。CNC系统根据计算机存储器中存储的控制程序，执行部分或全部数值控制功能，并配有接口电路和伺服驱动装置。

CNC系统由数控程序、输入/输出装置、计算机数控装置（CNC装置）、可编程逻辑控制器（PLC）、主轴驱动装置和进给（伺服）驱动装置（包括检测装置）等组成。CNC系统的核心是CNC装置，即本单元所说的数控装置。

数控装置由于使用了计算机，使系统具有了软件功能，又用PLC代替了传统的机床电气逻辑控制装置，使系统更小巧，其灵活性、通用性、可靠性更好，易于实现复杂的数控功能，使用、维护也方便，并具有与上位机连接及进行远程通信的功能。

项目1 典型数控装置的结构

教学目标：了解典型数控装置的组成方式，熟悉其信息传递路径。
思考与练习：简述典型数控装置的信息传递过程，并绘制功能框图。

目前，数控装置种类繁多、形式各异，结构组成各有特点。这些结构特点来源于初始设计的基本要求和工程设计的思路。例如，点位控制系统和连续轨迹控制系统就有截然不同的设计要求。T系统和M系统的设计要求同样也有很大的区别，前者适用于回转体零件加工，后者适合于异形非回转体零件加工。对于不同的生产厂家来说，由于历史发展因素以及各自因地而异的复杂因素的影响，在设计思想上也各有千秋。例如，美国Dynapath系统采用小板结构，便于板子更换和灵活结合，而日本FANUC系统则采用大板结构，使之有利于提高系统工作的可靠性，提高系统平均无故障率。

无论哪种数控系统，它们的基本原理和构成都是十分相似的。整个数控系统一般由三大部分组成，即数控装置、伺服驱动系统和测量装置。数控装置按加工工件程序进行插补运算，发出控制指令到伺服驱动系统；伺服驱动系统将控制指令放大，由伺服电动机驱动机械按要求运动；测量装置检测机械的运动位置或速度，并反馈到控制系统，来修正控制指令。这三部分有机结合组成了完整的闭环控制数控系统。

第4单元　数控机床控制装置

数控装置由硬件和软件组成，软件在硬件的支持下工作。硬件部分主要由总线、CPU、电源、存储器、操作面板和显示屏、位置控制单元、可编程序控制器逻辑控制单元以及数据输入/输出接口等组成。最新一代的数控装置还包括一个通信单元，它可完成 CNC、PLC 的内部数据通信和外部高次网络的连接。数控装置硬件的组成框图如图 4-1 所示。

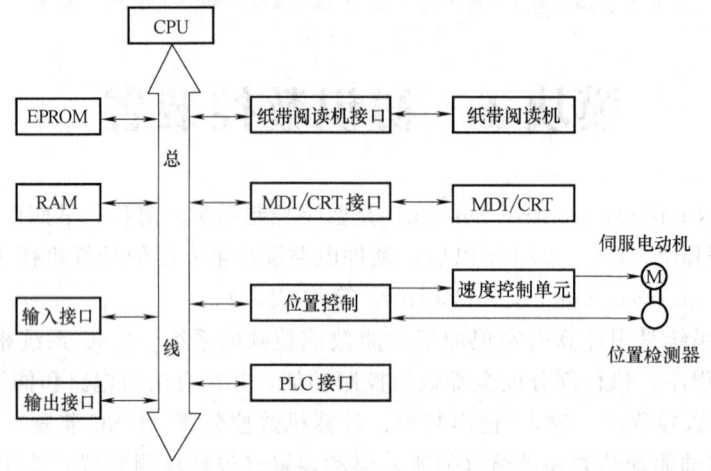

图 4-1　数控装置硬件的组成框图

数控装置的软件是为了实现 CNC 系统各功能而编制的专用软件，称为系统软件。在系统软件的控制下，数控装置对输入的加工程序自动进行处理，并发出相应的控制指令。系统软件由管理软件和控制软件两部分组成，如图 4-2 所示。

数控装置的工作是在硬件的支持下，执行软件的全过程。软件和硬件各有不同的特点，软件设计灵活，适应性强，但处理速度慢；硬件处理速度快，成本却比较高。因此在数控装置中，数控功能的实现方法大致分为三种情况：第一种情况是由软件完成输入、插补前的准备，由硬件完成插补和位置控制；第二种情况是由软件完成输入、插补前的准备、插补，由硬件完成位置的控制；第三种情况是由软件完成输入、插补前的准备、插补及位置控制的全部工作。数控装置的工作流程及软硬件界面关系如图 4-3 所示。

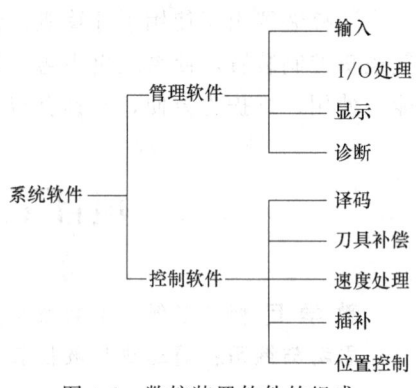

图 4-2　数控装置软件的组成

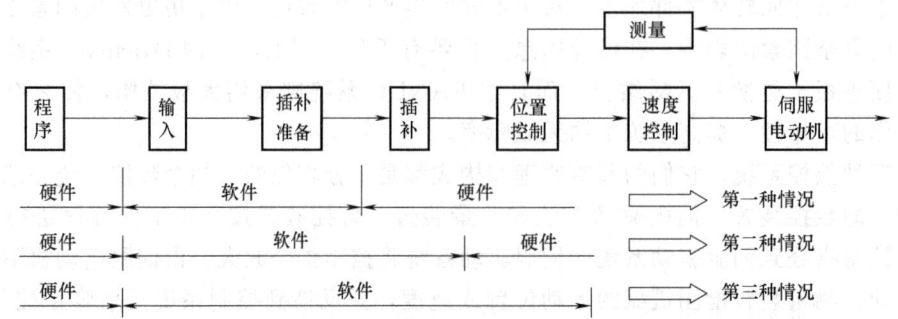

图 4-3　数控装置的工作流程及软硬件界面关系

数控装置的硬件结构一般分为单微处理机和多微处理机两大类。早期的 CNC 和现在的一些经济型 CNC 都采用单微处理机结构。随着数控系统功能的增加，机床切削速度的提高，为适应机床向高精度、高速度、智能化的发展，以及适应更高层次自动化（FMS 和 CIMS）的要求，多微处理机结构得到了迅速发展。

1. 单微处理机结构

这种结构只有一个微处理机，采用集中控制、分时方法处理数控系统的各个任务。有的数控装置虽然有两台以上的微处理机，但其中只有一台微处理机能够控制系统总线，占有总线资源，而其他微处理机作为专用的智能部件，不能访问主存储器，它们组成主从结构，这类结构也属于单微处理机结构。

单微处理机 CNC 系统框图如图 4-4 所示。从图中可看到，单微处理机 CNC 系统主要由中央处理单元（CPU）、存储器、总线、外部设备、输入接口控制电路、输出接口控制电路等部分组成。这一点与普通计算机系统基本相同，不同的是输出各坐标轴的数据信息，在位置控制环节中经过转换、放大后，用于推动机床工作台或刀架（负载）的运动；更为重要的是由计算机输出位置信息后，运动部件应尽可能不滞后地到达指令要求的位置。

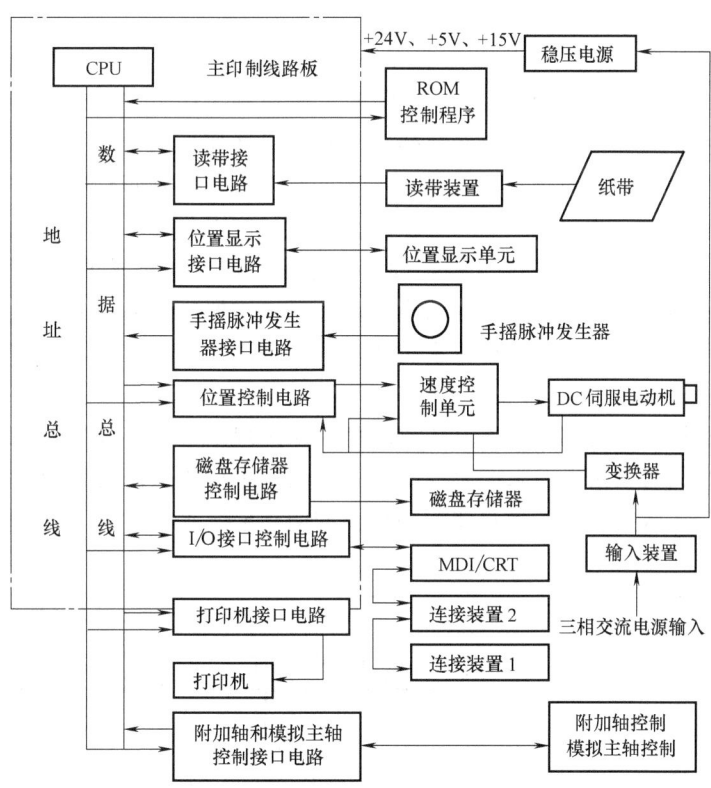

图 4-4　单微处理机 CNC 系统框图

2. 多微处理机结构

多微处理机结构是由两台或两台以上的微处理机构成处理部件。各处理部件之间通过一组公用地址和数据总线进行连接，每台微处理机共享系统公用存储器或 I/O 接口，每台微处理机分担系统的一部分工作，从而将在单微处理机的数控装置中顺序完成的工作转为多微处理机的并行、同时完成的工作，因而大大提高了整个系统的处理速度。

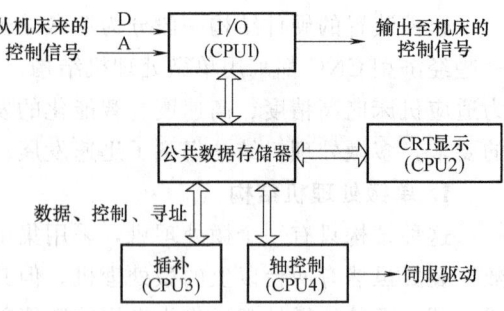

（1）公共数据存储器结构　多微处理机共享存储器的结构如图4-5所示，其中包括四台微处理机，分别承担I/O、插补、伺服功能、零件程序编辑和CRT显示功能，适用于两坐标轴的车床，三、四、五坐标轴的加工中心。

图 4-5　多微处理机公共数据存储器的结构

该系统主要有四个子系统和一台公共数据存储器，每个子系统按照各自存储器所存储的程序执行相应的控制功能（如插补、轴控制、I/O等）。这种分布式微处理机系统的子系统之间不能直接进行通信，只能与公共数据存储器通信。在公共数据存储器板上有优先级编码器，规定伺服功能微处理机级别最高，其次是插补微处理机、再次是I/O微处理机等。当两台以上的微处理机同时请求时，优先编码器决定先接受的请求，并对该请求发出承认信号；相应的微处理机接到信号后，便把数据存到公共数据存储器的规定地址中，其他子系统则从该地址读取数据。

（2）共享总线结构　以系统总线为中心的多微处理机结构，称多微处理机共享总线结构。数控装置中的各功能模块分为带有 CPU 的主模块和不带 CPU 的各种从模块（RAM/ROM，I/O）两大类。所有主、从模块都插在配有总线插座的机柜内，共享标准系统总线。系统总线的作用是把各个模块有效地连接在一起，按要求交换数据和控制信息，构成一个完整的系统，实现各种预定的功能。只有主模块有权控制使用总线。由于某一时刻只能由一个主模块占有总线，因此必须由仲裁电路来确定多个主模块同时请求使用系统总线时的优先级。仲裁的目的是判别出各模块优先级的高低，而每个主模块的优先级已按其担负任务的重要程度被预先安排好。支持多微处理机系统的总线都有总线仲裁电路，仲裁方式通常有串行方式和并行方式两种。

共享总线结构模块之间的通信主要依靠存储器来实现，大部分系统采用公共数据存储器方式。公共数据存储器直接插在系统总线上，有总线使用权的主模块都能访问，可供任意两个模块交换信息。多微处理机共享总线结构框图如图4-6所示。

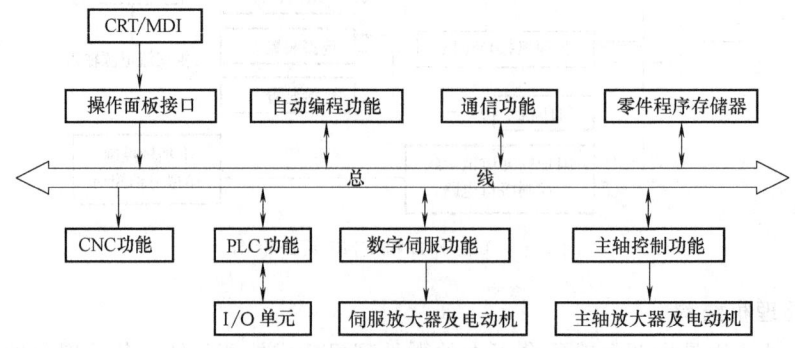

图 4-6　多微处理机共享总线结构框图

3. 多微处理机的结构特点

(1) 性能价格比高　多微处理机结构中的每台微处理机完成系统中指定的一部分功能，独立执行程序。它比单微处理机提高了计算的处理速度，适用于多轴控制、高进给速度、高精度、高效率的控制要求。由于系统采用共享资源，且单个微处理机的价格又比较便宜，使数控装置的性能价格比大为提高。

(2) 采用模块化结构，具有良好的适应性和扩展性　多微处理机的数控装置大都采用模块化结构，可将微处理机、存储器、I/O 控制组成独立的微处理机硬件模块，相应的软件也采用模块结构，固化在硬件模块中。硬件模块与软件模块形成特定的功能单元，称为功能模块。功能模块间有明确定义的接口，接口是固定的，符合工厂标准或工业标准，通过接口，功能模块间可以进行信息交换。采用模块化结构可以积木式地组成数控装置，使数控装置设计简单、适应性和扩展性好、调整维修方便、结构紧凑、效率高。

(3) 硬件易于组织规模生产　由于硬件是通用的，容易配置，只要开发新的软件就可构成不同的数控装置，因此多微处理机结构便于组织规模生产，且能保证质量。

(4) 有很高的可靠性　多微处理机数控装置的每台微处理机分管各自的任务，形成若干模块。如果某个模块出了故障，其他模块仍能照常工作；而单微处理机的数控装置，一旦出故障就造成整个系统瘫痪。另外，多微处理机的数控装置可进行资源共享，省去了一些重复机构，不但降低了成本，也提高了系统的可靠性。

数控装置的功能通常包括基本功能和选择功能。基本功能是必备的数控功能；选择功能是可供用户根据机床特点和工作用途进行选择的功能。数控装置的功能及其说明见表 4-1。

表 4-1　数控装置的功能及其说明

功　　能		功　能　说　明
基本功能	控制功能	主要反映数控装置能够控制以及能够同时控制的轴数（即联动轴数）。控制的轴数越多，特别是联动轴数越多，数控装置就越复杂
	准备功能	指确定机床动作方式的功能。主要有移动、坐标设定、坐标平面选择、刀具补偿、固定循环等指令。G 代码的使用有模态（续效）和非模态（一次性）两种
	插补功能	指数控装置可实现的插补加工线型的能力，如直线插补、圆弧插补和其他二次曲线与多坐标插补能力
	进给功能	指切削进给、同步进给、快速进给、进给倍率等。它反映刀具进给速度，一般用 F 代码直接指定各轴的进给速度
	刀具功能	用来选择刀具，用 T 和它后面的 2 位或 4 位数字表示
	主轴功能	指定主轴转速的功能，用 S 代码表示。主轴的转向用指令 M03（正转）、M04（反转）指定。机床面板上设有主轴倍率开关，可以不修改程序就改变主轴转速
	辅助功能	也称 M 功能，用来规定主轴的起停和转向、切削液的接通和断开、刀库的起停、刀具的更换、工件的夹紧或松开
	字符显示功能	数控装置可通过软件和接口在 CRT 显示器上实现字符显示，如显示程序、参数、坐标位置和故障信息等
	自诊断功能	数控装置有各种诊断程序，可以防止故障的发生和扩大

(续)

功能		功能说明
选择功能	补偿功能	数控装置可以对加工过程中由于刀具磨损、更换刀具、机械传动的丝杠螺距误差和反向间隙所引起的加工误差给予补偿
	固定循环功能	指数控装置为常见的加工工艺所编制的、可以多次循环加工的功能。该固定程序使用前,要由用户选择合适的切削用量和重复次数等参数,然后按固定循环约定的功能进行加工。用户若需编制适于自己的固定循环,可借助用户宏程序功能
	固定显示功能	数控装置一般可配置 14in 彩色 CRT 显示器,能显示人机对话编程菜单、零件图形、动态刀具轨迹等
	通信功能	数控装置通常备有 RS-232C 接口,有的还备有 DNC 接口,设有缓冲存储器,可以按数控格式输入,也可以按二进制格式输入,并进行高速传输。有的数控装置还能与制造自动协议 MAP 相连,进入工厂通信网络,以适应 FMS、CIMS 的要求
	人机对话编程功能	有助于编制复杂零件的程序

项目 2　数控装置的工作流程

教学目标：了解典型数控装置的工作流程,以及各模块的功能。

思考与练习：请说明译码模块和电源模块的主要功能。

数控装置系统软件的主要任务是将由零件加工程序表达的加工信息,转换成每个进给轴的位移指令、主轴转速指令和辅助动作指令,控制加工设备的轨迹运动和逻辑动作,加工出符合要求的零件,其数据转换流程如图 4-7 所示。

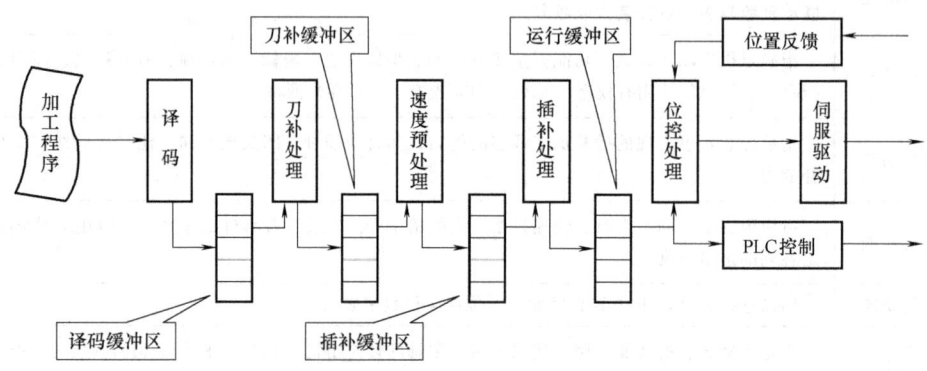

图 4-7　数控装置数据转换流程示意图

1. 数控装置的数据转换流程

(1) 译码　译码也称为解释,作用是将用文本格式(通常用 ASCII 码)表达的零件加工程序,以程序段为单位转换成后续程序(本例为刀具补偿处理程序)所要求的数据结构(格式)。

数据结构示例:

```
Struct   PROG_BUFFER    {
    char    buf_state;              //缓冲区状态，0代表空；1代表准备好
    int     block_num;              //以BCD码的形式存放本程序段号
    double  COOR [20];              //存放尺寸指令的数值（μm）
    int     F, S;                   //F (mm/min), S (r/min)
    char    G0;                     //以标志形式存放G指令
    char    G1;
    char    M0;                     //以标志形式存放M指令
    char    M1;
    char    T;                      //存放本段换刀的刀具号
    char    D;                      //存放刀具补偿的刀具半径值
};
```

在系统软件中各程序间的数据交换方式一般都是通过缓冲区进行的。该缓冲区由若干个数据结构组成，当前程序段被解释完后便将该段的数据信息送入缓冲区组中空闲的一个，后续程序（如刀补程序）从该缓冲区组中获取程序信息进行工作。以标志形式存放G指令示例如下。

N06　G90　G41　D11　G01　X200　Y300　F200；
①　　②　　③　　④　　⑤　　⑥　　⑦　　⑧

标志形式如下：

```
Struct PROG_BUFFER  { char buf_state;        0；(开始)；1 (;) ⑨
int block_num; 06 (N06) ① double COOR [20]; COOR [1] = 200000; X200} ⑥
                   COOR [2] = 300000; (Y300) ⑦
int F, S;          F= 200; (F200) ⑧
char G0;           D5= 0; (G90) ②
                   D6, D7= 0, 1 (G41) ③
                   D1= 1; (G01) ⑤
……
char D;            D= 11 (D11) ④
};
```

D7	D6	D5	D4	D3	D2	D1	D0

- D0 ── G00 0：无该指令；1：有该指令
- D1 ── G01 0：无该指令；1：有该指令
- D2 ── G02 0：无该指令；1：有该指令
- D3 ── G03 0：无该指令；1：有该指令
- D4 ── G06 0：无该指令；1：有该指令
- D5 ── G90/G91 0：G90；1：G91
- D7 D6 ──
  - 00：G40;
  - 11：G40
  - 01：G41;
  - 10：G42

(2) 计算刀具中心轨迹 计算刀具中心轨迹的主要工作如下:
1) 根据 G90/G91 计算零件轮廓终点的坐标值。
2) 根据刀具半径 R 和 G41/42,计算本段刀具中心轨迹的终点坐标值。
3) 根据本段与前段的连接关系,进行段间连接处理。

(3) 速度预处理 速度预处理的主要功能是根据加工程序给定的进给速度,计算在每个插补周期内的合成移动量,供插补程序使用。

速度预处理程序主要完成以下几步计算:
1) 计算本段总位移量。直线:总合成位移量 L;圆弧:总角位移量 α。该数据作为插补程序判断减速起点和终点的依据。
2) 计算每个插补周期内的合成进给量:

$$\Delta L = F \cdot \Delta t / 60$$

式中 F——进给速度(mm/min);
  Δt——数控系统的插补周期(ms)。

(4) 插补计算 插补计算的主要功能是根据操作面板上"进给修调"开关的设定值,计算本次插补周期的实际合成位移量。

1) $\Delta L_1 = \Delta L \times$ 修调值。
2) 将 ΔL_1 按插补的线形(直线,圆弧等)和本插补点所在的位置分解到各个进给轴,作为各轴的位置控制指令(ΔX_1、ΔY_1)。

经插补计算后的数据存放在运行缓冲区中,供位置控制处理程序使用。插补计算程序以系统规定的插补周期 Δt 定时运行。

(5) 位置控制处理 位置控制处理主要完成以下几步计算,如图 4-8 所示。

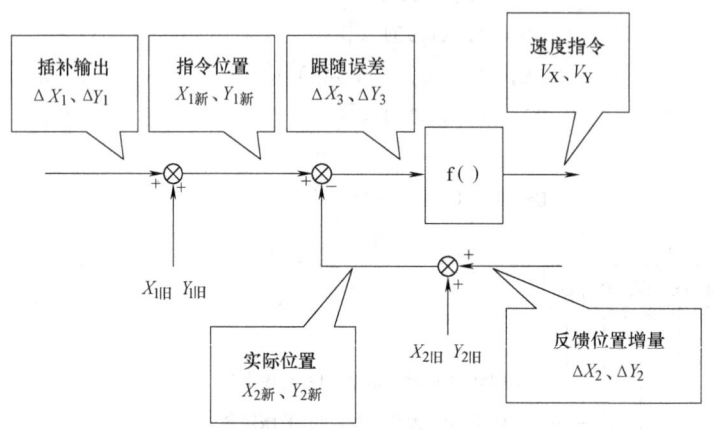

图 4-8 位置控制处理

1) 计算新的位置指令坐标值:$X_{1新} = X_{1旧} + \Delta X_1$;$Y_{1新} = Y_{1旧} + \Delta Y_1$。
2) 计算新的位置实际坐标值:$X_{2新} = X_{2旧} + \Delta X_2$;$Y_{2新} = Y_{2旧} + \Delta Y_2$。
3) 计算跟随误差(指令位置值-实际位置值):$\Delta X_3 = X_{1新} - X_{2新}$;$\Delta Y_3 = Y_{1新} - Y_{2新}$。
4) 计算速度指令值:$V_X = f(\Delta X_3)$;$V_Y = f(\Delta Y_3)$。

f( ) 是位置环的调节控制算法,具体的算法视具体系统而定。这一步在有些系统中是采用硬件来实现的。速度指令 V_X、V_Y 输出到伺服驱动单元,控制电动机运行,实现数控装置的轨迹控制。

2. 配合完成数据转换的硬件

数控装置的硬件元器件主要有 CPU 及总线、存储器、输入/输出接口（I/O 接口）、位置控制器、显示设备接口、数控机床用可编程序控制器 PLC 接口和通信及网络接口等。

（1）CPU 及总线　CPU 是数控装置的核心，具有计算和控制功能。CPU 主要由控制单元、算术逻辑单元和一些暂存寄存器组成。CPU 在数控装置中工作时，其控制单元从存储器中依次取出加工程序指令，对指令进行译码后向数控装置的各个部分按顺序发出执行操作的控制信号，同时接受执行部件发出的反馈信号，与程序中的指令信号比较后，决定下一步应执行的操作。在运算过程中，算术逻辑单元不断从存储器中提取数据，并将运算结果送回存储器保存。通过对运算结果的分析判断，设置状态存储器的相应状态。CPU 与存储器、输入/输出接口等通过总线有机地组合在一起构成数控装置。

数控装置常用的 CPU 有 8 位、16 位、32 位和 64 位。CPU 满足软件执行的实时性要求的能力，主要体现在 CPU 的字长、运算速度、寻址能力、中断服务等方面。

总线是传送数据或交换信息的公共通道。在 CPU 内部一般采用三总线结构，即地址总线（AB）、数据总线（DB）和控制总线（CB）。CPU 板与其他模板（如存储器板、I/O 接口板等）之间的连接采用标准总线，标准总线按用途分为内部总线和外部总线。数控系统中常用的内部标准总线有 S-100、MULTI BUS、STD 及 VME 等；外部总线有串行总线（如 EIARS-232C）和并行总线（如 IEEE-488）两种。

（2）存储器（MEMORY）　存储器用于存储系统软件（管理软件和控制软件）和零件加工程序等，将运算的中间结果和处理后的结果（数据）存储起来。数控系统所用的存储器为半导体存储器。基本存储电路是构成存储器的基础和核心，用来存储 1 位二进制代码"0"或"1"。基本存储电路分为静态和动态两类，即分为六管静态存储电路及四管、三管和单管动态存储电路等。

半导体存储器可分为读写存储器、只读存储器和串行存储器等几类，如图 4-9 所示。

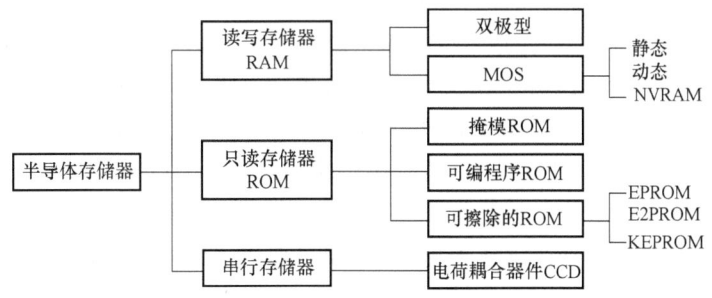

图 4-9　半导体存储器的分类

读写存储器（RAM）可用来存储零件加工程序，也可作为工作单元存放各种输出数据、输入数据、中间计算结果，与外部存储器交换信息以及作堆栈用等。其存储单元的内容既可读出又可写入或改写。各种读写存储器的特点见表 4-2。

表 4-2　各种读写存储器的特点

类　别		特　点
双极型 RAM		以晶体管的触发器作为基本存取电路，其存储速度高，但管子较多，其集成度比 MOS 型低，功耗大、成本高
MOS RAM	静态 RAM	由六管 MOS-FET 触发器作为基本存储电路，其集成度高于双极型 RAM，但低于动态 RAM。它不需刷新，可省去刷新电路，功耗比双极型低，但比动态 RAM 高，要用电池作为后备电源
	动态 RAM	由单管线路组成，靠电容存取电荷，功耗比静态更低，价格也便宜，但需要 2ms 刷新一次的再生刷新电路
	NVRAM	NVRAM（non-volatile random access memory）称为非易失性随机存储器，由 RAM、E^2PROM 和控制机构组成，在正常通电工作时与通常的 RAM 一样，但在断电时能将 RAM 的内容自动保存到 E^2PROM 中，在通电时再由 E^2PROM 恢复 RAM 的内容

只读存储器（ROM）是专门存放系统软件（控制程序、管理程序、表格和常数）的存储器，使用时其存储单元的内容不可改变，即不可写入而只能读出，也不会因断电而丢失内容。各种只读存储器的特点见表 4-3。

表 4-3　各种只读存储器的特点

类　别		特　点
掩模 ROM		掩模 ROM 线路简单，制造容易，工作可靠
可编程序 ROM（PROM）		一旦被编程其内容就不能改写，只能用其余未使用过的区域进行更改和修补
可擦除 ROM	EPROM	EPROM（erasable PROM）不可用电擦除，价格较低
	E^2PROM	E^2PROM（electrically EPROM）可用电擦除，其使用比 EPROM 方便，但价格要贵一些
	KEPROM	KEPROM（keyed access PROM）带有密码保护功能，是一种难以破译的只读存储器

(3) 输入/输出接口（I/O 接口）电路及相应的外部设备

1) I/O 接口。I/O 接口是外部设备与 CPU 的连接电路。微处理机与外设要有输入/输出数据通道，以便交换信息。一般外设与 CPU 间不能直接通信，需靠 CPU 对 I/O 接口的读或写操作，完成外设与 CPU 间输入或输出信息的操作。CPU 向外设送出信息的接口称为输出接口，外设向 CPU 传递信息的接口称为输入接口，此外还有双向接口。

微处理机中的 I/O 接口包括硬件和软件两大部分。由于选用的 I/O 设备或接口芯片不同，I/O 接口的操作方式也不同，因而其应用范围也不同。I/O 接口硬件主要由地址译码、I/O 读写译码和 I/O 接口芯片（如数据缓冲器和数据锁存器等）组成。在 CNC 系统中 I/O 接口的扩展是为控制对象或外部设备提供输入/输出通道，实现机床的控制和管理功能，如开关量控制、逻辑状态监测、键盘、显示器接口等。I/O 接口电路特性与其相连的外设硬件电路特性密切相关，如驱动功率、电平匹配、干扰抑制等。

2) MDI 接口即手动数据输入接口，它是通过数控面板上的键盘（常为软触摸）进行操作的。当 CPU 扫描到按下键的信号时，就将数据送入移位寄存器，并对其输出进行报警检查。若不报警，数据经选择器、门电路、移位寄存器、数据总线送入 RAM 中；若报警，则数据不送入。MDI 接口框图如图 4-10 所示。

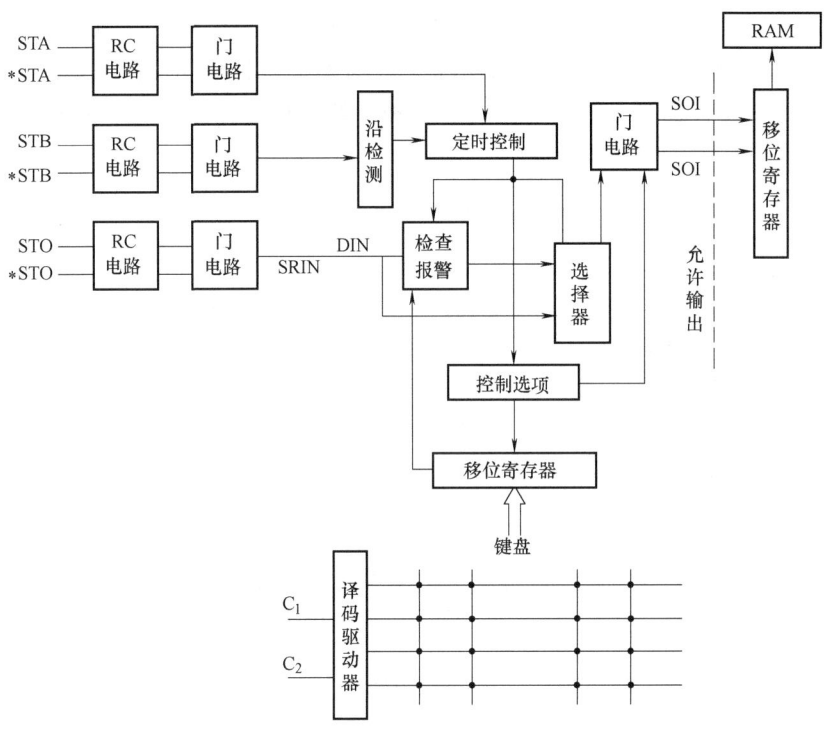

图 4-10　MDI 接口框图

3）CRT 接口。CRT 接口与 CNC 软件配合，在 9in 单色或 14in 彩色 CRT 显示器上显示字符或图形。CRT 显示器一般采用光栅扫描方式。以 9in 单色 CRT 显示器为例，整个画面横向排列 32 行字符，纵向排列 15 列字符，总计可显示 480 个字符。每个字符的横向有 10 条线，纵向有 16 条线，实际为 7×9 点阵。CRT 画面的字符位置如图 4-11 所示。

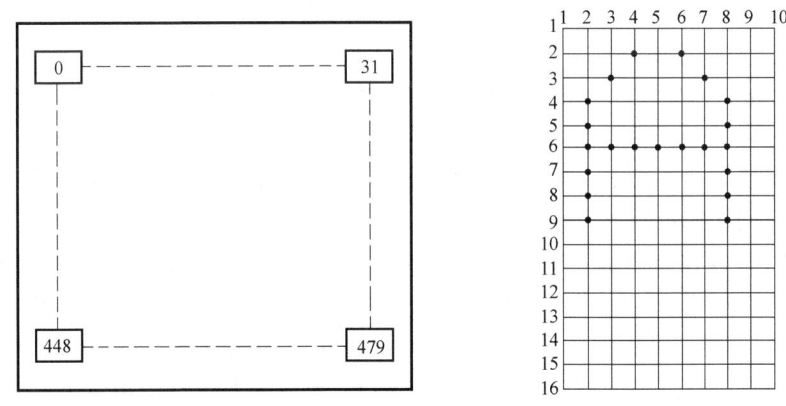

图 4-11　CRT 画面的字符位置

画面上，每个字符的位置按次序编为 0～479 号地址，在显示控制电路中设置一台刷新存储器，其地址设计成与画面地址相符。这样，如果按光栅扫描的次序将刷新了的存储器内容送到字符发生器，并将它的 ASCII 码变换为点阵的视频信号，再送到 CRT 显示器，就可显示出整幅的字符。

CRT 显示器接口框图如图 4-12 所示。CRT 显示控制电路由视频控制电路、刷新存储器（字符 RAM 或图形 RAM）及其地址控制电路、字符发生器和 CRT 的水平/垂直同步脉冲产生电路组成。CRT 上可以显示程序、参数、各种补偿数据、坐标位置、故障信息、人机对话编程菜单、零件图形（平面或立体）及刀具动态轨迹等。

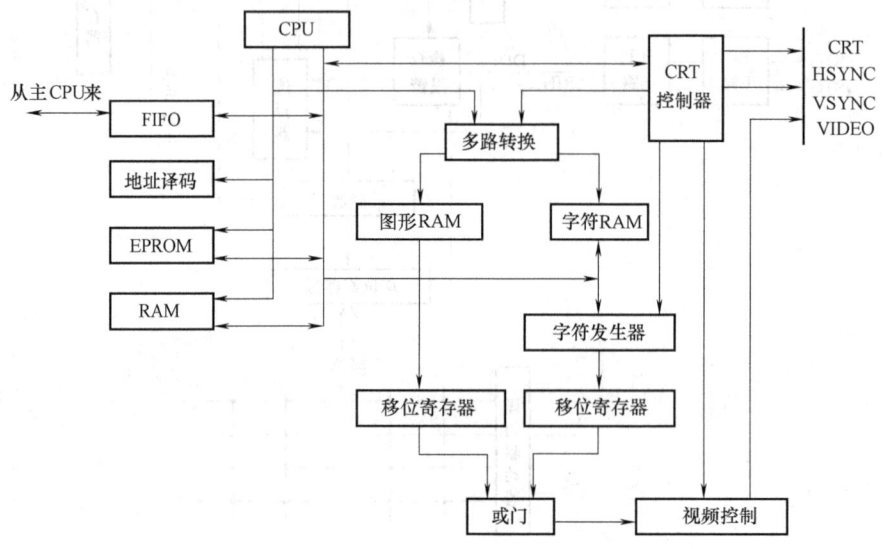

图 4-12　CRT 显示器接口框图

4）数据输入/输出串行接口。数控装置控制单台独立机床时，需要与下列设备相连接并进行数据输入/输出。

a) 数据输入/输出设备。如程序编程机和可编程序控制器的编程机等。

b) 外部机床控制面板。一些数控机床，尤其是大型数控机床，为了操作方便，常在机床上设置外部机床控制面板，可分为固定式或悬挂式两种。

c) 通用手摇脉冲发生器。

d) 进给驱动和主轴驱动线路。一般情况下它们与数控装置装在同一机柜或相邻机柜内，与数控装置通过内部连线相连接，它们之间不设置通用输入/输出接口。

此外，数控装置还要与上一级主计算机或 DNC 计算机直接通信，或通过工厂局部网络相连，从而具有网络通信功能。

(4) 机床的 I/O 控制通道　机床的 I/O 控制通道是指微处理机与机床之间的连接电路。计算机数控系统对机床的控制通常由数控系统中的 I/O 控制器和 I/O 控制软件共同完成。

1) I/O 控制器能够可靠地传送控制机床动作的相应控制信息，并能够输入控制机床所需的有关状态信息。信息形式有三种：数字量 I/O，开关量 I/O 和模拟量 I/O。

I/O 控制器能够进行相应的信息转换，满足 CNC 系统的输入与输出要求。输入时应满足计算机的输入要求，将机床的有关状态信息转换为数字形式。输出时应满足机床各种执行元件的要求，将数字信息转换为有关状态信息。信息转换主要包括数字/模拟量转换（D/A）、模拟/数字量转换（A/D）、并行的数字量转换成脉冲量、电平转换、电量到非电量的转换、弱电到强电的转换以及功率的匹配等。

I/O 控制器具有较强的阻断干扰信号进入计算机的能力，可以提高系统的可靠性。

2) I/O 控制器一般由 I/O 接口、光电隔离和信息转换几个部分组成。如图 4-13 所示，微处理机通过 I/O 接口输出数字量或开关量控制信息，经过光电隔离电路，再经过功率放大，驱动相应的执行元件。

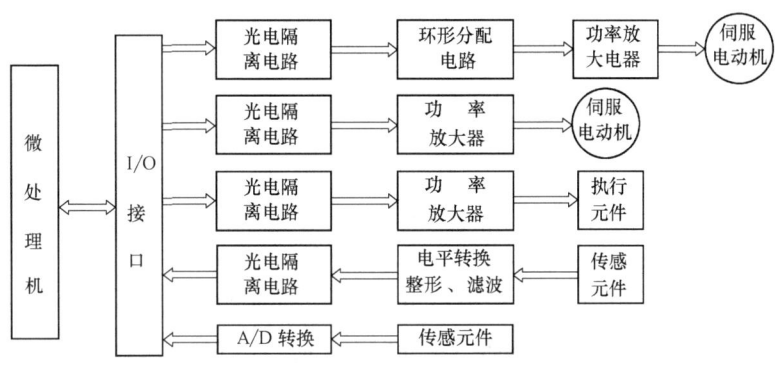

图 4-13　简易型计算机数控系统组成框图

模块 2 FANUC 0i 数控装置

日本 FANUC 公司是生产数控系统和工业机器人的著名厂商,自 20 世纪 60 年代生产数控系统以来,已开发出 40 多种产品,主要有以下系列:

1) Power Mate 0 系列用于控制二轴的小型车床,可配中文显示的 CRT/MDI 或高性价比的 DPL/MDI。

2) C 系列 0-TC 用于通用车床、自动车床;0-MC 用于铣床、钻床、加工中心;0-GCC 用于内、外圆磨床;0-GSC 用于平面磨床;0-TTC 用于双刀架四轴车床。

3) 0i 系列 0i-MB/MA 用于加工中心和铣床,四轴四联动;0i-TB/TA 用于车床,四轴二联动;0i-Mate MA 用于铣床,三轴三联动;0i-Mate TA 用于车床,二轴二联动。

4) 16i/18i/21i 系列控制单元与 LCD 集成于一体,具有网络功能,超高速串行数据通信。16i 最大可控八轴,六轴联动;18i 最大可控六轴,四轴联动;21i 最大可控四轴,四轴联动。

FANUC 系列数控系统是世界范围内用户最多的数控系统之一,具有高质量、高性能、全功能、适用于各种机床的特点,主要体现在:

1) 系统在设计中大量采用模块化结构。这种结构易于拆装,各个控制板高度集成,使用可靠性高,便于维修、更换。

2) 具有很强的抵抗恶劣环境影响的能力。其工作环境温度为 0～45℃,相对湿度为 75%。

3) 有较完善的保护措施,FANUC 对自身的系统采用了比较好的保护电路。

4) FANUC 系统所配置的系统软件具有比较齐全的基本功能和选项功能。

5) 提供了大量的 PMC 信号和 PMC 功能指令,便于用户编制机床侧 PMC 控制程序,增加了编程灵活性。

6) 具有很强的 DNC 功能,系统提供了串行 RS-232C 传输接口,使通用计算机和机床之间的数据传输能方便、可靠地进行,从而实现高速的 DNC 操作。

7) 提供了丰富的维修报警和诊断功能,FANUC 维修手册为用户提供了大量的报警信息,并且以不同的类别进行分类。

项目 1 FANUC 0i 系统的硬件组成

教学目标:熟悉 FANUC 0i 数控系统硬件组成特点,认识各功能模块。
思考与练习:FANUC 0i 系统的最大特点是什么?对用户有什么好处?

FANUC 0i 系列包括 A 和 B 两个系列,其技术参数如表 4-4 所示。

表 4-4 FANUC 0i 数控系统技术参数表

系统性能	0i-A		0i-B		0i Mate-B
	A包	B包	A包	B包	
控制轴数	4	4	4	4	3
同时控制轴数	4	4	4	4	3
PMC 控制轴	可以	可以	可以	可以	可以
串行主轴数	2	2	2	2	1
模拟主轴数	1	1	1	1	1
伺服电动机	αC/α/β	αis	βis	βis	
PMC 梯形图软件	SA3(0.15μs)	SA1(5μs)	SB7(0.033s)	SA1	SA1
梯形图编程环境	编辑器计算机		内置计算机		内置计算机
零件程序容量	640M	320M	640M	320M	640M
程序预读段数	12		40	20	20
RS-232C 接口	2	2	2	2	1
DNC2	可	可	可	可	可
硬件结构	功能模块板		高度集成板（模块）		

FANUC 0i 系列数控系统结构大同小异，由主板和 I/O 两个模块构成。主板模块包括主 CPU、内存、PMC 控制、I/O Link 控制、伺服控制、主轴控制、内存卡 I/F 和 LED 显示等；I/O 模块包括电源、I/O 接口、通信接口、MDI 控制、显示控制、手摇脉冲发生器控制和高速串行总线等。

1. 控制主模块

控制主模块的基本结构如图 4-14 所示，各部件功能如下：

STATUS：指示数控系统接通电源的运行状态。

ALARM：报警指示。

BATTERY：数控系统断电后进行数据保存的电池。

CP8：数据保存用电池接口。

MEMORY CARD CNMC：PMC 编辑与数据备份存储卡接口。

PSW-1：维修用旋转开关。

JD1A：串行接口，用于 NC 与各种 I/O 单元进行连接。

JA7A：串行主轴或位置编码器接口。

JA8A：模拟主轴接口，与模拟主轴放大器连接，控制模拟主轴电动机运转。

JS1A：伺服模块接口 1（系统定义的第一轴）。

JS2A：伺服模块接口 2（系统定义的第二轴）。

JS3A：伺服模块接口 3（系统定义的第三轴）。

JS4A：伺服模块接口 4（系统定义的第四轴）。

JF21：光栅尺接口 1（系统定义的第一轴光栅尺）。

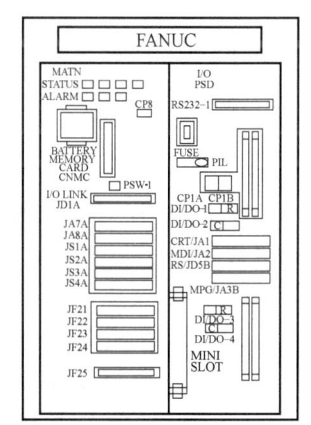

图 4-14 控制主模块的基本结构

JF22：光栅尺接口 2（系统定义的第二轴光栅尺）。

JF23：光栅尺接口 3（系统定义的第三轴光栅尺）。

JF24：光栅尺接口 4（系统定义的第四轴光栅尺）。

JF25：分离式脉冲编码器电池接口，该接口所连接的电池用于绝对型光栅尺位置数据的保存（以上为系统模块标识）。

RS232-1：串行接口。

FUSE：熔丝。

PIL：电源指示灯，当控制单元接通+24V电源后，该LED灯亮。

CP1A：电源输入接口，该接口与外部直流+24V电源连接，为控制单元提供电源。

CP1B：电源输出接口，与显示单元连接，为显示单元提供电源。

DI/DO-1：内装 I/O 卡接口 1，为机床提供 I/O 信号接收器（X）与驱动器（Y）。

DI/DO-2：内装 I/O 卡接口 2，为机床提供 I/O 信号接收器（X）与驱动器（Y）。

CRT/JA1：CRT（显示器接口），用于连接显示器。

MDI/JA2：MDI（手动数据输入接口），连接 MDI 单元。

RS/JD5B：RS232-2 串行接口。

MPG/JA3B：MPG（手摇脉冲器接口）。

DI/DO-3：内装 I/O 卡接口 3，为机床提供 I/O 信号接收器（X）与驱动器（Y）。

DI/DO-4：内装 I/O 卡接口 4，为机床提供 I/O 信号接收器（X）与驱动器（Y）。

MINI SLOT：高速串行总线接口，用于与个人计算机连接。

2. 电源模块

电源模块如图 4-15 所示。电源模块的标记为：

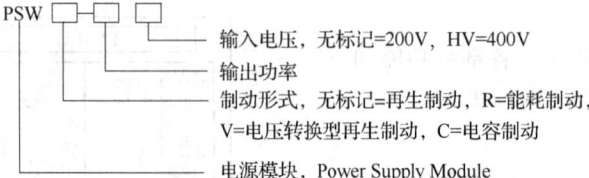

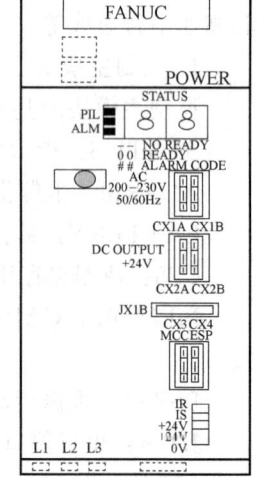

STATUS：表示电源模块所处的状态，出现异常时，显示相关的报警代码。

CX1A：交流 200V 输入接口。

CX1B：交流 200V 输出接口，与主轴模块的 CX1A 端口连接。

CX2A：直流 24V 输入接口。

CX2B：直流 24V 输出接口，该接口与主轴模块的 CX2A 连接输出急停信号。

图 4-15 电源模块

JX1B：模块连接接口，一般与主轴的 JX1A 连接，作通信使用。

CX3：主接触器控制信号接口，该接口是给主接触器控制信号，控制输入电源模块的三相交流电的通断。

CX4：急停信号接口，用于连接机床的急停信号。

IR、IS：电源模块电流、电压检查用接口。

L1、L2、L3：三相交流电源输入端。

3. 主轴模块

主轴模块如图 4-16 所示。主轴模块的标记为：

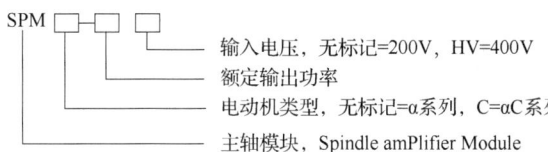

STATUS：表示主轴模块所处的状态，出现异常时，显示相关的报警代码。

CX1A：交流 200V 输入接口，该接口与电源模块的 CX1B 端口连接。

CX1B：交流 200V 输出接口。

CX2A：直流 24V 输入接口，该接口与电源模块的 CX2B 连接，接收急停信号。

CX2B：直流 24V 输出接口，该接口与下一伺服模块的 CX2A 连接，输出急停信号。

JX4：主轴状态检查接口，用于连接主轴模块状态检查电路板，可获得主轴模块内部脉冲发生器和位置编码器的状态信号。

JX1A：模块连接接口，该接口一般与电源的 JX1B 连接，作通信使用。

JX1B：模块连接接口，与下一个伺服模块的 JX1A 连接。

JY1：主轴负载功率表和主轴转速表连接接口。

JA7B：通信串行输入连接接口。该接口与控制单元的 JA7A（SPDL-1）接口连接。

JA7A：通信串行输出连接接口。该接口与下一主轴的 JA7B 接口连接。

JY2：脉冲发生器，内置探头和电动机 Cs 轴探头连接接口。

JY3：磁感应开关和外部单独旋转信号连接接口。

JY4：位置编码器和高分辨率位置编码器连接接口。

JY5：主轴 Cs 探头和内置 Cs 轴探头连接接口。

L1、L2、L3：三相交流变频电源输出端，与相对应的伺服电动机连接。

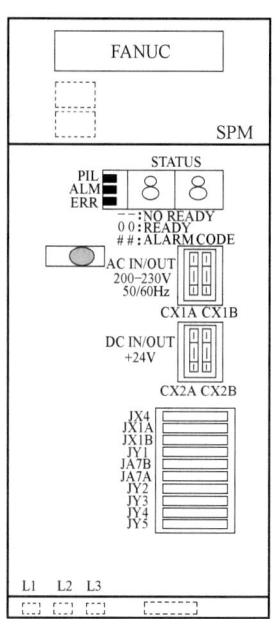

图 4-16 主轴模块

4. 伺服模块

伺服模块如图 4-17 所示。

DC IN/OUT：直流电源输入端，与电源模块的输出端、主轴模块、伺服模块的直流输入端连接。

STATUS：表示伺服模块所处的状态，出现异常时，显示相关的报警代码。

BATTERY：电池，用于系统断电后保存绝对型位置编码器的位置数据。

CX5X：绝对型位置编码器的电池接口，与上一伺服模块的 CX5Y 连接。

CX5Y：绝对型位置编码器的电池接口，与上一伺服模块的

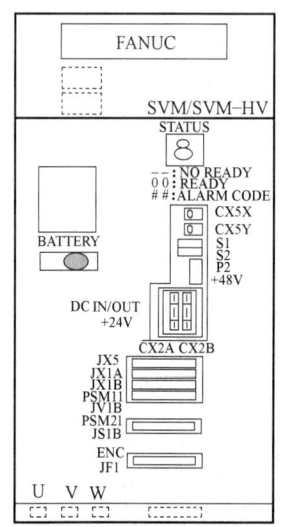

图 4-17 伺服模块

CX5X 连接。

CX2A：直流 24V 输入接口，该接口与主轴模块或上一伺服模块的 CX2B 连接，接收急停信号。

CX2B：直流 24V 输出接口，该接口与下一伺服模块的 CX2A 连接，输出急停信号。

10：直流回路连接充电状态 LED，在该指示灯完全熄灭后，方可对模块电缆进行各种操作，否则有触电危险。

JX5：伺服状态检查接口，用于连接伺服模块状态检查电路板，可获得伺服模块内部信号的状态。

JX1A：模块连接接口，该接口与主轴模块或上一伺服模块的 JX1B 连接，做通信用。

JX1B：模块连接接口，该接口与下一伺服模块的 JX1A 连接。

PSM11/JV1B：A 型 NC 数控系统接口。

PSM21/JS1B：B 型 NC 数控系统接口，与系统控制单元对应的伺服模块接口 JSNA 连接。

ENC/JF1：位置编码器接口，该接口只在 B 型接口类型时使用。

U、V、W：三相交流变频电源输出端，与相对应的伺服电动机连接。

伺服模块的标记为：

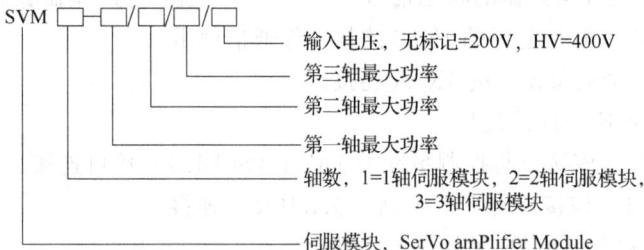

项目 2　FANUC 0i 系统的硬件连接

教学目标：学习 FANUC 控制装置的连接操作方法，掌握一般操作过程，并通过实训进一步提升实际操作能力。

思考与练习：在规定时间内完成该系统的硬件连接，并进行检查。

FANUC 0i 数控系统是高可靠性、高性价比的系统，其特点是结构紧凑，连接简单，使用了高速串行伺服总线（用光缆连接）和串行 I/O 数据接口，有以太网接口。使用该系统的机床既可以单机运行，又可以方便地入网用于柔性加工生产线。FANUC 0i 数控系统组成如图 4-18 所示。

FANUC 0i 数控系统使用 FANUCαis 伺服电动机，加速特性好，短期过载倍数可达 4 倍。伺服控制软件采用 HRV3，其电流环的控制周期为 125ms。伺服控制周期的缩短可以提高伺服增益，提高伺服传动的刚度和跟随性，从而可提高工件的加工形状精度。另外，CNC 的控制软件中有多项提高插补速度、提高精度的先行控制功能（G05 和 G08），因此，

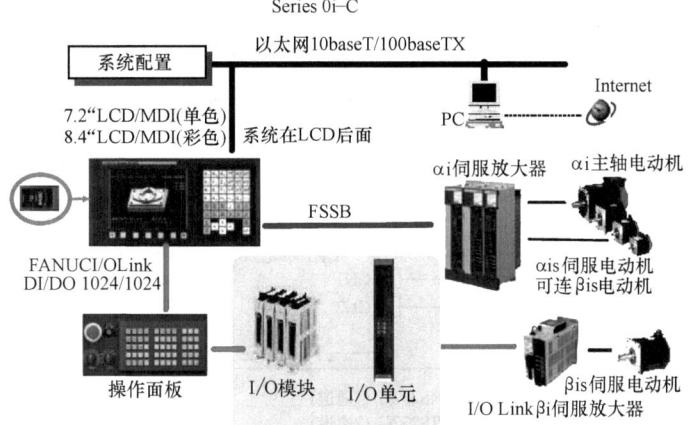

图 4-18 FANUC 0i 数控系统组成

FANUC 0i 非常适合于高精度模具加工机床。

1. 显示单元的连接

FANUC 0i 系统可连接单色或彩色的 CRT 显示器或 LCD 显示器，采用光缆与显示单元连接，如图 4-19 所示。

2. 进给伺服的连接

进给伺服的连接分 A 型和 B 型，由伺服放大器上的一个短接棒控制。A 型连接是将位置反馈线接到 CNC 系统；B 型连接是将位置反馈线接到伺服放大器。0i 系统和近期开发的系统用 B 型，0 系统大多数用 A 型。两

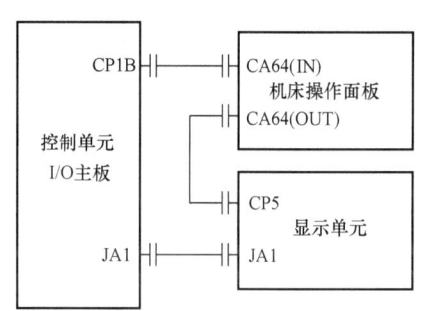

图 4-19 主板与显示单元的连接

种接法与伺服软件有关，不能任意使用。连接时，最后的放大器的 JX1B 需插上 FANUC 提供的短接插头，如果遗忘会出现 401 报警。另外，若选用一个伺服放大器控制两个电动机，应将大电动机电枢接在 M 端子上，小电动机接在 L 端子上，否则电动机运行时会听到不正常的嗡嗡声。

经 FANUC 串行伺服总线 FSSB 用一条光缆与多个进给伺服放大器相连。进给伺服放大器有单轴型和多轴型，多轴型放大器最多可接三个小容量的伺服电动机，从而可减小电气柜的尺寸。放大器本身是逆变器和功率放大器，位置控制部分在 CNC 单元内。

进给伺服电动机使用 αis 系列，最多可接 4 个。进给伺服电动机上装有脉冲编码器，标准配置为 1000000 脉冲/转；纳米加工时可选 10000000 脉冲/转。编码器兼用作速度反馈和位置反馈，高分辨率的位置反馈可提高位置控制精度和伺服刚度。为提高进给伺服传动链的精度，系统支持外接（分离型）编码器的半闭环控制和使用直线光栅尺的全闭环控制。分离型的位置检测器接口有并行口（A/B 相脉冲）和串行口两种，回转式编码器和直线尺位置检测器可用增量式或绝对式。FANUC 0i 数控系统的硬件连接如图 4-20 所示。

3. 主轴电动机的控制

主轴电动机控制有两种接口。一种是模拟接口，CNC 根据编程的主轴速度值输出 0～

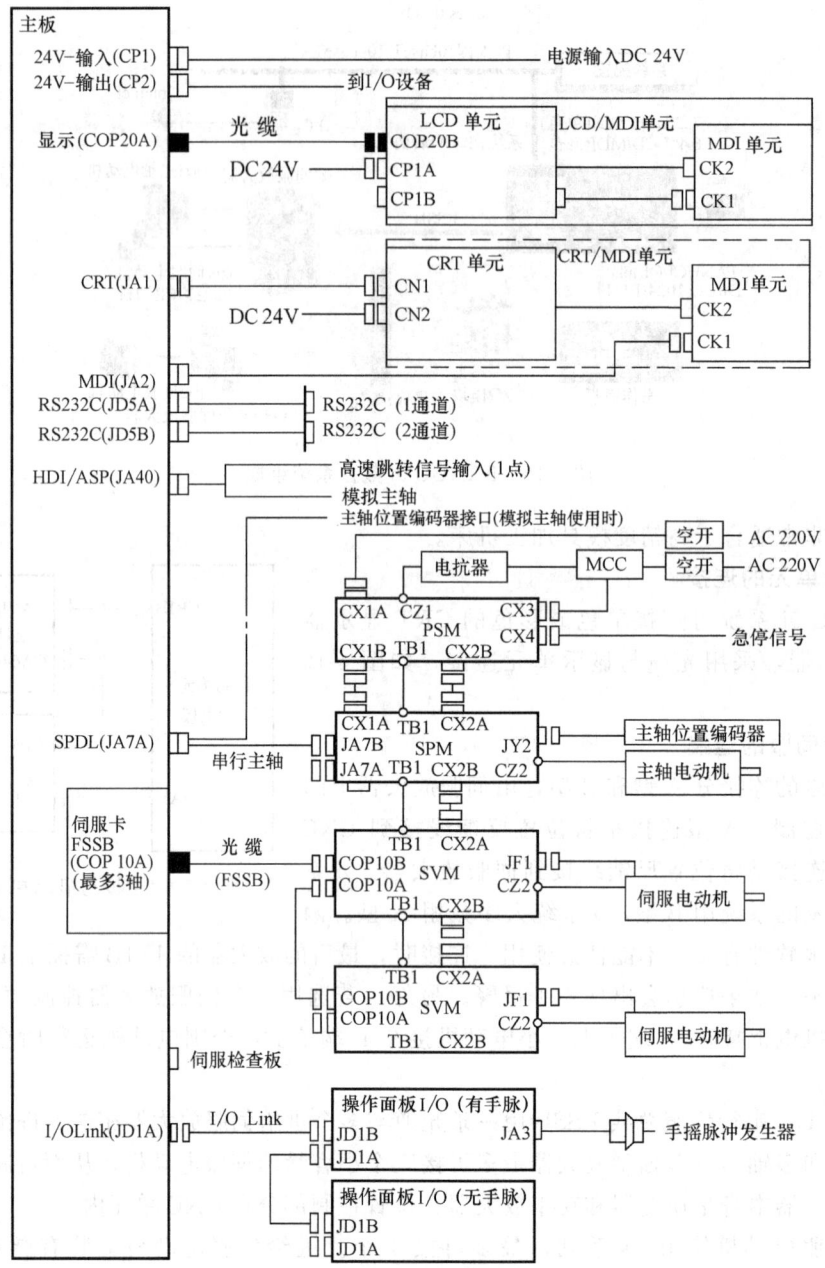

图 4-20 FANUC 0i 数控系统的硬件连接

10V 模拟电压，可使用市售的变频器及相配的主轴电动机；另一种接口是串行接口，CNC 将主轴电动机的转速值通过该接口以二进制数据形式输出给主轴电动机的驱动器。串行数据传送接线少，抗干扰性强，可靠性高，传输速率高。串行接口只能使用 FANUCαi 系列主轴驱动器和主轴电动机。

使用 FANUC 主轴电动机时，主轴上的 1024 线位置编码器信号应接到主轴电动机的驱动器上的 JY4 接口。驱动器上的 JY2 接口是速度反馈接口，两者不能接错。

FANUC αi 主轴电动机上装有磁性传感器，用做速度反馈。切螺纹、刚性攻螺纹、Cs

轴轮廓控制或主轴定位、定向时需要在主轴上装位置编码器。除了传统的 1024 脉冲/转的编码器外，FANUC αi 主轴电动机还可接 BZi 和 CZi 编码器，这两种编码器主要用于车床的 Cs 轴轮廓控制，CZi 的每转脉冲数为 3600000。

4. 机床强电的 I/O 接口

目前使用的 I/O 硬件分内装 I/O 板和外部 I/O 模块两种。内装 I/O 板经系统总线与 CPU 交换信息；外部 I/O 模块用 I/O LINK 电缆与系统连接。数据传送采用串行格式，可远程连接。需要注意的是，编梯形图时两者的地址区不同，而且 I/O 模块使用前需首先设定地址范围。0i-B 系列 I/O 接口使用的 I/O Link 接口，是符合日本 JPCN-1 标准的现场网络接口。经该接口可实时地控制 CNC 的外部设备或 I/O 点，其传输速度相当高。控制单元主板与 I/O LINK 设备的连接如图 4-21 所示。

在 0i-B 上有两种 I/O Link 接口硬件：CNC 单元内的 I/O 板和 I/O 模块。

（1）CNC 单元内的 I/O 板　I/O 板上有 96 点输入，64 点输出，可满足中小型加工中心或车床的一般 I/O 点控制（如 M 功能、T 功能等）要求。

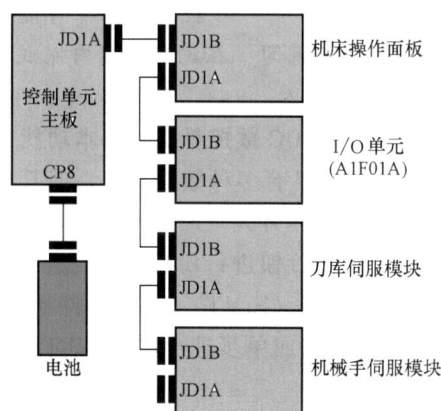

图 4-21　控制单元主板与 I/O LINK 设备的连接

（2）I/O 模块　I/O 模块最多可连接 1024 个输入点和 1024 个输出点。该模块除了用于上述机床的普通 I/O 点控制外，多用于生产线上，控制连接于现场网络的多个外部设备，与其他 CNC 设备共享这些资源。

为了方便用户，FANUC 设计了标准的机床操作面板供用户选用。面板上有急停按钮和速度倍率波段开关，并留有用户自己可定义的空白键。该面板用 I/O Link 接口与 CNC 单元连接。

5. I/O Link β 伺服

为了驱动外部设备（如换刀、交换工作台、上下料等），可以使用经 I/O Link 接口连接的 β 伺服放大器驱动的 βis 电动机。FANUC 0i 系统最多可连接 7 台外部设备驱动电动机。

6. 网络接口

机械加工厂的发展趋势是加工设备的联网、灵活而柔性地使用设备资源，因此 CNC 系统必须有网络接口及网络控制功能。图 4-18 所示的以太网接口可连接车间或工厂的主控计算机。FANUC 0i-B 的现场网络接口有 FL-net（日本常用），Profibus-DP（欧洲常用）和 Device-Net（美国常用）等几种，可根据需要选用相应的硬件板插入 CNC 单元。

为将 CNC 的加工程序、位置、参数、刀具偏移量、运行状态、报警、诊断信号及梯形图等各种信息传送至主机并在其上显示，FANUC 开发了相应软件以支持网络连接。

7. 数据输入/输出接口

FANUC 0i-B 有 RS-232C 和 PCMCIA 接口。经 RS-232C 可与计算机或便携式软磁盘机（Handy File）等连接；在 PCMCIA 接口中可插 ATA 存储卡。

项目3　FANUC 0i 系统的调试

教 学 目 标：学习 FANUC 控制装置的调试方法，掌握一般调试过程，并通过实训进一步提升实际操作能力。

思考与练习：在规定时间内完成该系统的调试，并进行试车。

1. FANUC 数控系统的基本功能

FANUC 有多种数控系统，但其功能基本相同，下面叙述常用几种功能。

（1）工作方式　FANUC 公司为其 CNC 系统设计了下列几种工作方式，可在机床操作面板上通过旋钮进行切换。

1）编辑（EDIT）：编辑零件加工程序。

2）手轮或单步进给（HANDLE/INC）：手摇脉冲发生器或点动按键，使各进给轴前后移动。

3）手动连续进给（JOG）：按住机床操作面板上的各轴、各方向按钮，使所选轴连续地移动。按下快速移动按钮时，则使其快速移动。

4）自动运行（MEM）：用存储在 CNC 内存中的零件程序连续运行机床，加工零件。

5）手动数据输入（MDI）：自动加工或输入参数、刀偏量、坐标系等数据，常用于简单零件的现编程序现加工。

6）示教编程：简单零件可以在手动加工的同时，根据要求加入适当指令，编制加工程序。

（2）加工程序的编制　普通编辑是将工作方式置于编辑（EDIT）方式，按下程序（PROG）键使显示处于程序画面，可使用 G 代码和宏程序（MACAO）两种编程语言。普通编辑只有插入（INSERT）、修改（ALTER）、删除（DELET）和程序段结束（EOB）4 个编辑键。插入位置在光标后面，修改和删除位置在光标所处位置。有些系统有扩展型编辑功能，增加了复制（COPY）、移动（MOVE）和合并（MERGE）3 个编辑键，可实现程序的部分或全部的复制、移动和合并。

常用的程序字符有 G××、M××、S××、T××、X××、Z××、F××、O××、N××和 P××等，如下例所示：

O0010；
N1　G92　X0　Y0　Z0；
N2　S600　M03；
N3　G90　G17　G00　G41　G07　X250.0　Y550.0；
N4　G01　Y900.0　F150；
N5　G03　X500.0　Y1150.0　R650.0；
N6　G00　G40　X0　Y0　M05；
N7　M30；

编程时应特别注意代码的含义。在车床、铣床、磨床等不同数控系统中，同一个 G 代码其意义是不同的，不同机床厂采用的参数设定 G 代码和功能 M 代码的意义也不相同。

用户宏程序（MACRO）编程：G 代码的编制与普通编辑基本相同，但宏程序以语句而不是以字符为基本单元进行编辑。程序实例如下：

O9100；
G81　Z♯26　R♯18　F♯9　K0；
IF［♯3EQ90］　　GOTO　1；
♯24＝♯5001＋♯24；
♯25＝♯5002＋♯25；
N1　WHILE［♯11GT0］　　DO　1；
♯5＝♯24＋♯4＊COS［♯1］；
♯6＝♯25＋♯4＊SIN［♯1］；
G90　X♯5　Y♯6；
END1；
G♯3　G80；
M99；

该程序实例使用的是 B 类宏程序，应注意 MDI 键盘形式。如果遇到个别字符不能从 MDI 键盘输入时，须用计算机编辑，然后通过 RS-232C 接口输入 CNC 中。

（3）手动移动机床

1）手摇或单步进给（HANDLE/STEP）：数控机床通常只采用其中的一种，用于手动调整机床的位置。应注意机床使用的倍率值，若倍率很大，且手摇速度太快时，即使停止摇动，机床可能仍然快速移动，导致发生机床碰撞。

2）手动连续进给（JOG）：按住连续移动按钮使机床连续移动，可用倍率旋钮改变速率。按下快速移动按钮可快速移动机床，快移速度由参数设定。

3）手动返回机床零点：对于使用增量式位置编码器的机床，开机后的第一个操作就是手动回零点，以建立机床移动的基准位置。回零点过程由机床厂设计的梯形图控制，回到零点后，可在相对坐标系画面将当前坐标值清零。只有在零点建立后才能进入 MEM 方式用程序加工零件，一次通电只须进行一次回零点操作。使用绝对式位置编码器的机床开机后无须手动回机床零点，因为机床零点在制造时已经调好。在不更换编码器并按时更换电池的情况下，零点不会消失。

4）自动建立加工坐标系：根据设定的参数，手动回零点后，可以自动建立加工坐标系，使用 G92（铣床和加工中心系列）或 G50（车床系列）代码实现。

（4）自动运行

1）存储器运行（MEM）：按下 MDI 键盘上的程序【PROG】键，调出加工程序，按下【自动加工起动】按钮，机床在程序控制之下加工零件。运行中可按下进给暂停【HOLD】按钮，中断程序的执行。再按下【起动】按钮，即可恢复程序的连续执行。也可以按下【单段执行】按钮，一段段地执行程序。按下复位【RESET】按钮，可终止自动运行。

2）MDI 运行：对于简单零件可以在该方式下现场编制程序并进行加工。操作方法与存储器运行（MEM）基本相同。但执行程序时，须首先将光标移到程序头，程序也不能存储。

3）DNC 运行：这种方式主要是为了解决模具加工时 CNC 存储容量的不足问题，通过

RS-232C 接口连接外部计算机，将存储磁盘上的加工程序一段段调入 CNC 中实施加工。

实施 DNC 运行时，将运行方式开关置于 RMT（在 MEM 方式下将 DNCI 信号置 1），在计算机上调出已编写的加工程序并按【ENTER】按钮，再按下机床的【自动加工起动】按钮即可执行。

执行 DNC 运行的条件是计算机上必须安装适当的通信软件，计算机和 CNC 都要设定对应的通信口、波特率、停止位和传输代码（ISO 码）等参数。另外，还要按 FANUC 要求焊接 RS-232C 口的电缆线，条件不满足时会出现 86 和 87 报警。值得注意的是，M198 只能调用便携式软磁盘机（Handy File）、磁带机等 FANUC 指定的外部设备。

（5）数据的输入/输出　加工程序、刀补量、坐标系、螺距误差补偿值、系统和机床参数等 NC 的数据可通过外部设备实现输入/输出。外部设备连接到 RS-232C 接口上后，可在 MDI 方式下的"Setting"和"参数"画面对其进行参数设置。

数据的输入与输出在编辑（EDIT）方式下进行，并需将显示器置于相应的数据画面。比如：传输加工程序时应按下 MDI 键盘上的程序【PROG】键；传输刀补量时应按下【OFFSET】键等。数据输入 0i 系统时，按【INPUT】键；输入到其他系统时按【READ】和【EXEC】键。0i 系统数据输出时，按【OUTPUT】键，其他系统按【PUNCH】键。0i 系统的 ALL I/O 画面可非常方便地实现数据的输入/输出。

（6）数据的设定和显示　运行机床之前，必须在 MDI 方式相应的画面上设定机床或系统参数、刀补量、刀具寿命、工件坐标系等相关数据。每种数据在 MDI 键盘上都有相应的按键，按下某个键就显示对应的画面。操作方法是将光标置于欲设数据处，输入数值后按【INPUT】键。输入前，必须将参数写入开关打开（PWE=1），输入后将其关闭。

（7）机床操作的有关功能

1）手动绝对值的开/关（ON/OFF）：该操作是在 MEM 方式时，将 MEM 方式转为手动方式移动机床。开关的 ON/OFF 决定其移动是否包括在显示的坐标值中，置于 ON 时移动量不计入到显示值上；置于 OFF 时累积到显示值上。

2）手轮中断：该操作是在 MEM 方式时，摇动手轮会增加移动距离，但显示的绝对和相对坐标值不变，只有机床坐标值随移动量改变。

3）手动干预和返回：该功能上在 MEM 方式时，按下暂停按钮【HOLD】时进给暂停，转为手动方式手动移动机床后再回到 MEM 方式。按下【自动加工起动】按钮时，机床可自动返回到原来位置，恢复系统运行。可以用来代替程序再起动功能，但只能用暂停按钮【HOLD】中断 MEM 方式。

2. FANUC 数控系统的调试

（1）接线　按照设计的机床电气柜接线图和系统（硬件）连接说明书（B-61393 或 B-63503）绘出的接线图仔细接线。

（2）通电　拔掉 CNC 系统和伺服（包括主轴）单元的熔断器，给机床通电。如无故障，装上熔断器，给机床和系统通电。此时因系统尚未输入参数，伺服和主轴控制尚未初始化，系统会有 401 等多种报警。

（3）设定参数

1）系统功能参数（保密参数）：这些参数厂家根据用户选择的功能在系统出厂时由 FANUC 公司设定，0C 和 0i 不必再进行设置，但 0D 系统须根据实际机床功能按厂家提供的系统功能参数表设定 932～935 的参数。

2）进给伺服初始化：将各进给轴使用的电动机的控制参数调入 RAM 区，并根据丝杠螺距和电动机与丝杠间的变速比配置 CMR 和 DMR。将显示器画面显示为伺服设定屏（Servo Set），0 系统设定参数♯389/0 位＝0；0i 系统设定参数♯3111/0 位＝1。其他参数设置如下：

初始化位置 0。此时显示器将显示 P/S 000 报警，其意义是要求系统关机，重新启动。但不要马上关机，因为其他参数尚未设定，应返回设定屏继续操作。

设定电动机代码（ID）。根据被设定轴的实际使用电动机型号在伺服电动机参数说明书（B-65150）中查出其代码，设在该项内。

AMR 设为 0。

设定指令倍比 CMR。CMR＝命令当量/位置检测当量。通常设为 1，但该项要求设为其值的 2 倍，所以设为 2。

设定柔性变速比（N/M）。根据滚珠丝杠螺距和电动机与丝杠间的降速比设定该值。

设定电动机的转向。111 表示电动机正向转动，－111 表示反向转动。

设定转速反馈脉冲数。固定设为 8129。

设定位置反馈脉冲数。固定设为 12500。

设定参考计数器容量。机床回零点时要根据该值寻找编码器的一转信号以确定零点。该值等于电动机转一转时进给轴的移动脉冲数。

按上述方法对其他各轴进行设定，设定完成后重启系统，伺服初始化完成。

3）设定伺服参数：0 系统 500～595 的有关参数；0i 1200～1600 的有关参数。以上是控制进给运动的参数，包括位置增益、G00 的速度、F 的允许值、移动时允许的最大跟随误差、停止时允许的最大误差、加/减速时间常数等。参数设定不当，会产生 4×7 报警。

4）主轴电动机的初始化：设定初始化位和电动机的代码。只有 FANUC 主轴电动机才进行此项操作。

5）设定主轴控制的参数：设定各换挡档次的主轴最高转速、换挡方法、主轴定向或定位的参数、模拟主轴的零漂补偿参数等。

6）设定系统和机床的其他有关参数：参数意义见参数说明书。

（4）编制梯形图，调机　不同的 CNC 系统使用不同形式的 PMC，不同形式的 PMC 使用不同的编程器。FANUC 近期开发的 PMC 可以方便地用软件转换程序，可以用编辑卡在 CNC 系统上现场编制梯形图，也可以把编程软件装入 PC 机，编好后传送给 CNC。梯形图存储在 F-ROM 中，编好的或传送来的梯形图应写入 F-ROM，否则关机后梯形图会丢失。编梯形图最值得注意的是信号的持续（有效）时间和各信号的时序（信号的互锁）。在 FANUC 系统的连接说明书（功能）中对各控制功能的信号都有详细的时序图进行说明。调机时或机床运行中如发现某一功能不执行，应首先检查接线，然后检查梯形图。

调机实际上就是把 CNC 的 I/O 控制信号与机床强电柜的继电器、开关、阀等输入/输出信号一一对应起来，实现机床所需的动作与功能。为方便调机和维修，CNC 系统提供了 PMC 信号的诊断屏幕，在该屏上可以看到各信号的当前状态。

调机出现问题时应首先从接线、编梯形图和设置参数三方面着手处理，一般不会出现系统故障。梯形图调好后应写入 ROM 中，0 系统采用 EPROM，需要专用写入器写入；0i 等其他系统采用 F-ROM，在系统上执行写入操作即可。

项目 4 FANUC 0i 故障诊断与排除

教 学 目 标：掌握通过显示屏完成常见故障诊断的一般方法，能够排除大多数软件故障与程序故障。

思考与练习：FANUC 0i 系统最容易发生的故障是什么？如何排除？

1. 数据输入/输出接口不能正常工作

对于 FANUC 系统，当数据输入/输出接口（RS-232C）工作不正常时会产生报警，不同系统的报警号不同。FANUC 3/6/0/16/18/20/power-mate 系统显示 85～87 号报警；FANUC 10/11/12/15 系统显示 820～823 号报警。当数据输入/输出接口不能正常工作时，一般有以下几种情况及相应处理方法：

（1）输入/输出数据操作时，系统没有反应

1）检查系统工作方式是否正确，把系统工作方式置于 EDIT，打开程序保护键，或在输入参数时置于急停状态。

2）按 FANUC 出厂时的数据单，重新输入功能选择参数（0 系统的 900 号以后，16 系统类的 9900 号以后的参数，15 系统类的 9100 号参数）。

3）检查系统是否处于 RESET 状态。

（2）输入/输出数据操作时，系统发生了报警

1）按表 4-5 检查系统参数。

2）检查电缆接线。图 4-22 所示为机床面板的 25 芯中继插头到外部输入/输出设备插头的信号电缆连接图。

3）检查外部输入/输出设备的设定错误或硬件故障，确认电源是否打开，波特率与停止位是否与 FANUC 系统的数据输入/输出参数设定匹配，硬件有无故障，传输的数据格式是否为 ISO，数据位设定是否正确。

4）按表 4-6 检查 CNC 系统与通信有关的印制电路板。

5）核对 CNC 系统与计算机进行通信状态，确保计算机外壳与 CNC 系统同时接地，不要在通电的情况下插拔连接电缆，不要在打雷时进行通信作业，通信电缆不要太长。

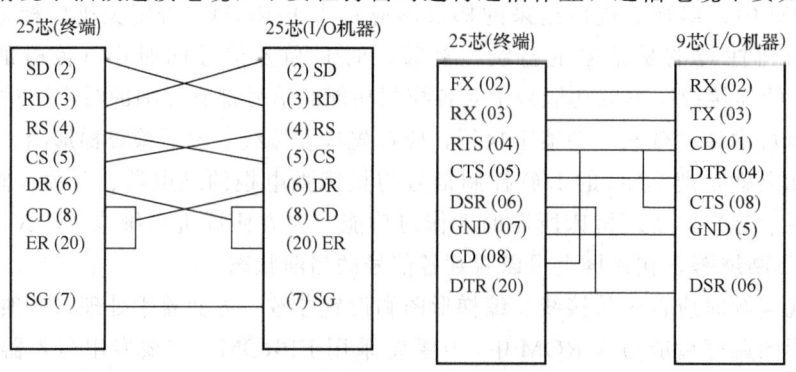

图 4-22 中继插头与外部设备的连接

表 4-5　FANUC 各系统的有关输入/输出接口的参数表

机　种	项目设定	CNC 侧的设定				外部设备
16/18/21/0i	插头	JD5A		JD5B		
	I/O 通道(参数号：♯20)	0	1	2	3	
	设定项目	参数号				
	停止位	♯101/0	♯111/0	♯121/0	♯131/0	
	输入/输出设备	♯102	♯112	♯122	♯132	
	波特率	♯103	♯113	♯123	♯133	
10/11/12/15	插头	CD4A 或 JD5A（15B）		CD4B 或 JD5B（15B）		波特率、停止位应与 CNC 侧一致 奇偶校验位＝偶校验 通道＝RS-232
	设定项目	参数号				
	I/O 通道	♯020	♯021	♯020	♯021	
	输入/输出设备番号	♯5001		♯5001		
	输入/输出设备	♯5110		♯5110		
	停止位	♯5111		♯5111		
	波特率	♯5112		♯5113		
	控制码	♯0000		♯0000		
0A/0B/0C/0D	插头	M5		M74		
	I/O 通道号	0	1	2	3	
	停止位	♯2/0	♯12/0	♯50/0	♯51/0	
	输入/输出设备	♯38/6.7		♯38/4.5		♯38/1.2
	波特率	♯552	♯553	♯250	♯251	
	输入/输出设备	♯340 号参数		♯341 号参数		
	停止位/波特率	♯312 号参数		♯313 号参数		

表 4-6　各系统与通信接口有关的印制电路板

0	存储板或主板	16/18	MAIN 板上的通信接口模块
3	主板	0i	I/O 接口板
6	显示器屏幕 C 板	21	I/O 接口板
11	主板或显示器屏幕/MDI 控制板	16i/18i	主板
15A	BASE 0	POWER MATE	基板
15B	MAIN CPU 板或 OPTI 板		

（3）报警原因分析

1）85 号报警主要原因有 CNC 系统波特率、停止位等参数的设定不正确，外部输入/输出设备的通信参数与 CNC 的通信参数不匹配和外部输入/输出设备故障。

2）86 号报警原因主要有通信参数的设定不正确，外部通信设备未通电，电缆连接不正确，外部传输设备不良和 CNC 的通信接口损坏。

3）87 号报警原因主要有外部输入/输出设备的通信参数与 CNC 的通信参数不匹配，外部传输设备不良，以及 CNC 的通信接口损坏。

2. CNC 电源单元不能通电

CNC 单元的电源单元包括电源输入和电源控制两部分，其上有一个绿色的电源指示灯和一个红色的电源报警灯。

（1）电源接通时电源指示灯（绿色）不亮　电源接通时电源指示灯不亮的主要原因有电源单元的熔断器已熔断，由输入高电压引起或电源单元本身的元器件已损坏；输入电压低，超出了电压的容许值 AC（200+20）V 和（50±1）Hz；电源单元不良，内部元器件损坏。

（2）电源指示灯亮，报警灯也消失，但电源不能接通　电源接通需要电源 ON 按钮闭合、电源 OFF 按钮闭合和外部报警接点打开 3 个条件同时满足，如图 4-23 所示。上述现象因为电源接通（ON）的条件不满足。

（3）电源单元报警灯亮　电源单元报警灯亮的主要原因有：24V 输出电压的熔断器熔断；电源单元不良；+24V 的熔断器熔断；+5V 电源的负荷短路；系统的印制电路板上有短路。

显示器使用+24V 电压，其连接方式如图 4-24 所示，24V 输出电压的熔断器熔断会导致电源单元报警。可检查+24V 与接地是否短路，显示器/手动数据输入板是否不良。

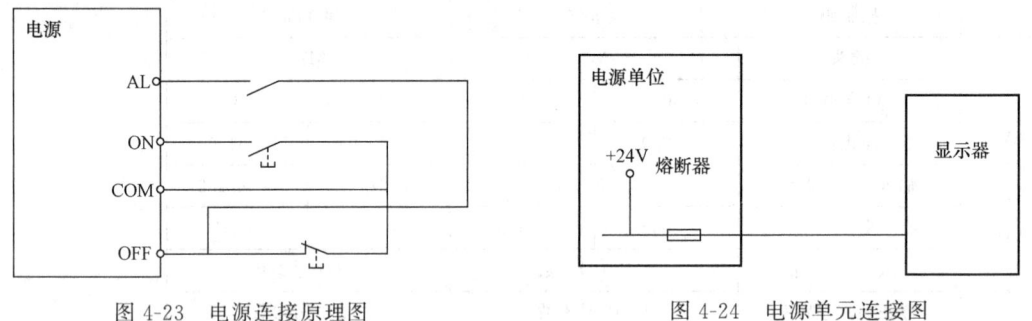

图 4-23　电源连接原理图　　　　　图 4-24　电源单元连接图

电源单元存在不良情况时也会导致电源报警，此时可拔掉电源单元所有输出插头，只留下电源输入线和开关控制线，关掉机床所有电源，整体拔掉电源控制部分，重新打开电源并顺序进行操作。如果电源报警灯熄灭，说明电源单元正常；如果电源报警灯仍然亮，可认定为电源单元损坏。

+24V 是供外部输入/输出信号用的，其回路如图 4-25 所示。从图中可以看出，如果+24V 的熔断器熔断、外部输入/输出开关引起+24V 短路或系统 I/O 板不良均可导致电源报警。

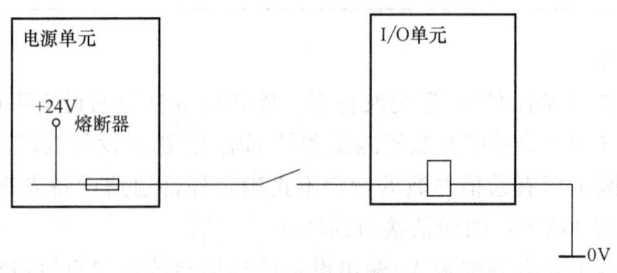

图 4-25　外部输入/输出回路

+5V 电源供 MPG、电动机编码器、光栅、磁栅尺等使用，如果+5V 电源的负载短路将出现电源报警。此时可以通过逐个拔掉负载的方式排除。操作时须先关电源再开电源，当拔掉任意一个+5V 电源负载后，电源报警灯熄灭，则可以证明该负载及其连接电缆出现故障。当拔掉电动机编码器的插头时，如果是绝对位置编码器，需要重新回零，机床才能恢复正常。

如果是系统的印制电路板上短路引起电源报警的，则可先用万用表测量+5V，±15V、+24V 与 0V 之间的电阻，通过把系统各印制电路板逐个拔掉，再开电源的方式来确认报警是否消除。如果当某一印制电路板拔下后，电源报警灯不亮，那就可以证明该印制电路板有问题。当计算机与 CNC 系统进行通信作业时，如果 CNC 通信接口烧坏，也会使系统电源不能接通。

3. FAPT 编程功能不能使用

该故障的主要原因是子 CPU 出现奇偶报警错误，致使 FAPT 的参数和程序丢失。将系统参数（FAPT-SYS PARAM）、MTF（FAPT-MTF）、SETTING 数据（FAPT-SET-TING）、工具数据（FAPT-TOOL）、图形数据（FAPT-GRAPHIC）、程序（FAPT-FAMI-LY）和材质文件（FAPT-MATERIAL）等 FAPT 编程的数据重新输入，就可以恢复FAPT 编程功能。

FAPT 编程数据重新输入的方法有以下两种：

方法一：按住 MDI 上 SP 键后重新开机，使用 FANUC 便携式 3in 软磁盘驱动器输入数据时先按【AUXIIIARY】软键，输入 RSTR、B，再按【INPUT】键；使用 FANUC PPR 时先按【AUXIIIARY】软键，输入 RSTR、P，再按【INPUT】键；如果是输出 FAPT 数据先按【AUXIIIARY】软键，输入 DUMP、N，再按【INPUT】键。

方法二：按住 MDI 上 SP 键后重新开机，把 FAPT 数据逐项地输入。在初始画面上，按【DATA SETTING】键，再按第 1 项，按表 4-7 中方法输入数据。按【DATA SET-TING】软键，5，N，【INPUT】键，输入材质数据；按【PROGRAM】软键，2，N，【INPUT】键，输入 FAPT 程序。

表 4-7 FAPT 参数表

项 目	操 作 方 法	备 注
FAPT 系统参数	3，n input	
MTF	7，n input	
工具数据	11，n input	
设定数据	14，n input	
图形数据	16，n input	n=p=FAMUC PPR n=b=FANUC CASSETTE

4. 在手动、自动方式下机床都不能运转

可以通过位置画面的位置数值、CNC 的内部状态和 PMC 的诊断功能进行诊断。位置画面的参数表见表 4-8。

表 4-8 位置画面的参数表

项目	原因	有关地址、参数		
		0	16/18/0i	11/12/15
1	系统处于急停状态 *ESP	G121.4	G8.4 或 G1008.4	G0.4
2	系统处于复位状态 (1) 外部复位 ERS 置 1 (2) MDI 的复位键置 1	G121.7 G104.6	G8.7 G8.6	G0.0 G0.6
3	确认工作方式信号 MD4、MD2、MD1 的组合值： JOG=101, AUTO=001 EDIT=011, MDI=000	G122#2, 1, 0	G43#2, 1, 0	G3
4	JOG 的轴方向选择信号： +X，-X，+Y，-Y，+Z，-Z，+4，-4 诊断内部状态，确认是否： (1) 倍率为 0 (2) 正在执行到位检查 (3) 主轴速度到达信号 (SAR) 未置 1 (梯形图用该信号时) (4) 机床锁住信号置 1	G116#3, 2 G118#3.2 诊断号 700	G100 G102 诊断号 15	诊断号 1000～1001
5	正在执行到位检查 条件：位置误差值大于到位宽度设定值	诊断号 800 参数号 500	诊断号 300 参数号 1826	
6	输入了互锁信号 *ILK	G117.0	G8.0 参数号 3003#0	G0.0
	*ITX	参数号 8#7 G128	参数号 3003#2 G130	
	±MITX	G42 参数号 24#7	G132 G134 参数号 3003#3	
7	JOG 速度为 0 (JV0 至 JV7)	G121 参数号 3#4	G010 G011	
8	系统有报警			

5. 显示器上显示电池电压不足警告 (BAT)

FANUC 系统在工作一段时间以后 (1～2 年)，在电池电压不足时，就在显示屏上显示警告信息"BAT"，在一周内更换电池即可排除。表 4-9 是 FANUC 系统所用电池的规格和数量。

表 4-9 FANUC 系统所用电池的规格和数量

NC 机种	用途	规格	备注
FS0	系统用	干电池 1.5*3	盒：A02B-0236-C281
	绝对位置编码器用	干电池 1.5*4	盒：A02B-6050-K060

（续）

NC 机种	用　途	规　格	备　注
FS16/18-A	系统用（旧型号）	A98L-0031-0007（3V）	旧型号
	系统用（新型号）	A98L-0031-0012（3V）	新型号
	绝对位置编码器用	干电池 1.5*4	盒：A02B-6050-K060
FS16/18-B/C	系统用（旧型号）	A98L-0031-0007（3V）	旧型号
	系统用（新型号）	A98L-0031-0012（3V）	新型号
	C 系列电源用电池	A98L-0031-0006（3V）	C 系列电源，+24V 输入
	绝对位置编码器用	干电池 1.5*4	盒：A02B-6050-K060
	α 系列伺服用电池	A98L-0001-0902（6V）	锂电池
FS16i/18i-A/B FPMi-D/H	系统用	A98L-0031-0012（3V）	
	绝对位置编码器用	干电池 1.5*4	盒：A02B-6050-K060
FS15i-A	α 系列伺服用电池	A98L-0001-0902（6V）	锂电池
FS20-F	系统用	A98L-0031-0006（3V）	
	绝对位置编码器用	干电池 1.5*4	盒：A02B-6050-K060
FS21-TA/MA	系统用	A98L-0031-0006（3V）	
	绝对位置编码器用	干电池 1.5*4	盒：A02B-6050-K060
FS21-TB/MB	系统用	A98L-0031-0006（3V）	
	绝对位置编码器用	干电池 1.5*4	盒：A02B-6050-K060
FPM-A/B/C/D FPM-F/H	系统用	A98L-0031-0006（3V）	
	绝对位置编码器用	干电池 1.5*4	盒：A02B-6050-K060
FS15-A	系统用		
	绝对位置编码器用	干电池 1.5*4	盒：A02B-6050-K060
FS15-B	系统用（旧型号）	A98L-0031-0007（3V）	旧型号
	系统用（新型号）	A98L-0031-0012（3V）	新型号
	绝对位置编码器用	干电池 1.5*4	盒：A02B-6050-K060
FS10/11/12	系统用	干电池 1.5*3	盒：A02B-0236-C281
	绝对位置编码器用	干电池 1.5*4	盒：A02B-6050-K060
FS2/3	系统用	干电池 1.5*3	盒：A02B-0236-C281
β 系列伺服电动机	绝对位置编码器用	A98L-0031-0011（6V）	

模块3 SINUMERIK 802C 数控装置

SIEMENS 的数控装置采用模块化结构设计,在一种标准硬件上配置多种软件,使其具有多种工艺类型,满足各种机床的需要,并成为系列产品。SIEMENS 数控装置主要有 SINUMERIK3/8/810/820/850/880/805/802/840 系列。

SINUMERIK 802 系统包括 802S/Se/Sbase line、802C/Ce/Cbase line、802D 等型号,它是西门子公司 20 世纪 90 年代开发的集 CNC、PLC 于一体的经济型控制系统。SINUMERIK 802 系列数控系统的共同特点是结构简单、体积小、可靠性高,系统软件功能比较完善。

SINUMERIK 802S、802C 系列系统的 CNC 结构完全相同,可以进行 3 轴控制及 3 轴联动控制,系统带有 ±10V 主轴模拟量输出接口,可与配用有模拟量输入功能的主轴驱动系统。两者最大区别是 802S/Se/Sbase line 系列采用步进电动机驱动,802C/Ce/Cbase line 系列采用数字式交流伺服驱动系统,常与伺服驱动 SIMODRIVE 611U 和 1FK7 伺服电动机连接。

SINUMERIK 802D 是数字化数控装置,快速精确、高可靠性,可控制 4 个数字进给轴和 1 个主轴;有 10.4inTFT 显示器,可单显或彩显;具有车、铣工艺循环和模拟功能。

SINUMERIK 810D 一体化全数字数控装置,可控制 4 个进给轴和 2 个主轴,具有双通道功能。新的 810D(CCU3)可以带直线电动机和力矩电动机,其高速模具加工功能使加工的速度和精度得以最佳的优化。

SINUMERIK 840D 采用全数字模块化数控设计,用于复杂机床和传送线。最多可控制 31 个坐标轴,其中可有 6 个主轴,最多可有 10 个方式组,10 个加工通道。

项目1 SINUMERIK 802C 系统的硬件组成

教学目标:熟悉 SINUMERIK 802C 系统硬件组成特点,认识各功能模块。
思考与练习:SINUMERIK 802C 系统的最大特点是什么?对用户有什么好处?

SINUMERIK 802C base line 是专门为中国数控机床市场而开发的经济型 CNC 控制系统,如图 4-26 所示,具有以下特性:
1) 结构紧凑,数控单元、机床操作面板和输入/输出单元高度集成于一体。
2) 机床调试配置数据少,系统与机床匹配更快速、更容易。
3) 编程界面简单而友好,可保证生产的快速进行。
4) 集 CNC、PLC、HMI、I/O 于一身。
5) 可独立于其他部件进行安装。
6) 操作面板提供了所有的数控操作、编程和机床控制动作的按键以及 8inLCD 显示器,

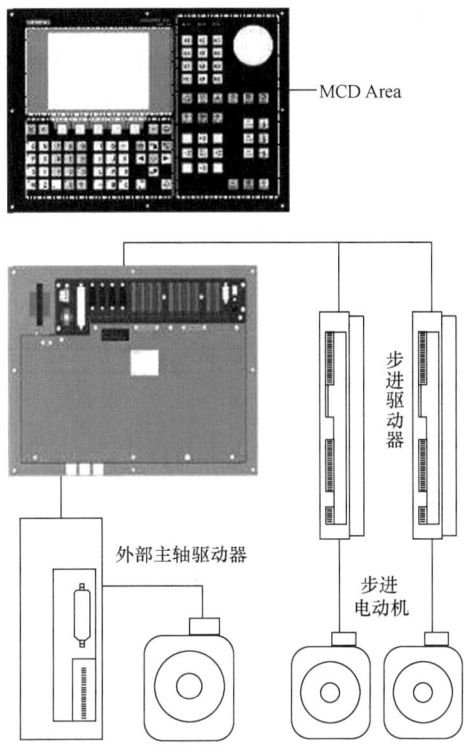

图 4-26 SINUMERIK 802C 数控系统硬件组成

同时还提供 12 个带有 LED 的用户自定义键。

7）6 种可选择工作方式，进给速度修调、主轴速度修调、数控启动与数控停止、系统复位均采用按键形式操作。

SINUMERIK 802C base line 的输入/输出点为 48 个 24V 的直流输入点和 16 个 24V 的直流输出点。输出同时工作系数为 0.5 时，负载能力可达 0.5A。802C base line 可控制 3 个进给轴，并提供一个 ±10V 的接口用于连接主轴驱动。

SINUMERIK 802C base line 基本配置的驱动系统为 SIMODRIVE base line 3Nm/6Nm 和 6Nm/8Nm 双轴模块与 11Nm 单轴模块，驱动带单极对旋转变压器的 1FK7 伺服电动机。当需要进行功率扩展应用时，可以选用 SIMODRIVE 611U 伺服驱动系统和带单极对旋转变压器的 LFK 7 伺服电动机。

SINUMERIK 802C base line 控制软件已经存储在数控部分的 Flash-EPROM 上，Toolbox 软件工具包含在标准配置范围内。采用电容防止掉电引起数据丢失的免维护设计，系统不再需要电池。系统软件面向车床和铣床应用，包含有车床和铣床的 PLC 程序示例，并可单独安装。

项目 2 SINUMERIK 802C 系统的硬件连接

教 学 目 标：学习 SIEMENS 控制装置的连接操作方法，掌握一般操作过程，并通过实训进一步提升实际操作能力。

思考与练习：在规定时间内完成该系统的硬件连接，并进行检查。

SINUMERIK 802C base line CNC 控制器与伺服驱动 SIMODRIVE 611U 和 1FK7 伺服电动机的连接如图 4-27a 所示。

SINUMERIK 802C base line CNC 控制器与伺服驱动 SIMODRIVE base line 和 1FK7 伺服电动机的连接，如图 4-27b 所示。

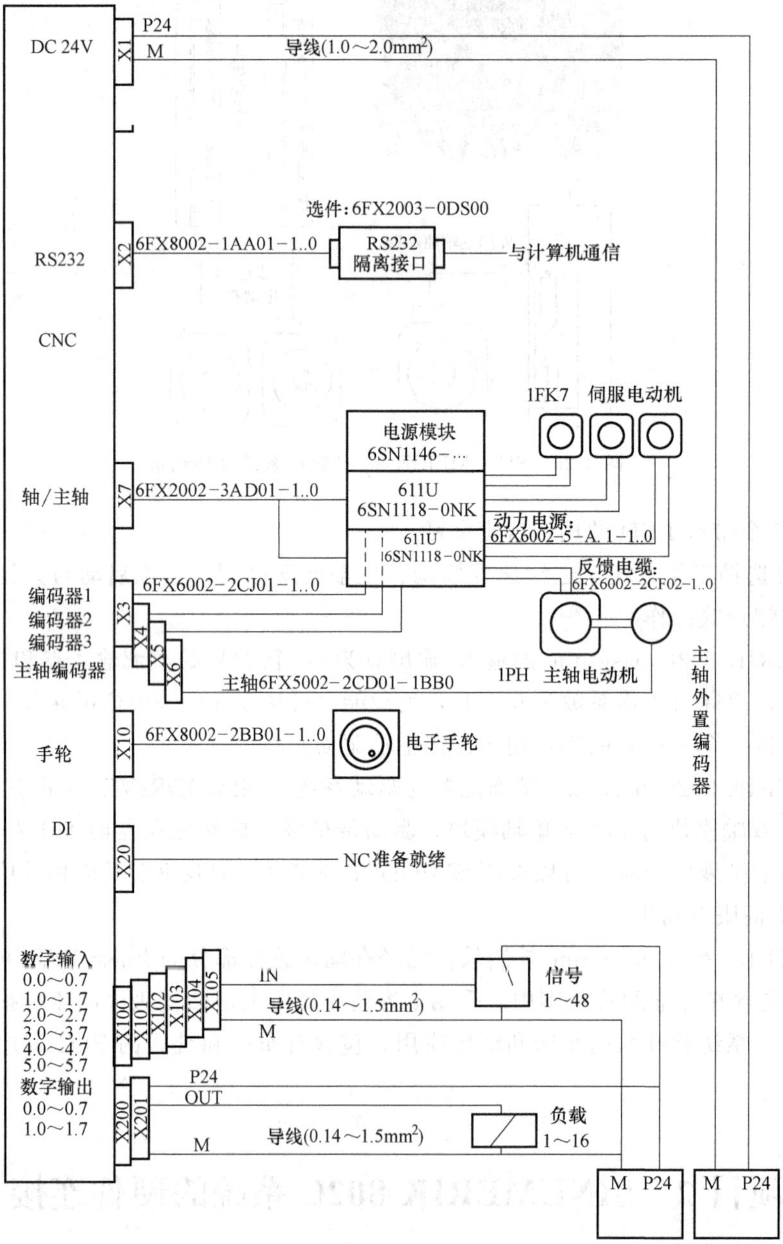

图 4-27　SINUMERIK 802C 数控系统的硬件连接

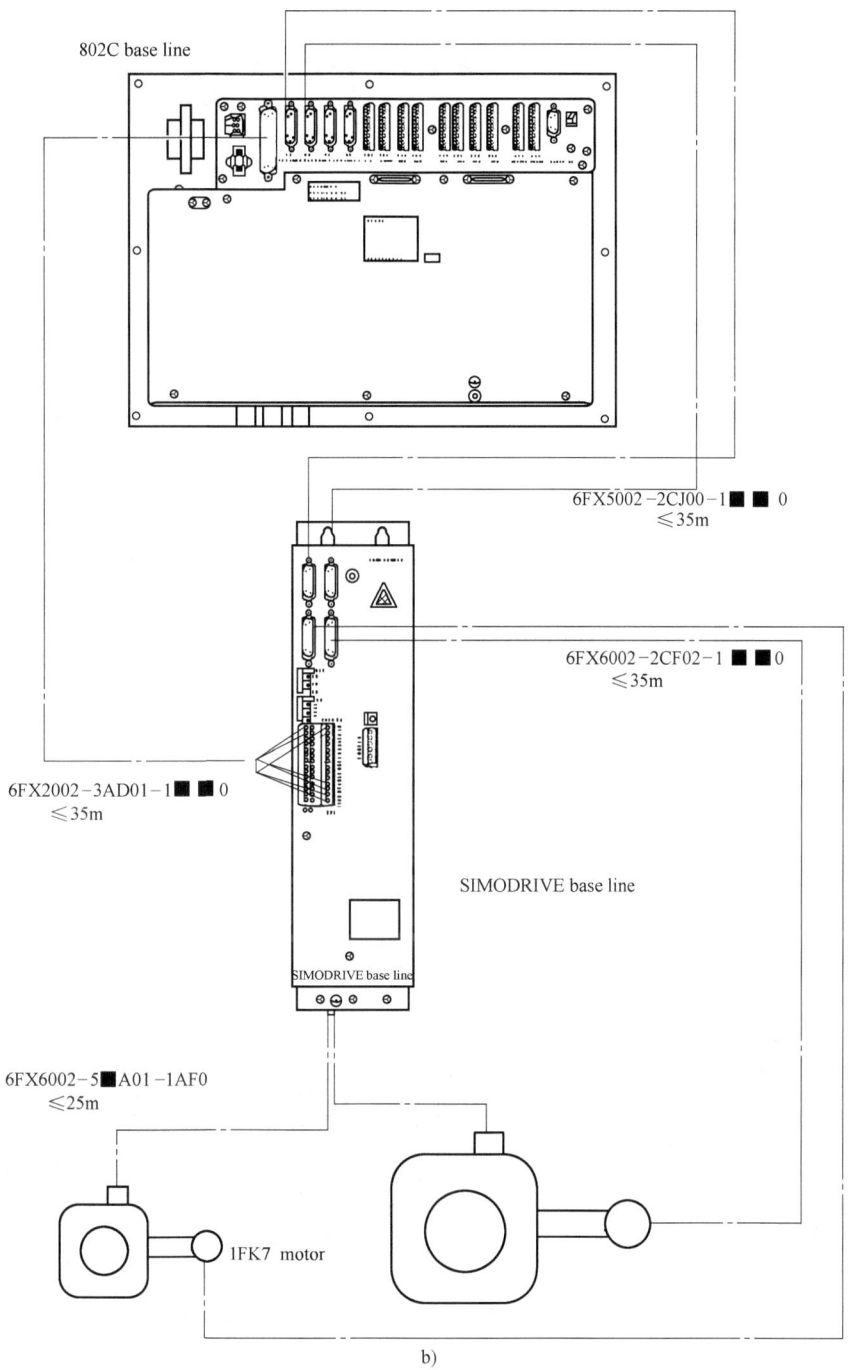

图 4-27 SINUMERIK 802C 数控系统的硬件连接（续）

SINUMERIK 802C base line CNC 控制器接口布局如图 4-28 所示。

1. 接口

802C 接口放大图如图 4-29 所示。

（1）CNC 部分

X1 电源接口（DC24V）：3 芯螺钉端子块，用于连接 24V 负载电源。

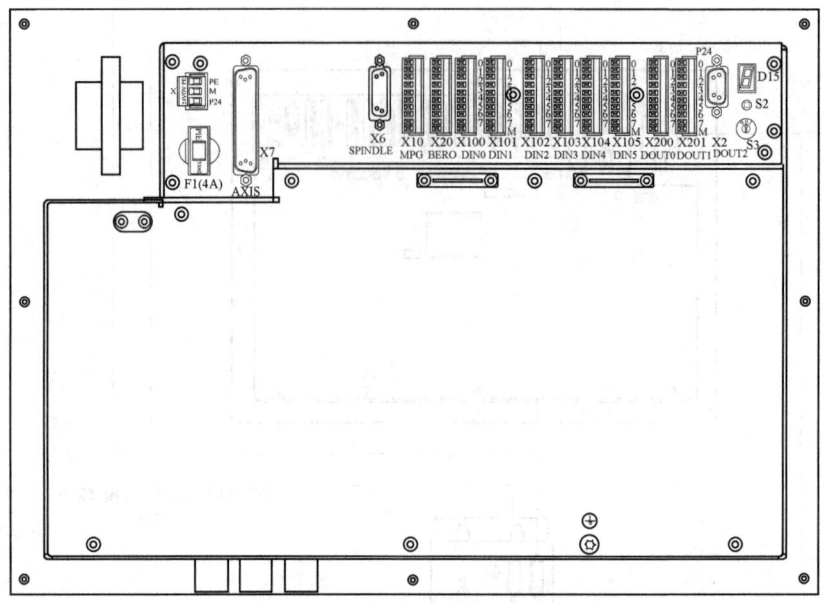

图 4-28 SINUMERIK 802C base line CNC 控制器接口布局

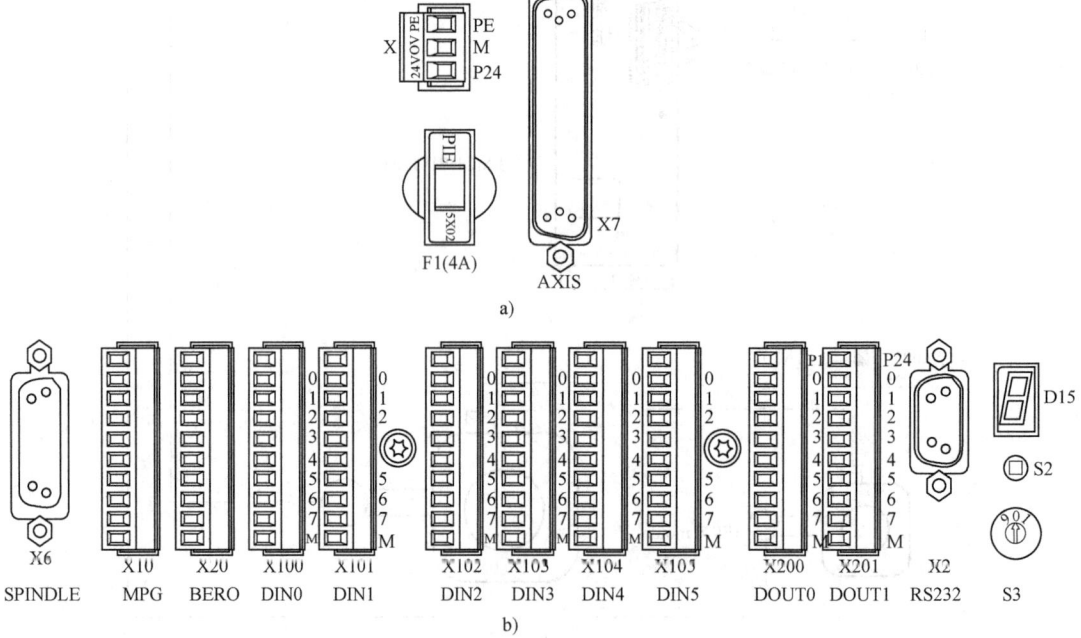

图 4-29 接口放大图

X2 RS232 接口（24V）：9 芯 D 型插座。

X6 主轴接口（ENCODER）：15 芯 D 型插座，用于连接主轴增量式编码器（RS422）。

X7 驱动接口（AXIS）：50 芯 D 型插座，用于连接具有包括主轴在内最多 4 个模拟驱动的功率模块。

X10 手轮接口（MPG）：10 芯插头，用于连接手轮。

X20 数字输入（DI）：10 芯插头，用于连接 NC-READY 继电器和 BERO。

(2) DI/O 部分

X100~X105：10 芯插头，用于连接数字输入。

X200~X201：10 芯插头，用于连接数字输出。

S3 为调试开关，F1 为熔断器，S2 和 D15 只用于内部调试。

2. 主轴测量系统的连接（X6）

主轴测量系统的增量编码器采用 15 芯 D 型插座通过 X6 口与 CNC 连接，各引脚分配如表 4-10 所示。

表 4-10 插座 X6 的引脚分配

引脚	信号	型号	引脚	信号	型号
1	n.c.		9	M	V0
2	n.c.		10	Z	I
3	n.c.		11	Z_N	I
4	P5_MS	V0	12	B_N	I
5	n.c.		13	B	I
6	P5_MS	V0	14	A_N	I
7	M	V0	15	A	I
8	n.c.				

表中符号含义如下：

A，A_N：A 相信号；B，B_N：B 相信号；Z，Z_N：零脉冲信号；P5_MS：电源 +5.2V；M：电源接地；信号电平为 RS422，V0 表示电源电压输出，I 表示 5V 信号输入。

与主轴测量系统增量编码器相连接的 9 芯 D 型插座（针）RS232 接口的引脚分配（X2）如表 4-11 所示。

表 4-11 RS232 接口的引脚分配（X2）

引脚	信号	型号	引脚	信号	型号
1	n.c.		6	DSR	I
2	RxD	I	7	RTS	O
3	TxD	O	8	CTS	I
4	DTR	O	9		
5	M	V0			

表中各符号含义如下：

RxD：数据接收；TxD：数据发送；RTS：发送请求；CTS：发送使能；DTR：备用输出；DSR：备用输入；M：接地；I：输入；O：输出；V0：电压输出。

采用 WinPCIN 电缆连接主轴测量系统增量编码器和 802C base line CNC，其 D 型插座的引脚分配见表 4-12。

表 4-12 D 型插座的引脚分配

9芯	名　称	25芯	9芯	名　称	25芯
1	屏蔽	1	1	屏蔽	1
2	RxD	2	2	RxD	3
3	TxD	3	3	TxD	2
4	DTR	6	4	DTR	6
5	M	7	5	M	5
6	DSR	20	6	DSR	4
7	RTS	5	7	RTS	8
8	CTS	4	8	CTS	7
9			9		

主轴测量系统的连接方法如图 4-30 所示。

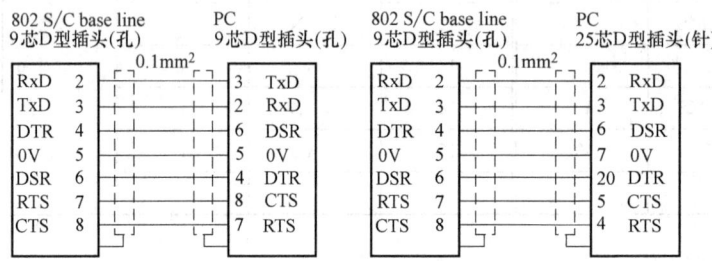

图 4-30 主轴测量系统的连接方法

3. 手轮的连接（X10）

手轮用 10 芯端子通过 X10 接口与 CNC 相连接，CNC 侧 X10 引脚分配见表 4-13。

表 4-13 CNC 侧 X10 引脚分配

X10		
引　脚	信　号	型　号
1	A1	I
2	A1_N	I
3	B1	I
4	B1_N	I
5	P5_MS	V0
6	M5_MS	V0
7	A2	I
8	A2_N	I
9	B2	I
10	B2_N	I

表中符号含义如下：

A1、A1_N：信号 A 的基本信号和取反信号（手轮 1）；B1、B1_N：信号 B 的基本信号和取反信号（手轮 1）；A2、A2_N：信号 A 的基本信号和取反信号（手轮 2）；B2、B2_N：信号 B 的基本信号和取反信号（手轮 2）；P5_MS：用于手轮的 5.2V 电源电压；M5_MS：电源接地；V0：电压输出；I：输入（5V 信号）。

手轮动作信号通过 5V TTL 电平或 RS422 方波信号传输到 CNC 中，手轮侧的 X10 引脚分配见表 4-14。

表 4-14　手轮侧 X10 引脚分配

引　脚	信　号	说　明	引　脚	信　号	说　明
1	A1＋	手轮 1A 相＋	6	GND	地
2	A1－	手轮 1A 相－	7	A2＋	手轮 1A 相＋
3	B1＋	手轮 1B 相＋	8	A2－	手轮 1A 相＋
4	B1－	手轮 1B 相－	9	B2＋	手轮 1A 相＋
5	P5V	＋5Vdc	10	B2－	手轮 1A 相＋

手轮信号最大输出频率为 500kHz，信号 A 与 B 相位差为 90°±30°，使用 5V 电源，最大电流为 250mA。

4. BERO 与 NC-READY 的连接（X20）

BERO 与 NC-READY 的连接采用 10 芯接线端子，插座 X20 引脚分配见表 4-15。

表中符号含义如下：

NCRDY_1、NCRDY_2：NC 准备好触点，DC150V 或 AC125V 时最大电流为 2A；I0/BERO1、I1/BERO2、I2/BERO3、I3/BERO4、I4/MEPU1、I5/MEPU2：快速数字输入 0、1、2、3、4、5；L－：S 数字输入的参考电位。

表 4-15　X20 引脚分配表

X20		
引　脚	信　号	类　型
11	NCRDY_1	K
12	NCRDY_2	K
13	I0/BERO1	DI
14	I1/BERO2	DI
15	I2/BERO3	DI
16	I3/BERO4	DI
17	I4/MEPU1	未定义
18	I5/MEPU2	未定义
19	L－	VI
20	L－	VI

BERO 的 4 个输入端为 24V P 开关，用于连接感应接近开关（BERO）或非触点传感器。可用于参考点的开关，如 BERO1：X 轴，BERO2：Z 轴。

NC 内部的继电器 NC-READY 如图 4-31 所示，它可以接入急停电路，当 NC 未准备好时，它的触点将断开，反之则闭合。NC-READY 直流开关电压为 50V，开关电流为 1A，开关功率为 30VA。

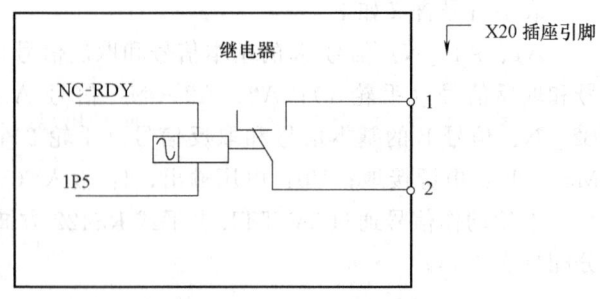

图 4-31　NC 内部的继电器 NC-READY

5. 数字输入端的连接（X100～X105）

数字输入接口插座 X100～X105 和 IN 采用 10 芯接线端子插座，其引脚分配见表 4-16。

表 4-16　X100～X105X 引脚分配表

引脚	信号	类型	引脚	信号	类型
\multicolumn{3}{c}{X100}	\multicolumn{3}{c}{X103}
1	n. c.		1	n. c.	
2	DI0	DI	2	DI24	DI
3	DI1	DI	3	DI25	DI
4	DI2	DI	4	DI26	DI
5	DI3	DI	5	DI27	DI
6	DI4	DI	6	DI28	DI
7	DI5	DI	7	DI29	DI
8	DI6	DI	8	DI30	DI
9	DI7	DI	9	DI31	DI
10	M	VI	10	M	VI
\multicolumn{3}{c}{X101}	\multicolumn{3}{c}{X104}
1	n. c.		1	n. c.	
2	DI8	DI	2	DI32	DI
3	DI9	DI	3	DI33	DI
4	DI10	DI	4	DI34	DI
5	DI11	DI	5	DI35	DI
6	DI12	DI	6	DI36	DI
7	DI13	DI	7	DI37	DI
8	DI14	DI	8	DI38	DI
9	DI15	DI	9	DI39	DI
10	M	VI	10	M	VI

(续)

引脚	X102 信号	类型		引脚	X105 信号	类型
1	n.c.			1	n.c.	
2	DI16	DI		2	DI40	DI
3	DI17	DI		3	DI41	DI
4	DI18	DI		4	DI42	DI
5	DI19	DI		5	DI43	DI
6	DI20	DI		6	DI44	DI
7	DI21	DI		7	DI45	DI
8	DI22	DI		8	DI46	DI
9	DI23	DI		9	DI47	DI
10	M	VI		10	M	VI

表中 DI0～DI47 为 24V 数字输入端，VI 为电压输入，DI 为 24V 信号输入。

6. 数字输出端的连接（X200、X201）

数字输出接口插座 X200、X201 采用 10 芯接线端子插座，其引脚分配见表 4-17。

表 4-17 插座引脚分配

引脚	X200 信号	类型		引脚	X201 信号	类型
1	1P24	VI		1	2P24	VI
2	DO0/CW	O		2	DO8	O
3	DO1/CCW	O		3	DO9	O
4	DO2	O		4	DO10	O
5	DO3	O		5	DO11	O
6	DO4	O		6	DO12	O
7	DO5	O		7	DO13	O
8	DO6	O		8	DO14	O
9	DO7	O		9	DO15	O
10	M	VI		10	M	VI

表中 DO0～DO15 为数字输出口 0～15，最大电流 500mA。DO0/CW 表示数字输出 0/单极主轴，顺时针方向，最大电流 500mA；DO1/CCW 表示数字输出 1/单极主轴，逆时针方向，最大电流 500mA。1P24、M 为数字输出口 0～7 供电；2P24、M 为数字输出口 8～15 供电。

7. CNC 电源（X1）

供给 CNC 的 DC24V 负载电源接到接线端子 X1 上，24V 直流电作为低压电源必须具有可靠的电隔离特性，其电气参数见表 4-18。CNC 一侧的 X1 端子中 PE 接零线、M 接地、P24 接 DC24V 电源。

表 4-18　负载电源电气参数

参　数	最 小 值	最 大 值	单　位	条　件
电压平均值	20.4	28.8	V	
波动性		3.6	VSS	
非周期性过电压		35	V	50ms 持续时间，50s 恢复时间
额定消耗电流		1.5	A	
启动电流		4	A	

项目 3　SINUMERIK 802C 系统的调试

教学目标：学习 SIEMENS 数控装置的调试方法，掌握一般调试过程，并通过实训进一步提升实际操作能力。

思考与练习：在规定时间内完成该系统的调试，并进行试车。

SINUMERIK 802C base line 数控系统开机调试的基本步骤如下：

1) 检查 CNC 引导情况。
2) PLC 调试。
3) 设置技术数据。
4) 设置通用机床数据。
5) 设置坐标轴/机床专用的机床数据：坐标轴/主轴编码器匹配；坐标轴/主轴给定值设定。
6) 测试坐标轴/主轴的空运行情况。
7) 驱动优化调整。
8) 调试完成，数据保护。

1. 上电和系统引导

在通电前先目测检查机械结构安装是否正确，电路连接是否可靠，电源供应是否连续，屏蔽和接地线是否连接。确认上述各项正确后，打开电源开关，给系统通电。

CNC 调试开关 S3（硬件）用于支持系统的开机调试，可用螺钉旋具调节开关位置。各位置的含义见表 4-19。调试开关位置设置后再次通电时才生效，并在系统引导时显示。

表 4-19　调试开关位置的含义

位　置	含　义
0	正常引导
1	用标准机床数据引导（软件版本设定用户数据）
2	系统软件升级
3	用备份数据引导
4	PLC 停止

(续)

位　　置	含　　义
5	保留
6	给定
7	给定

除了使用 S3 完成 CNC 调试外，也可以在【诊断】→【开机】→【调试】→【调试开关】菜单下完成正常引导（相当于调试开关＝0）、用标准机床数据引导（相当于调试开关＝1）、用备份数据引导（相当于调试开关＝3）等调试，而且软件调试开关的优先级高于硬件调试开关。

系统第一次开机时会自动产生一个初始状态，所有的存储初始化，以存储器中所存储的标准值作为初始值。

正常引导（调试开关＝0）时，如果用户数据已经存在而且引导没有出错，则系统在 JOG 运行方式下回参考点，黄灯闪烁。如果用户存储器中的数据有错，备份的用户数据将从永久存储器装载到用户存储器中；当永久存储器中没有有效的用户数据存在，则装载标准数据。所有非正常引导状况将在屏幕上显示。

用标准机床数据引导（调试开关＝1）时，把标准机床数据从永久存储器装载到用户存储器中。

用备份的用户数据引导（调试开关＝3）时，把永久存储器中备份的用户数据装载到用户存储器中。

2. PLC 调试

PLC 是一个用于数控机床的可存储、可编程的逻辑控制器，它在 SINUMERIK 802C base line 控制系统中没有独立硬件，其任务是控制机床相关功能的顺序。

PLC 循环执行用户程序，并按与刷新处理映象（输入、输出、用户接口、定时器）相同的指令顺序处理通信（操作面板、PLC802 编程工具），执行用户程序，处理报警，输出处理映象（输出、用户接口）。

（1）PLC 的初始运行　在 SINUMERIK 802 C base line 工具盒的 "PLC 802 C base line 库"中存储有用于控制器组装后的第一次控制功能测试的模拟程序，是 802 C base line 完整系统硬件的一部分。在没有数字输入/输出模块的情况下，模拟程序能使控制系统工作，处理所有定义的键和轴键盘的预定键。进给轴和主轴切换到模拟状态后，不执行实际轴运动，每个进给轴/主轴的使能信号都置于禁止状态，使用户可利用该程序测试系统各部件的内部关系。

PLC 初始运行时置 MD20700 为零，按下【诊断】→【调试开关】→【PLC】键选择模拟，通过【诊断】→【维修信息】→【版本/PLC 应用】进行检查。

另外，控制系统带有一个通用的用户程序，可以通过设定 PLC 机床数据，选择加工类型（车床或铣床）。

（2）PLC 的启动方式　PLC 有两种启动方式，见表 4-20。

表 4-20　PLC 启动菜单

启动方式	调试开关	操作面板调试菜单	PLC 程序选择	程序状态	记忆数据（备份）	PLC 用户接口相关的 MD
CNC 启动*	正常通电位置 0	正常通电	用户程序	运行	未变化	原有 PLC MD 值有效
	用默认值通电位置 1	用默认值通电	用户程序	运行	删除	标准的 PLC MD
	用备份数据通电位置 3	用备份数据通电	用户程序	运行	未变化	保存的 PLC MD
	通电后 PLC 停止位置 4		未变化	停止	未变化	原有 PLC MD 值有效
PLC 启动**		再启动	来自 FLASH 存储器的用户程序	运行	未变化	原有 PLC MD 值有效
		再启动和排故方式	来自 FLASH 存储器的用户程序	停止	未变化	原有 PLC MD 值有效
		带模拟的再启动	模拟程序	运行	未变化	原有 PLC MD 值有效
		总复位	来自 FLASH 存储器的用户程序	运行	删除	原有 PLC MD 值有效
		总复位和排故方式	来自 FLASH 存储器的用户程序	停止	删除	原有 PLC MD 值有效

表中 * 表示按【诊断】→【调试】→【调试开关】→【CNC】键操作；** 表示按【诊断】→【调试】→【调试开关】→【PLC】键操作。

无论控制系统处于工作状态还是通电状态，调试开关都可使 PLC 停止。无论是由软件还是由硬件调试开关设定的通电方式，仅在下一次通电后才生效。硬件调试开关置于"PLC 停"（位置 4）后会立即生效，而通过操作面板按键设定的通电方式的优先级高于硬件调试开关的优先级。

3. 初始化调试

SINUMERIK 802 C 系统通电并自动装载标准机床数据的过程称为系统初始化。

（1）输入通用机床数据　通用机床数据的种类很多，在此仅讲解几个最重要的机床数据，机床数据和接口信号的详细说明可参阅调试说明书中的功能描述。

在输入机床数据之前，必须输入一个保护级别为 2 或 3 的密码才能进行输入操作。通用机床数据、轴数据、其他机床数据和显示机床数据可以通过按键选择并加以修改。机床数据在输入后立即被写到数据存储器中，而何时生效则取决于机床数据的"生效性能"级别，所以必须要对其进行数据保护。常见的机床数据见表 4-21。

表 4-21　常见的机床数据

序号	说明	默认值	序号	说明	默认值
10074	PLC 运行占用时间系数	2	11200	下次通电时装载标准机床参数	0H
11100	辅助功能组中辅助功能个数	1	11210	仅备份修改的机床数据	0FH

（续）

序 号	说 明	默 认 值	序 号	说 明	默 认 值
11310	手轮方向变换门槛值	2	22030	辅助功能组（通道中辅助功能号）：0～49	0
20210	TRC（刀尖半径补偿）补偿语句最大值	100	22550	用于 M 功能的新刀具补偿	0
20700	不回参考点禁止 NC 启动	1	41110	JOG 方式进给率	0
21000	圆弧终点监控常数	0.01	41200	主轴速度	0
11320	手轮每个刻度脉冲数（手轮号）：0～1	1	42000	起始角度	0
22000	辅助功能组（通道中辅助功能号）：0～49	1	42100	空运转进给率	5000
22010	辅助功能类型（通道中辅助功能号）：0～49	0			

（2）坐标轴调试 SINUMERIK 802C 带有 3 个步进电动机进给轴（X，Y 和 Z），而伺服电动机驱动信号在插座 X7 的输出分配为：X 轴（SW1，BS1，RF1.1，RF1.2）；Y 轴（SW2，BS2，RF21，R2.2）；Z 轴（SW3，BS3，RF3.1，R3.2）；主轴（SW4，RF4.1，RF4.2）。

通过改变坐标轴机床参数 MD30130_CTRLOUT_TYPE 和 30240_ENC_TYPE 的值可以使给定值输出和编码器输入在模拟和步进驱动之间进行转换。两机床参数值设置为 0 时，坐标轴模拟运行，实际值将回馈，在接口 X7 无给定值输出；若两机床参数值设置为 2 时，坐标轴正常工作，用于伺服电动机运转的给定值信号将从 X7 接口输出，可由伺服电动机带动实际轴运动。

（3）用于步进电动机坐标轴的机床数据默认值 表 4-22 中列出了各个机床数据的默认值（用于模拟运行）以及连接了步进电动机以后建议设定的给定值。这些机床数据设定以后，只需要对机床数据再进行很少的调整工作，步进电动机就处于可运行状态。

表 4-22 用于步进电动机坐标轴的机床数据默认值

序 号	说 明	默 认 值	设置或备注
30130	给定值输出类型（输出去向）：0	0	1
30240	实际值类型（实际位置值）（编码器号） 0：模拟 2：外部编码器	0	2
31020	每转编码器线数（编码器号）	2048	每转编码器步数
31030	丝杠螺距	10	丝杠螺距
31050	齿轮箱传动比分母（控制参数号）：0～5	1	负载与齿轮箱解算器比
31060	齿轮箱传动比分子（控制参数号）：0～5	1	负载与齿轮箱解算器比（MD31060：MD：31050）
32000	最大轴速率	10000	30000（最大轴速率）
32100	进给方向（非控制方向）	0	反方向移动
32110	实际值方向（控制方向）（编码器号）	0	反向测量系统

(续)

序　号	说　明	默　认　值	设置或备注
32200	伺服增益系数（控制参数组号）：0～5	1.0	1.0（控位器增益）
32250	额定输出电压	80%	MD32260中定义的速度达到8V给定值
32260	电动机额定转速（输出去向）：0	3000	电动机速度
34070	参考点定位速率	300	定位速率
34200	位置测量系统类型 1：零脉冲（编码器给出）	1	零脉冲
36200	速度监控门槛值（控制参数组号）：0～5	11500	速度监控极限值
		0.013889	主轴速度监控极限值

为了解决监控问题还需要设置以下机床数据，见表4-23。

表4-23　监控问题设置

序　号	说　明	默　认　值	设定值/备注
36000	粗准确定位	0.04	粗准确停止
36010	粗准确定位	0.01	精准确停止
36020	精准确定位延时	1.0	定位迟延时间
36060	坐标轴/主轴最大停止速度	5.0	坐标轴停止速度门槛值
		0.013889	主轴停止速度门槛值

4. 主轴调试

在SINUMERIK 802C中，主轴功能是整个坐标轴功能的一个部分，主轴机床数据可以在坐标轴的机床数据中（自MD35000起）查找，在主轴调试时同样要输入机床数据。

在SINUMERIK 802C base line中，第四轴（Sp）被定义为主轴，在标准机床数据中包含对第四轴（Sp）主轴进行调试。主轴给定值（±10V电压模拟量）通过插座X7送出，主轴测量系统连到插座X6。

（1）模拟/主轴运行　通过设定机床数据MD30130_CTRLOUT_TYPE值可以把给定值输出在模拟和主轴运行之间进行转换。当MD30130和MD30240值设定为0时，用于对主轴进行测试，在内部主轴给定值作为实际值返回，不输出到插座X7。当MD30130设定为1或者MD30240设定为2时，主轴正常运行，给定值输出到插座X7，可以使主轴真正运行。

（2）主轴运行方式　主轴具有控制运行（M3，M4，M5）、摆动运行（附注齿轮换挡）和定位运行（SPOS）等3种方式，相应的主轴数据见表4-24。

表4-24　主　轴　数　据

序　号	说　明	默　认　值
30130	设定值输出类型（输出方向）：0	0
30134	单极主轴设定	0
30200	编码器数量	1

(续)

序　号	说　明	默　认　值
30240	实际值类型（实际位置值）（编码器号）0：模拟 2：方波发生器，标准编码器（脉冲累加）	0
30350	模拟轴信号输出	0
31020	每转编码器线数（编码器号）	2048
31030	丝杠螺距	10
31040	编码器直接安装在机床主轴上（编码器号）	0
31050	齿轮箱分母（控制参数号）：0～5	1
31060	齿轮箱分子（控制参数号）：0～5	1
31070	减速箱解算器分母（编码器号）	1
31080	减速箱解算器分子（编码器号）	1
32100	进给方向（非控制方向）	1
32110	实际值符号（控制方向）（编码器号）	1
32200	伺服增益系数（控制参数组号）：0～5	1
32250	额定输出电压	80
32260	电动机额定转速（输出方向）：0	3000
32700	螺距补偿使能（编码器号）：0，1	0
33050	PLC 移动距离	100000000
35010	主轴有几个齿轮级可以进行换挡	0
35040	复位后主轴有效	0
35100	最大主轴速度	10000
35110	齿轮换挡最大速度（齿轮级号）：0～5	500
35120	齿轮换挡最小速度（齿轮级号）：0～5	50
35130	齿轮级最大速度（齿轮级号）：0～5	500
35140	齿轮级最小速度（齿轮级号）：0～5	5
35150	主轴速度差	0.1
35160	PLC 限制主轴速度	1000
35220	速度转折点	1.0
35230	速度衰减系数	0.0
35300	位置控制接通速度	500
35350	定位时旋转方向	3
35400	主轴摆动速度	500
35410	主轴摆动加速度	16
35430	主轴摆动开始时方向	0
35440	主轴摆动时正转时间	1
35450	主轴摆动时反转时间	0.5
35510	主轴停止时进给率使能	0

(续)

序号	说明	默认值
36000 for SPOS only	粗准-定位	0.04
36010 for SPOS only	粗准-定位	0.01
36020 for SPOS only	精准-定位延时	1
36030 for SPOS only	零速度误差	0.2
36040 for SPOS only	零速度监控延时	0.4
36050 for SPOS only	夹紧误差	0.5
36060 for SPOS only	坐标轴/主轴最大停止速度	0.0138
36200	最大主轴监控速度（控制参数组号）：0～5	3194
36300	编码器极限频率	300000
36302	编码器再次接通时编码器极限频率（磁滞）	99.9
36310	零标记监控编码器号：0，1。0：零标记监控关；编码器开。1～99，＞100：监控室识别的零标记出错。100：零标记监控关，编码器硬件监控关	0
36610	出错状态时减速斜坡持续时间	0.05
36620	伺服使能断开延时	0.1
36700	自动漂移补偿	1
36710	自动漂移补偿漂移极限值	1
36720	漂移基准值	0

设定主轴数据，当 43210 设定为 0 时，可编程的主轴速度极限值为 G25；43220 设定为 1000 时，可编程的主轴速度极限值为 G26；43230 设定为 100 时，可编程的主轴速度极限值为 G96。

5. 调试结束

系统调试结束以后，机床生产厂家在给最终用户发货之前必须完成以下工作：

1）把用于保护级 2 的默认值"EVENING"更改为自己的密码。如果在调试过程中，机床生产厂家使用了保护级 2 的密码"EVENING"，则必须要对此进行修改。操作步骤为：按软键【修改口令】→输入新的密码，按【确认】，并在机床资料中说明此密码。

2）保护级复位。为了保护调试时所设定的数据，必须进行内部数据保护，调到保护级 7（最终用户），否则在进行数据保护时会把保护级 2 也一起保护起来。操作步骤为：按软键【关闭口令】→【复位保护级】。

3）进行内部数据保护。按软键【数据存储】即可完成。

项目 4 SINUMERIK 802C 系统故障诊断与排除

教学目标：掌握通过显示屏完成常见故障诊断的一般方法，能够排除大多数软件与程序故障。

思考与练习：SINUMERIK 802C 系统最容易发生的故障是什么？如何排除？

1. 引导时的故障报警

在引导阶段出现故障时，将在显示屏幕上显示故障代码，见表 4-25。同时，以 LED ERR 灯中 ERR 灯闪烁、DIA 灯不亮表示，如图 4-32 所示。

表 4-25 引导阶段故障代码

报 警 信 息	排 除 方 法
ERROR EXCEPTION	
ERROR DRAM	
ERROR BOOT	
ERROR NO BOOT2	（1）控制系统关电后再通电
ERROR NO SYSTEM	（2）拨打维修热线电话
ERROR LOAD NC NO SYSTEM LOADER	（3）进行软件更新
ERROR LOAD NC HECKSUM-ERROR	（4）更换硬件
ERROR LOAD NC DECOMPRESS-ERROR	
ERROR LOAD NC INTERNAL _ ERROR1	

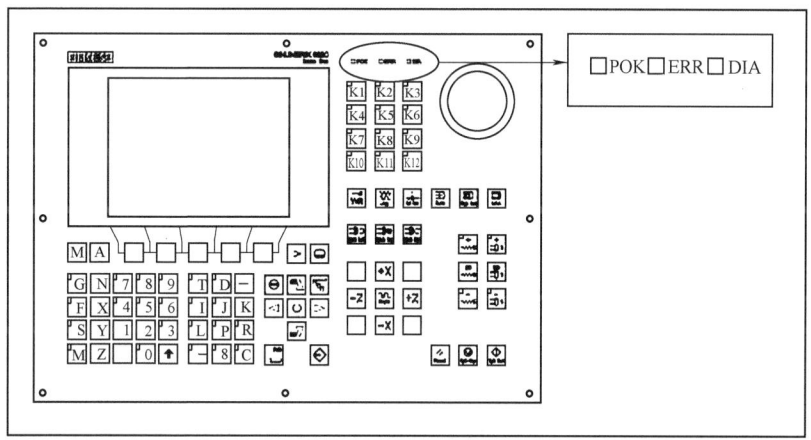

图 4-32 LED 故障报警灯显示

2. PLC 报警

802C 控制系统最多能显示 8 个 PLC 报警。PLC 在每个工作循环中都处理报警信息，并根据其出现的时间顺序保存在报警表中。如果多于 8 个报警存在，则按时间顺序显示 7 个报警，第 8 个报警则是选择剩余报警中优先级最高的。

PLC 报警响应不考虑生效的报警数，PLC 触发哪个报警仅取决于该报警的响应类型。

3. 系统显示屏不显示，不能启动

按下列顺序操作，以排除故障。

1) 检查外网三相电源是否正常，有没有缺相现象，电源开关是否跳闸。

2) 检查+24V 开关电源输出是否正常。

3）检查系统连接线有没有松动或断开现象。

4）检查系统熔断器是否烧坏。

5）若以上都正常则请与系统生产厂家联系维修。

4. 开机屏幕显示 70000、30000 报警（802S）

检查屏幕是否缺少 Y 轴，使铣床版本变成车床版本。使用系统中的存储上电功能启动对机床数据进行恢复，或重新安装机床备份数据。

5. 操作面板上移动倍率开关不起作用（802S）

检查功能参数是否设置正确；检查面板，检查倍率开关是否因没上紧（松动）而造成拨动开关的转动销脱落，若脱落则重新安装好转动销，上紧开关后即可正常运行。

进给伺服驱动系统

模块1　进给伺服驱动系统的组成与功能

项目1　初识进给伺服驱动系统

教　学　目　标：了解进给伺服驱动系统的工作原理，以及进给驱动系统的发展与演变过程，掌握进给伺服驱动系统的选型方法。

思考与练习：请以龙门铣床为例，说明进给伺服驱动系统是如何工作的。

数控机床进给伺服驱动系统是以机床移动部件的位置和速度为控制量，接受来自插补装置或插补软件生成的进给脉冲指令，经过一定的信号变换、电压和功率放大、检测反馈，最终实现机床工作台相对于刀具运动的控制系统。进给伺服驱动系统结构框图如图5-1所示。

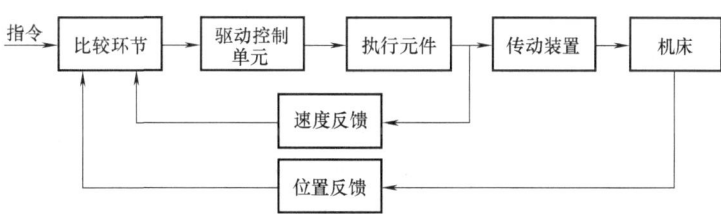

图5-1　进给伺服驱动系统结构框图

数控装置根据输入的程序指令及数据，经插补运算后得到位置控制指令，位置检测装置将机床移动部件的实际位置信号反馈给数控装置，构成全闭环或半闭环的位置控制。在比较环节完成位置比较后，数控装置输出速度控制指令至各坐标轴的驱动控制单元，驱动执行元件（伺服电动机）和传动装置（滚珠丝杠螺母副）实现机床的进给运动。伺服电动机检测装置将转速信号反馈至数控装置，与速度控制指令比较，构成速度反馈控制。因此，进给伺服驱动系统实际上是外环为位置环、内环为速度环的控制系统。对进给伺服系统的维护及故障诊断也将落实到位置环和速度环上。组成这两个环的硬件主要有：用于位置检测的光栅、光电编码器、感应同步器、旋转变压器、磁栅等；用于速度检测的测速发电动机或光电编码器等。

数控机床进给伺服驱动对位置精度、快速响应特性、调速范围等有较高的要求，实现进给伺服驱动的电动机主要有步进电动机、直流伺服电动机和交流伺服电动机三种。目前，步进电动机只适用于经济型数控机床，直流伺服电动机在我国正广泛使用，交流伺服电动机作为比较理想的驱动元件已成为进给伺服驱动电动机的发展趋势。

1. 步进进给伺服驱动系统

步进进给伺服驱动系统是一种用脉冲信号进行控制，并将脉冲信号转换成相应的角位移的控制系统。其角位移与脉冲数成正比，转速与脉冲频率成正比，通过改变脉冲频率可调节电动机的转速。如果停机后某些绕组仍保持通电状态，则系统还具有自锁能力。步进电动机每转一周都有固定的步数，如 500、1000、50000 等，从理论上讲其步距误差不会累计。

步进伺服结构简单，符合系统数字化发展需要，但精度差、能耗高、速度低，且其功率越大移动速度越低。特别是步进伺服易于失步，故主要用于速度与精度要求不高的经济型数控机床及旧设备改造。但近年发展起来的恒斩波驱动、PWM 驱动、微步驱动、超微步驱动和混合伺服技术，使得步进电动机的高、低频特性得到了很大的提高。随着智能超微步驱动技术的发展，步进伺服驱动系统的性能将提高到一个新的水平。

2. 直流进给伺服驱动系统

直流进给伺服驱动系统的工作原理是建立在电磁力定律基础上的，与电磁转矩相关的是互相独立的两个变量：主磁通与电枢电流，它们分别控制励磁电流与电枢电流，可方便地进行转矩与转速控制。从控制角度看，直流伺服的控制是一个单输入单输出的单变量控制系统，经典控制理论完全适用于这种系统，因此，直流进给伺服系统控制简单、调速性能优异，在数控机床的进给伺服驱动中曾占据着主导地位。

从实际运行考虑，直流伺服电动机引入了机械换向装置，其成本高、故障多、维护困难，经常因碳刷产生的火花而影响生产，并会对其他设备产生电磁干扰。同时，机械换向器的换向能力限制了电动机的容量和速度。电动机的电枢在转子上，使得电动机效率低，散热差。为了改善换向能力，减小电枢的漏感，转子变得短粗，但同时影响了系统的动态性能。

3. 交流进给伺服驱动系统

针对直流电动机的缺陷，如果将其做"里翻外"的处理，即把电枢绕组装在定子上，转子为永磁部件，由转子轴上的编码器测出磁极位置，就构成了永磁无刷电动机。随着矢量控制方法的实用化，使交流伺服系统具有良好的伺服特性，其宽调速范围、高稳速精度、快速动态响应及四象限运行等良好的技术性能，使其动、静态特性已完全可与直流伺服系统相媲美。另外，交流伺服可实现弱磁高速控制，拓宽了系统的调速范围，适应了高性能伺服驱动的要求。

目前，在机床进给伺服中采用的主要是永磁同步交流伺服系统，有模拟、数字和软件控制三种类型。模拟伺服用途单一，只接收模拟信号，位置控制通常由上位机实现。数字伺服可实现一机多用，如速度、力矩、位置控制，可接收模拟指令和脉冲指令，各种参数均以数字方式设定，稳定性好，具有较丰富的自诊断、报警功能。软件伺服是基于微处理器的全数字伺服系统，其将各种控制方式和不同规格、功率的伺服电动机的监控程序以软件实现。使用时可由用户设定代码与相关的数据即自动进入工作状态。软件伺服配有数字接口，改变工作方式、更换电动机规格时，只需重设代码即可，故也称万能伺服。

交流伺服已占据了机床进给伺服的主导地位，并随着新技术的发展而不断完善，具体体现在三个方面：一是系统功率驱动装置中的电力电子器件不断向高频化方向发展，智能化功率模块得到普及与应用；二是基于微处理器嵌入式平台技术的成熟，将促进先进控制算法的应用；三是网络化制造模式的推广及现场总线技术的成熟，将使基于网络的伺服控制成为可能。

数控机床进给伺服系统当采用不同的驱动元件时，其进给伺服传动机构也会有所不同，电动机与滚珠丝杠的连接主要有齿轮传动、同步带传动和直连传动三种。

1. 带有齿轮传动的进给伺服运动

数控机床可以在机械进给伺服装置中通过齿轮传动进行减速，如图 5-2a 所示。齿轮在制造中不可能达到理想齿面形状，需要有一定的齿侧间隙才能正常工作，但会造成进给伺服系统的反向失动量。对闭环系统来说，齿侧间隙会影响系统的稳定性。因此，齿轮传动副通常需采用消除措施尽量减小齿轮侧隙。

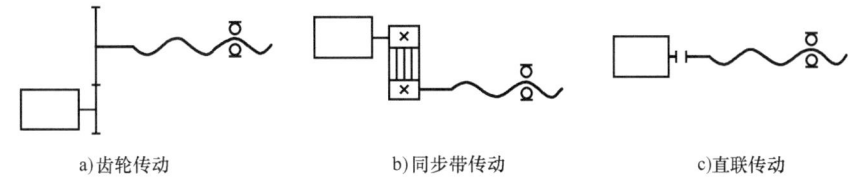

a) 齿轮传动　　　　b) 同步带传动　　　　c) 直联传动

图 5-2　电动机与滚珠丝杠间的连接形式

2. 同步带轮传动的进给伺服运动

如图 5-2b 所示，这种连接形式的机械结构比较简单。同步带传动综合了带传动和齿轮传动的优点，可以避免齿轮传动时引起的振动和噪声，但只能适于低转矩特性要求的场所。安装时中心距要求严格，且同步带与带轮的制造工艺复杂。

3. 电动机通过联轴器直接与滚珠丝杠连接

如图 5-2c 所示，该结构通常在电动机轴与滚珠丝杠之间采用锥环无键连接或高精度十字联轴器连接，进给伺服传动系统具有较高的传动精度和传动刚度，并大大简化了机械结构。在加工中心和精度较高的数控机床的进给伺服运动中，普遍采用这种连接形式。

项目 2　典型进给伺服驱动系统的组成

教 学 目 标：了解典型进给伺服驱动系统的基本组成，以及常用功能部件的性能和特点，能够根据进给系统的要求设计相应的进给系统。

思考与练习：请自拟一种数控车床的加工要求，绘制进给系统基本组成图（自行给定参数，但要符合实际系统的真实情况）。

数控机床的进给伺服系统一般由驱动控制单元、驱动单元、机械传动部件、执行机构和检测反馈环节等组成。驱动控制单元和驱动单元组成伺服驱动组件（装置），机械传动部件和执行机构组成机械传动组件（装置），检测元件和反馈电路组成检测组件（装置）。

数控机床进给伺服系统按照对被控制量有无检测反馈装置可以分为开环和闭环两种。在闭环系统中，根据测量装置的安装位置又可以将其分为全闭环和半闭环两种。在开环系统的基础上，还发展了一种开环补偿型系统。不同类型的系统，其结构组成和性能特点各不相同。

1. 开环控制系统

在开环控制系统中，机床没有检测装置，如图 5-3 所示。数控装置发出信号的流程是单向的，对机床移动部件的实际位置不作检验，所以机床加工精度不高，其精度主要取决于伺服系统的性能。其工作过程是：输入的数据经过数控装置运算发出指令脉冲，通过伺服驱动组件（通常为步进电动机）使被控工作台移动。

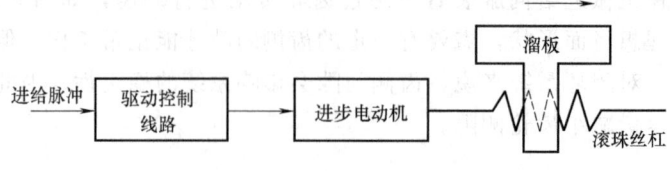

图 5-3　开环控制系统框图

开环控制的机床工作比较稳定、反应迅速、调试方便、维修简单。但控制精度受到限制，只适用于一般要求的中、小型数控机床。

开环控制系统通常采用步进电动机作为驱动组件，主要由步进电动机驱动控制线路和步进电动机两部分组成。步进电动机驱动控制线路将具有一定频率、一定数量和方向的进给脉冲转换成控制步进电动机各相定子绕组通断电的电平信号。电平信号的变化频率、变化次数和通断电顺序与进给指令脉冲的频率、数量和方向对应。为了能够实现该功能，一个较完整的步进电动机的驱动控制线路应包括脉冲混合电路、加减脉冲分配电路、加减速电路、环形分配器和功率放大器，如图 5-4 所示。

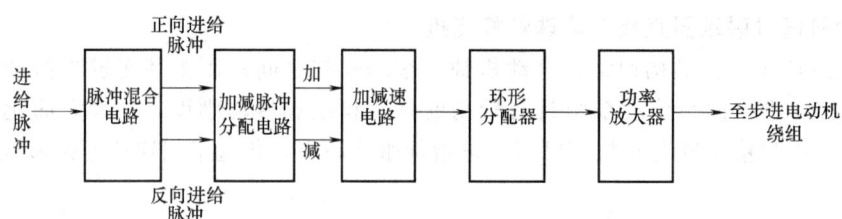

图 5-4　步进电动机驱动控制线路框图

驱动控制线路应能接收和处理各种类型的进给指令控制信号，如自动进给信号、手动信号和补偿信号等。脉冲混合电路、加减脉冲分配电路、加减速电路和环形分配器可用硬件线路来实现，也可用软件来实现。

驱动控制线路接收来自数控机床控制系统的进给脉冲信号（指令信号），并把此信号转换为控制步进电动机各相定子绕组依此通电、断电的信号，使步进电动机运转。步进电动机的转子与机床滚珠丝杠连在一起，转子带动滚珠丝杠转动，并通过滚珠丝杠螺母副将丝杠的转动转换成螺母的直线运动，带动与螺母联接的数控工作台移动。

（1）工作台位移量的控制　数控机床控制装置发出的进给脉冲数量，经驱动控制线路转变成控制步进电动机定子绕组通电、断电的电平信号变化次数，使步进电动机定子绕组的通电状态不断变化。由步进电动机工作原理可知，定子绕组通电状态的变化次数决定了步进电动机的角位移（步距角）。该角位移经滚珠丝杠螺母副之后转变为工作台的位移量。工作台位移量的控制过程为：进给脉冲的数量→定子绕组通电状态变化次数→步进电动机的转角→工作台位移量。

（2）工作台进给速度的控制　数控机床控制装置发出的进给脉冲频率，经驱动控制线路之后表现为控制步进电动机定子绕组通电、断电的电平信号变化频率，也就是定子绕组通电状态变化频率。而定子绕组通电状态的变化频率决定了步进电动机转子的转速 ω，该转子转速 ω 经滚珠丝杠螺母副转换之后，体现为工作台的进给速度 v。即进给脉冲的频率 → 定子绕组通电状态的变化频率 → 步进电动机的转速 ω → 工作台的进给速度 v。

（3）工作台运动方向的控制　当控制系统发出的进给脉冲是正向时，经驱动控制线路，使步进电动机的定子各绕组按一定的顺序依次通电、断电；当进给脉冲是负向时，驱动控制线路则使定子各绕组按与进给脉冲是正向时相反的顺序通电、断电。由步进电动机的工作原理可知，通过步进电动机定子绕组通电顺序的改变，可以实现对步进电动机正转或反转的控制，从而实现对工作台进给方向的控制。

综上所述，在开环步进式伺服系统中，输入的进给脉冲的数量、频率、方向，经驱动控制线路和步进电动机，转换为工作台的位移量、速度和方向，从而实现对位移的控制。

2. 闭环/半闭环控制数控机床

由于开环控制精度达不到精密机床和大型机床的要求，所以必须检测它的实际工作位置，为此，在开环控制数控机床上增加检测反馈装置，在加工中时刻检测机床移动部件的位置，使之和数控装置所要求的位置相符合，以期达到很高的加工精度。

闭环控制系统如图 5-5 所示，A 为速度测量元件，C 为位置测量元件。当指令值发送到位置比较电路时，如果工作台没有移动，则没有反馈量，指令值使得伺服电动机转动，通过 A 将速度反馈信号送到速度控制电路，通过 C 将工作台实际位移量反馈回去，在位置比较电路中与指令值

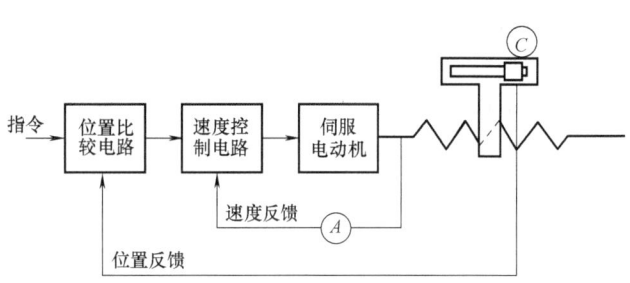

图 5-5　闭环控制系统框图

进行比较，用比较的差值进行控制，直至差值消除时为止，最终实现工作台的精确定位。这类机床的优点是精度高、速度快，但是调试和维修比较复杂。其关键是系统的稳定性，在设计时必须对稳定性给予足够的重视。

半闭环控制系统的组成如图 5-6 所示。这种控制方式对工作台的实际位置不进行检查测量，而是通过与伺服电动机有联系的测量元件，如测速发电机 A 和光电编码盘 B（或旋转变压器）等间接检测出伺服电动机的转角，推算出工作台的实际位移量，用此值与指令值进行比较，用差值来实现控制。从图 5-6 可

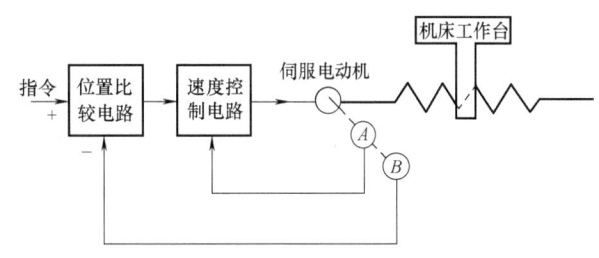

图 5-6　半闭环控制系统框图

以看出，由于工作台没有完全包括在控制回路内，因而称之为半闭环控制。这种控制方式介于开环与闭环之间，精度没有闭环高，调试却比闭环方便。

半闭环和闭环控制系统采用直流或交流伺服电动机作为驱动组件，采用内装于电动机的脉冲编码器、旋转变压器作为位置/速度检测组件来构成半闭环控制系统；采用直接安装在工作台的光栅、感应同步器作为位置检测组件，构成高精度的全闭环位置控制系统。

直流伺服电动机的控制比较简单，价格也较低，其主要缺点是电动机内部具有机械换向

装置，碳刷容易磨损，维修工作量大。运行时易起火花，使电动机的转速和功率的提高较为困难。交流伺服电动机是无刷结构，几乎不需维修，体积相对较小，有利于转速和功率的提高，目前已在逐步取代直流伺服电动机。

(1) 直流伺服电动机　数控机床伺服系统常用低惯量直流伺服电动机和脉宽调速直流力矩电动机两种。

低惯量直流伺服电动机主要为无槽电枢直流伺服电动机，其工作原理与一般直流电动机相同，伺服电动机的电枢铁心是光滑无槽的圆体，电枢绕组用环氧树脂固化成型并粘结在电枢铁心表面上，电枢的长度与外径之比在5倍以上，气隙尺寸比一般的直流电动机大10倍以上，输出功率在几十W至10kW以内，主要用于要求快速动作、功率较大的系统。

脉宽调速直流力矩电动机采用提高转矩的方法改善其动态性能，结构形式与一般直流电动机相似。通常采用他励式，采用永磁式电枢进行控制。

直流伺服电动机调速主要通过调整电枢电压的方法实现。目前使用最广泛的方法是晶体管脉宽调制器—直流电动机调速（PWM—M），具有响应快、效率高、调速范围宽、噪声污染小、简单可靠等优点。

脉宽调制器的基本工作原理是利用大功率晶体管的开关作用，将直流电压转换成一定频率的方波电压，加到直流电动机的电枢上。通过对方波脉冲宽度的控制，改变电枢的平均电压，从而调节电动机的转速，如图5-7所示。

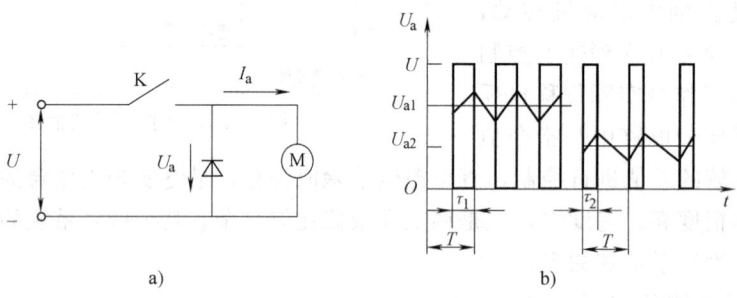

图 5-7　PWM 调速系统的电气原理

假设将图 5-7a 中的开关 K 周期地闭合与断开，开和关的周期是 T。在一个周期内，闭合的时间为 τ，断开的时间为 T-τ。若外加电源的电压 U 是常数，则电源加到电动机电枢上的电压波形将是一个方波列，其高度为 U，宽度为 τ，如图 5-7b 所示。它的平均值 U_a 为：

$$U_a = \frac{1}{T}\int_0^\tau u dt = \frac{\tau}{T}U = \delta_T U \tag{5-1}$$

式中的 δ=τ/T，称为导通率。当 T 不变时，只要连续地改变 τ（0~T），就可使电枢电压的平均值（即直流分量 U_a）由 0 连续变化至 U，从而连续地改变电动机的转速。

实际的 PWM—M 系统用大功率三极管代替开关 K，其开关频率为 2000Hz，即 T=1/2000s=0.5ms。图 5-7a 中的二极管是续流二极管，当 K 断开时，由于电枢电感 L_a 的存在，电动机的电枢电流 I_a 可通过它形成回路而流通。图 5-7a 所示的电路只能实现电动机单方向的速度调节。为使电动机实现双向调速，必须采用桥式电路，如图 5-8 所示。

(2) 交流伺服电动机　交流伺服电动机驱动是最新发展起来的新型伺服系统，克服了直流驱动系统中电动机电刷和整流子要经常维修、电动机尺寸较大和使用环境受限制等缺点。它能在较宽的调速范围内产生理想的转矩,结构简单,运行可靠,用于数控机床等进给驱动系统为精密位置控制。

交流伺服电动机的工作原理与两相异步电动机相似,在数控机床中作为执行元件将交流电信号转换为轴上的角位移或角速度,转子速度的快慢能够反映控制信号的相位。无控制信号时它不转动,当它已在转动时,如果控制信号消失则电动机立即停止转动。而普通的感应电动机转动起来以后,若控制信号消失,往往不能立即停止。

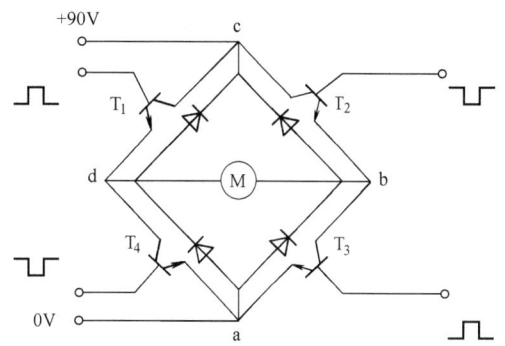

图 5-8 PWM—M 系统的主回路电气原理图

交流伺服电动机由定子和转子构成。定子上有励磁绕组和控制绕组,这两个绕组在空间相差 90°电角度。若在两相绕组上加以幅值相等、相位差 90°的对称电压,则在电动机的气隙中产生圆形的旋转磁场。若两个电压的幅值不等或相位不为 90°电角度,则产生的磁场将是一个椭圆形旋转磁场。加在控制绕组上的信号不同,产生的磁场椭圆度也不同。当负载转矩一定时,改变控制信号就可以改变磁场的椭圆度,从而控制伺服电动机的转速。交流伺服电动机的控制方式有三种:幅值控制、相位控制和幅值相位混合控制。图 5-9 所示为这三种控制方法的电气原理和矢量图。

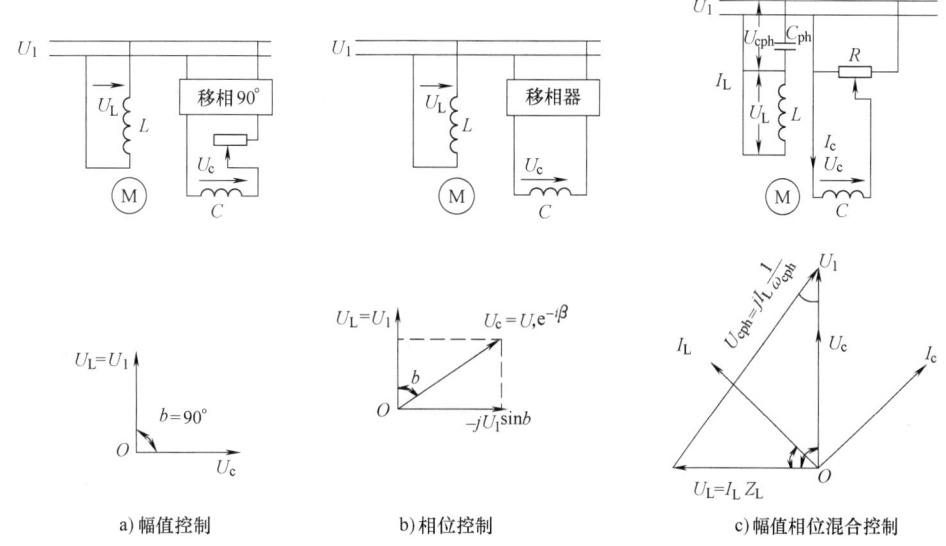

图 5-9 交流伺服电动机的控制方法

(3) 机械传动组件 进给伺服系统采用伺服电动机作为动力驱动元件,无须机械变速就可以实现进给速度的自动无级调速,机械传动结构大为简化。机械传动组件主要包括电动机与滚珠丝杠连接结构和滚珠丝杠螺母副两部分。

1) 电动机与滚珠丝杠的连接主要有齿轮传动、同步带传动和联轴器直连三种方法。

齿轮传动连接可以改变运动方向、降速、增大转矩，以适应不同丝杠螺距和不同脉冲当量的匹配。

齿轮传动有侧隙，会造成反向运动死区，必须设法消除。对于直齿轮，一般将一对齿轮中的大齿轮分成两个齿轮套装在一起，两个齿轮的同侧单面上分别均布安装四个带凸耳的螺钉，用弹簧（拉簧）将两螺钉连接起来，通过弹簧的拉力使两齿轮自然错开，两个大齿轮在传动时分别与小齿轮的齿槽的两个侧面始终保持啮合，从而达到消除侧隙的目的。通过调整弹簧的拉力来满足传动转矩的要求。

对于斜齿轮，一般将一个斜齿轮分成两个薄齿轮，在两个薄齿轮之间加垫片，改变垫片的厚度，使两个薄斜齿轮的螺旋线错位，分别与宽齿轮齿槽的两个侧面啮合，从而消除侧隙。

同步带传动是由一根内圆周表面设有等间距齿的封闭胶带和相应的带轮所组成的传动。传动时，同步带和带轮齿啮合，具有齿轮传动，链传动和带传动的优点：无相对滑动、传动平稳、均匀、无啮合间隙。由于胶带中间有金属骨架，弹性伸长很小，具有较好的传动刚度，是一种好的无隙传动，在伺服进给传动中得到广泛应用。

当齿轮或带轮与轴的连接时，也有传动间隙需要消除，可采用双键消除间隙。用紧定螺钉在键的侧面顶紧键，使键紧靠键槽，消除间隙，两个键分别传动不同旋转方向。

锥环副连接由一个带内锥的圆环和一个带外锥的圆环配对组成。连接时，将若干个锥环副安放在轴和齿轮孔之间，外锥环的孔与轴、内锥环的外圆与齿轮孔间隙配合。拧紧端盖螺钉，使端盖靠近齿轮的端面，端盖端面推动内锥环，使内、外锥环相互挤压，外锥环内孔缩小，压紧轴，内锥环外径胀大，胀紧孔，实现轴与齿轮的无键连接。

电动机与滚珠丝杠直接连接时，一般使用联轴器连接。

2）滚珠丝杠螺母副传动广泛应用于中小型数控机床的进给传动系统，在重型数控机床的短行程（6m以下）进给系统中也常被采用。

滚珠丝杠螺母副是在丝杠和螺母之间以滚珠为滚动体的螺旋传动元件，有多种结构形式。按滚珠循环方式分为外循环和内循环两大类。外循环的滚珠在循环过程中有时与丝杠脱离，制造工艺简单；径向尺寸大，刚度低，易磨损，噪声大。内循环的滚珠在循环过程中始终与丝杠接触，结构紧凑，刚性好，定位可靠，不易磨损，摩擦损失小。但滚珠丝杠结构复杂，制造困难。滚珠丝杠按螺纹轨道的截面形状分为单圆弧和双圆弧两种截形。双圆弧截形轴向刚度大于单圆弧截形，是目前普遍采用截面形式。滚珠丝杠螺母副按预加负载形式分为单螺母无预紧、单螺母变位导程预紧、单螺母加大钢球径向预紧、双螺母垫片预紧、双螺母差齿预紧、双螺母螺纹预紧等形式。数控机床上常用双螺母垫片式预紧方式，其预紧力一般为轴向载荷的 1/3。

（4）检测组件　检测组件是进给伺服驱动系统的重要组成部分，能检测执行机构或伺服电动机转子的位移和速度，并将检测到的信号反馈回伺服控制单元，构成闭环反馈。

常用于测量旋转运动的检测元件有旋转编码器（主要是光电编码器）、圆光栅、旋转变压器及旋转式感应同步器等。用于测量直线运动的反馈元件有直光栅、激光尺、直线式感应同步器和激光干涉仪等。常用检测元件的工作原理、结构组成、应用场合和主要参数见表 5-1。

表 5-1 常用检测元件一览表

	增量式编码器	绝对式编码器	光　栅	旋转变压器	旋转感应同步器
原理	利用光电原理把机械角位移变成电信号		利用光的衍射原理产生的明暗交替的莫尔条纹	利用电磁感应原理的模拟式测角器件，本质上是互感系数可变的变压器	利用电磁感应原理，两个平面形印制绕组的互感随位置不同而变化，工作原理与多极旋转变压器相似
分类	原理和结构 (1) 接触式 (2) 光电式 (3) 电磁式 反馈形式 (1) 增量式编码器 (2) 绝对式编码器 (3) 混合式编码器		材料 (1) 玻璃光栅 (2) 金属光栅 原理 (1) 透射式 (2) 反射式	(1) 正余弦：旋转变压器 (2) 线性：旋转变压器 (3) 比例式：旋转变压器	(1) 直线式 (2) 旋转式
基本组成	发光二极管、光电圆盘、遮光板、光敏元件		(1) 圆光栅：金属圆环，标尺光栅，读数头 (2) 直线光栅：标尺光栅，读数头	分为有刷和无刷两种，定子铁心与线圈，转子铁心与线圈，转子输出变压器	定尺和滑尺，绕组
特点	每产生一个输出脉冲信号就对应一个增量角位移	通过读取编码盘上的图案来表示绝对角位移	通过光敏元件测量莫尔条纹移动的数量来测量角位移	输出为模拟量	感应输出电动势为幅值不变，相位随定尺和滑尺相对变化的交流电压
优点	(1) 没有触点磨损 (2) 允许转速高、精度高 (3) 最常用，易安装 (4) 价格较绝对式便宜	(3) 可以直接读取角度坐标的绝对值，不必"寻零" (4) 位置信息不容易丢失 (5) 没有累积误差 (6) 允许的最高旋转速度比增量式高	分辨率高，易于实现数字化测量和自动控制	结构简单、坚固、耐热、耐冲击、抗干扰、信号输出幅度大、成本低	(1) 高精度高分辨率线位移和转角测量 (2) 抗干扰能力强，受外界干扰电场和空间磁场变化的影响很小，基本不受电源波动的影响 (3) 结构简单、工作可靠、使用寿命长 (4) 可以长距离位移测量 (5) 工艺性好、成本较低，便于复制和成批生产
缺点	(1) 结构复杂 (2) 价格贵 (3) 掉电后会丢失位置信息 (4) 允许的最高旋转速度不如绝对式高	(3) 单转式所能测量的轴角范围 0～360°，不适用于多转数运动控制中，多转式已有开发，但成本较高 (4) 采样处理时存在时间延迟，不适应高速控制的需要	对使用环境要求较高，使用时要求密封，须防油污、灰尘、铁屑等污染	(1) 精度低，适合中低精度角位移的测量 (2) 输出为模拟量，不能实现直接数字控制	(1) 输出信号弱 (2) 信号处理麻烦 (3) 配套的用于信号处理的电子设备（数显表）比较复杂，价格高

（续）

	增量式编码器	绝对式编码器	光栅	旋转变压器	旋转感应同步器
精度范围	以分辨率表示，与码盘转一周所产生的脉冲数和倍频数有关。一般为 500～5000 个脉冲/r。高精度达 2^{17} 脉冲数。倍频数一般为 1，2，4，8	以分辨率表示，与码盘的码道数目有关。高精度绝对码盘一般为 19 位，更高精度可达 21 位	10nm～10μm	测量精度 3～5′	（1）直线式：精度±1μm，分辨率 0.05μm，重复精度 0.2μm （2）旋转式（直径300mm）：精度±1″，分辨率 0.05″，重复精度 0.1″
应用场合	非常广泛。用于角度、速度、加速度、线位移量、角度量测量的各种场合	非常广泛。用于角度量测量的各种场合	应用广泛。用于计量和检测、装配和测试、直线电动机、印刷和影像、科学仪器、半导体制造中	在高精度的随动系统中做测量元件，在模拟解算装置中做解算元件	应用广泛。旋转式应用在陀螺平台、伺服转台、火炮控制、雷达天线定位、精密机床等设备中 直线式应用在坐标镗床、坐标铣床以及其他精密机床定位、显示和数控机床的闭环控制系统中
主要特征参数	电源，输出信号，输出形式，脉冲数，最高响应频率，起动转矩，轴上额定负载，最高转速，轴径/轴形状，使用环境	电源，输出形式，输出码，分辨率（码道数目），最高响应频率，起动转矩，轴上额定负载，最高转速，轴径/轴形状，使用环境	分辨率，输出波形，量程或直径，测量周期，环境要求，直流电源，防护等级，最小时钟频率，最大移动速度，尺寸	激磁方式，激磁额定电压，额定频率，开路输入阻抗，变压比（输出/激磁），多极和双通道型及极对数，最大空载输出电压	结构类型，检测周期，精度，重复精度，滑尺阻抗，滑尺输入电压，定尺阻抗，定尺输入电压，电压传递系数

3．开环补偿型数控机床

将上述三种控制方式的特点有选择地集中起来，可以组成混合控制的方案。大型数控机床需要很高的进给与返回速度，又需要相当高的精度，如果采用全闭环的控制，机床传动链和工作台要全部置于控制环节中，因素十分复杂，安装调试困难重重。为了避开这些矛盾，采用了混合控制方式，在具体方案中又可分为开环补偿型和半闭环补偿型两种形式。

图 5-10 为开环补偿型控制方式的组成框图。该方式的特点是基本控制选用步进电动机的开环控制伺服机构，附加一个校正伺服电路。通过装在工作台上的直线位移测量元件的反馈信号来校正机械系统的误差。

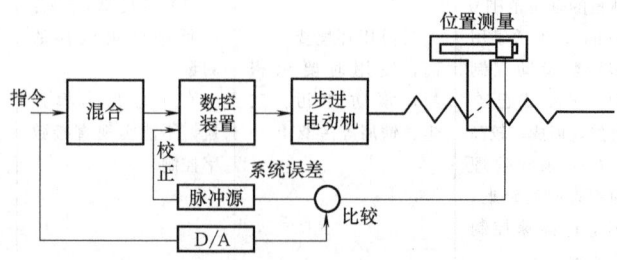

图 5-10 开环补偿型控制方式的组成框图

项目3 进给伺服驱动系统电气元件的选用

教学目标：了解进给伺服驱动系统的电气元件的工作要求，掌握选型与计算方法。
思考与练习：简述进给伺服电动机的技术指标选择过程。

不同类型的进给伺服驱动系统的电气元件略有不同，而各种电动机及其驱动控制装置是必备的重要电气元件。

1. 步进电动机的选用

步进电动机的分类方式很多，常见的分类方式有按产生转矩的原理、按输出转矩的大小以及按定子和转子的数量进行分类等。根据不同的分类方式，可将步进电动机分为多种类型，见表5-2。

表5-2 步进电动机的类型

分 类 方 式	具 体 类 型
按转矩产生原理	1）反应式：转子无绕组，由被激磁的定子绕组产生反应转矩实现步进运行 2）激磁式：定、转子均有激磁绕组（或转子用永久磁钢），由电磁转矩实现步进运行
按输出转矩大小	1）伺服式：输出转矩在0.01～1Nm，只能驱动较小的负载，要与液压转矩放大器配用，才能驱动机床工作台等较大的负载 2）功率式：输出转矩在5～50Nm以上，可驱动机床工作台等较大的负载
按定子数	1）单定子式 2）双定子式 3）三定子式 4）多定子式
按各相绕组分布	1）径向分布式：电动机各相绕组按圆周依次排列 2）轴向分布式：电动机各相绕组按轴向依次排列

我国使用的步进电动机多为反应式步进电动机，图5-11所示为一种典型的单定子、径向分布、反应式伺服步进电动机的结构原理图。它与普通电动机一样，分为定子和转子两部分，其中定子又分为定子铁心和定子绕组。定子铁心由电工钢片叠压而成，定子绕组是缠绕在定子铁心6个均匀分布的齿上的线圈，在直径方向上相对的两个齿上的线圈串联在一起，构成单相控制绕组。

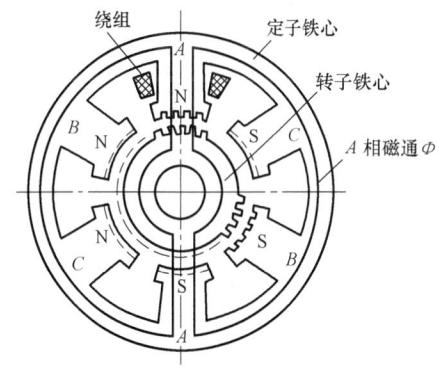

图5-11 单定子、径向分布、反应式伺服步进电动机结构原理图

图5-11所示的步进电动机可构成三相控制绕组，故也称三相步进电动机。任一相绕组通电，便形成一组定子磁极，其方向即图中所示的N、S极。在定子的每个磁极上，即定子铁心上的每个齿上又开了5个小齿，齿槽等宽，齿间夹角为9°，转子上没有绕组，只有均匀分布的40个小齿，齿槽等宽，齿间夹角也是9°，与磁极上的小齿一致。此外，三相定子磁极上的小齿在空间位置上依次错开1/3齿距，如图5-12所示。当A相磁极上的小齿与转子上的小齿对齐时，B相磁极上的齿刚好超前（或滞后）转子齿1/3齿

距角，C相磁极齿超前（或滞后）转子齿 2/3 齿距角。

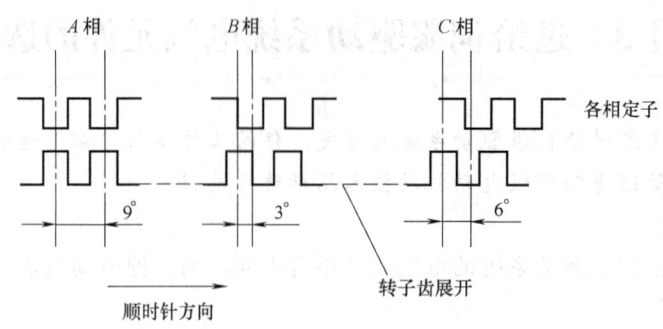

图 5-12 步进电动机的齿距

图 5-13 所示为一个五定子、轴向分布、反应式伺服步进电动机的结构原理图。从图中可以看出，步进电动机的定子和转子在轴向分为 $A \sim E$ 五段，每一段都形成独立的单相定子铁心、定子绕组和转子，图 5-14 所示的是其中的一段。各段定子铁心形如内齿轮，由硅钢片叠成。转子形如外齿轮，也由硅钢片制成。各段定子上的齿在圆周方向均匀分布，彼此之间错开 1/5 齿距，其转子齿彼此不错位。当设置在定子铁心环形槽内的定子绕组通电时，形成单相环形绕组，构成图中虚线所示的磁力线。

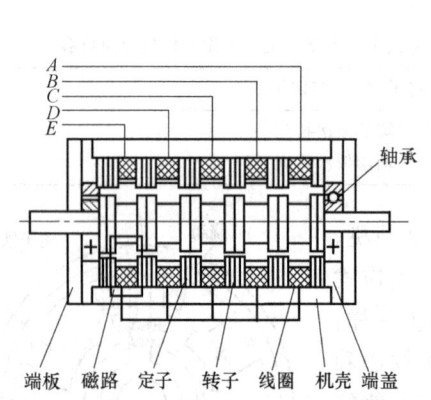

图 5-13 五定子、轴向分布、反应式伺服步进电动机结构原理图

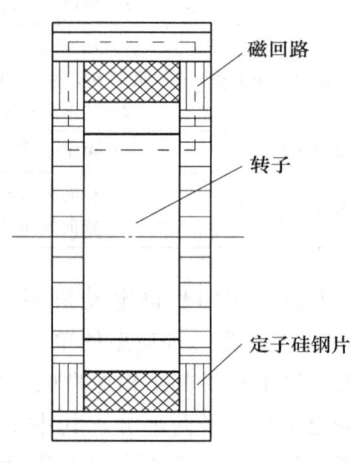

图 5-14 一段定子、转子及磁回路

除上面介绍的两种形式的反应式步进电动机之外，常见的步进电动机还有永磁式步进电动机和永磁反应式步进电动机，它们的结构虽不相同，但工作原理相同。

步进电动机的工作原理实际上是电磁铁的作用原理。图 5-15 所示为一种最简单的反应式步进电动机，下面以它为例来说明步进电动机的工作原理。

图 5-15a）中，当 A 相绕组通以直流电流时，根据电磁学原理，便会在 AA 方向上产生一磁场，在磁场电磁力的作用下，吸引转子，使转子的齿与定子 AA 磁极上的齿对齐。若 A 相断电，B 相通电，这时新磁场的电磁力又吸引转子的两极与 BB 磁极齿对齐，转子沿顺时针转过 60°。通常，步进电动机绕组的通断电状态每改变一次，其转子转过的角度 α 称为步距角。因此，图 5-15a）所示步进电动机的步距角 α 等于 60°。如果控制线路不停地按 $A \rightarrow B \rightarrow C \rightarrow A$ 的顺序控制步进电动机绕组的通断电，步进电动机的转子便不停地顺时针转动。若

通电顺序改为 $A \rightarrow C \rightarrow B \rightarrow A$，同理，步进电动机的转子将逆时针不停地转动。

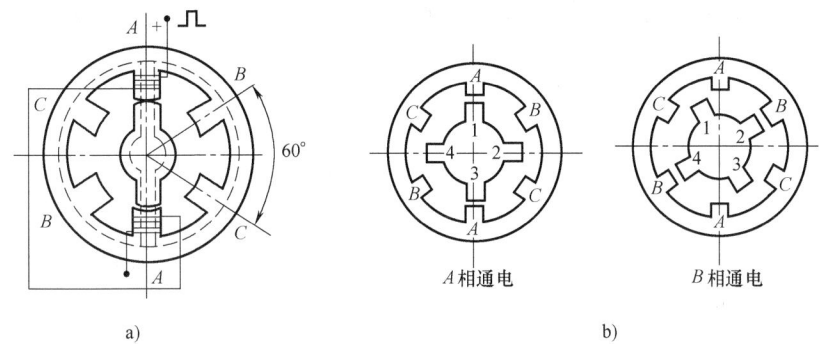

图 5-15 步进电动机工作原理图

上面所述的这种通电方式称为三相三拍，还有一种三相六拍通电方式，它的通电顺序是：顺时针为 $A \rightarrow AB \rightarrow B \rightarrow BC \rightarrow C \rightarrow CA \rightarrow A$；逆时针为 $A \rightarrow AC \rightarrow C \rightarrow CB \rightarrow B \rightarrow BA \rightarrow A$。

以三相六拍方式工作为例，当 A 相通电转为 A 和 B 同时通电时，转子的磁极将同时受到 A 相绕组和 B 相绕组产生的磁场的共同吸引，转子的磁极只好停在 A 和 B 两相磁极之间，这时它的步距角 $α$ 等于 30°。当由 A 和 B 两相同时通电转为 B 相通电时，转子磁极再沿顺时针旋转 30°，与 B 相磁极对齐。其余依此类推。采用三相六拍通电方式，可使步距角 $α$ 缩小一半。

图 5-15b) 中的步进电动机，定子仍是 A，B，C 三相，每相两极，但转子不是两个磁极而是四个磁极。当 A 相通电时，1 极和 3 极将与 A 相的两极对齐，很明显，当 A 相断电、B 相通电时，2 极和 4 极将与 B 相两极对齐。这样，在三相三拍的通电方式中，步距角 $α$ 等于 30°，在三相六拍通电方式中，步距角 $α$ 则为 15°。

综上所述，可以得到如下结论：

1) 步进电动机定子绕组的通电状态每改变一次，它的转子便转过一个确定的角度，即步进电动机的步距角 $α$。

2) 改变步进电动机定子绕组的通电顺序，转子的旋转方向也随之改变。

3) 步进电动机定子绕组通电状态的改变速度越快，其转子旋转的速度越快，即通电状态的变化频率越高，转子的转速越高。

4) 步进电动机步距角 $α$ 与定子绕组的相数 m、转子的齿数 z、通电方式 k 有关，可用下式表示：

$$α = 360°/(mzk) \tag{5-2}$$

式 (5-2) 中 m 相 m 拍时，$k=1$；m 相 $2m$ 拍时，$k=2$；依此类推。

对于图 5-11 所示的单定子、径向分布、反应式伺服步进电动机，当它以三相三拍通电方式工作时，其步距角为：

$$α = 360°/(mzk) = 360°/(3 \times 40 \times 1) = 3° \tag{5-3}$$

若按三相六拍通电方式工作，则步距角为：

$$α = 360°/(mzk) = 360°/(3 \times 40 \times 2) = 1.5° \tag{5-4}$$

步进电动机选型时须确定以下主要技术参数：

1) 步距角。步进电动机的步距角是步进电动机定子绕组的通电状态每改变一次，转子转过的角度，它是决定步进伺服系统脉冲当量的重要参数。步距角越小，数控机床的控制精度越高。

2) 矩角特性、最大静态转矩 M_{jmax} 和起动转矩 M_q。矩角特性是步进电动机的一个重要特性，指的是步进电动机产生的静态转矩 M_{jmax} 与失调角的变化规律。

3) 起动频率 f_q。空载时，步进电动机由静止突然起动，并进入不丢步的正常运行所允许的最高频率，称为起动频率或突跳频率。若起动时频率大于突跳频率，步进电动机就不能正常起动。空载起动时，步进电动机定子绕组通电状态变化的频率不能高于该突跳频率。

4) 连续运行的最高工作频率 f_{max}。步进电动机连续运行时所能接受，即保证不丢步运行的极限频率。它是决定定子绕组通电状态最高变化频率的参数，决定了步进电动机的最高转速。

5) 加减速特性。步进电动机的加减速特性是描述步进电动机由静止到工作频率和由工作频率到静止的加减速过程中，定子绕组通电状态的变化频率与时间的关系。当要求步进电动机启动到大于突跳频率的工作频率时，变化速度必须逐渐上升；同样，从最高工作频率或高于突跳频率的工作频率停止时，变化速度必须逐渐下降。逐渐上升和下降的加速时间、减速时间不能过小，否则会出现失步或超步。一般用加速时间常数 T_a 和减速时间常数 T_d 来描述步进电动机的加减速特性，如图 5-16 所示。

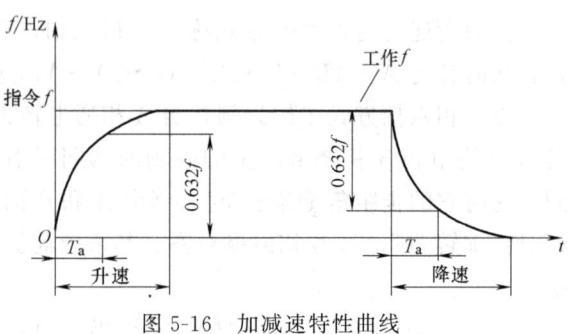

图 5-16 加减速特性曲线

在选择步进电动机时，首先应确定步进电动机的转速。一般情况下，两相混合式步进电动机带负载的工作转速最大在 12r/s 左右，而中惯量的伺服电动机其额定工作转速可达 33r/s 左右，小惯量的伺服电动机更可以达到 50r/s，通过计算可以确定是否选用步进电动机系统。对于步进电动机系统，传动机构的减速比按式（5-5）计算。

$$i = \alpha S / 360°\delta \tag{5-5}$$

式中　α——步进电动机的步距角（°/脉冲）；
　　　S——丝杠螺距（mm）；
　　　δ——脉冲当量（mm/脉冲）。

在选用步进电动机时，电动机的转矩-频率特性应满足机械负载，并有一定的余量保证其可靠运行。在实际工作过程中，各种频率下的负载转矩均必须在电动机的转矩—频率特性曲线的运行区域范围内，如图 5-17 所示。

图中文字说明：

1) 工作频率点。表示步进电动机在该点的频率值（Hz）。

2) 起动区域。步进电动机可以直接起动或停止

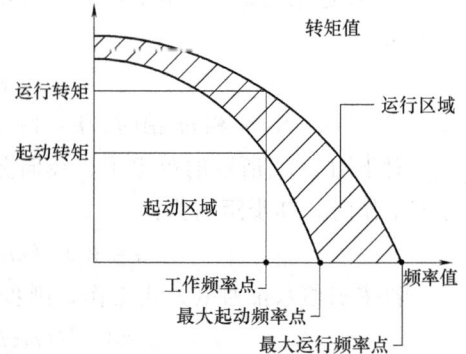

图 5-17 步进电动机的转矩—频率特性曲线

的区域。

3）运行区域。在这个区域里，电动机不能直接运行，必须先要在起动区域内起动，然后通过加速的方式，才能到达该工作区域内。同样，在该区域内，电动机也不能直接制动，否则就会造成失步，必须通过减速的方式到起动区域内，再进行制动。

4）最大起动频率点。步进电动机在空载情况下，最大的直接起动速度点。

5）最大运行频率点。步进电动机在空载情况下，可以达到的最大运行速度点。

6）起动转矩。步进电动机在特定的工作频率点下，直接起动可带动的最大转矩负载值。

7）运行转矩。步进电动机在特定的工作频率点下，运行中可带动的最大转矩负载值。由于运动惯性的原因，运行转矩要比起动转矩大。

转矩负载和惯性负载的作用效果如图 5-18 所示。

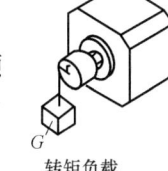
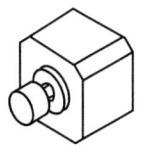
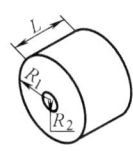

转矩负载　　　　　惯性负载

图 5-18　转矩负载和惯性负载的作用效果

对于转矩负载有：

$$T_f = Gr \tag{5-6}$$

式中　G——负载重量（N）；
　　　r——半径（mm）。

对于惯性负载有：

$$T_j = J\frac{d\omega}{dt}, J = \frac{M(R_1^2 + R_2^2)}{32} \tag{5-7}$$

式中　M——负载质量（kg）；
　　　R_1——外径（mm）；
　　　R_2——内径（mm）；
　　　$\frac{d\omega}{dt}$——角加速度（1/s）。

数控机床进给驱动电动机须克服导轨摩擦产生的转矩 M_f 和切削力产生的转矩 M_t。

导轨摩擦产生的转矩 M_f：

$$M_f = \frac{\mu Gs}{2\pi\eta i} \times 10^{-2} \tag{5-8}$$

式中　M_f——导轨摩擦产生的转矩（N·m）；
　　　μ——摩擦系数；
　　　G——工作台重量（N）；
　　　s——丝杠螺距（mm）；
　　　η——传递效率；
　　　i——减速比。

切削力产生的转矩 M_t：

$$M_t = \frac{P_t s}{2\pi\eta i} \times 10^{-2} \tag{5-9}$$

式中　M_t——切削力折算至电动机转矩（N·m）；
　　　P_t—最大切削力（N）。

完成上述计算，即可根据负载静态阻力的大小来确定步进电动机输出转矩的大小。步进电动机进给速度最大时，由矩频特性决定的电动机输出转矩要大于 M_f 与 M_t 之和，并留有余量。一般来说，M_f 与 M_t 之和应小于 $(0.2\sim0.4)M_{max}$。

步进电动机起动加速转矩 M_a：

$$M_a = \frac{(J_m+J_t)n}{1.02T} \times 10^{-2} \tag{5-10}$$

式中　M_a——电动机起动加速转矩（N·m）；

　　　J_m、J_t——电动机自身惯量与负载惯量（kg·m·s²）；

　　　n——电动机所需达到的转速（r/min）；

　　　T——电动机升速时间（s）。

负载惯量（机床工作台、滚珠丝杠、齿轮等零件折算到步进电动机轴上的惯量）J_t：

$$J_t = J_1 + \frac{[J_2 + J_s + G/g(S/2\pi)^2]}{i^2} \tag{5-11}$$

式中　J_t——折算至电动机轴上的惯量（kg·m·s²）；

　　　J_1、J_2——齿轮惯量（kg·m·s²）；

　　　J_s——丝杠惯量（kg·m·s²）；

　　　G——工作台重量（N）；

　　　S——丝杠螺距（mm）。

则电动机输出总力矩 M：

$$M = M_a + M_f + M_t \tag{5-12}$$

步进电动机是一种将数字输入脉冲转换成旋转或直线增量运动的电磁执行元件，每输入一个脉冲电动机转轴步进一个步距角增量。电动机总的回转角与输入脉冲数成正比例，相应的转速取决于输入脉冲频率。因此，选择功率步进电动机时还应计算机床所需的起动频率，使之最高速连续工作频率能满足机床快速移动的需要。电动机的起动频率与负载转矩和惯量有很大关系，其估算公式为：

$$f_q = \frac{1}{2}f_{q0}\left[\frac{1-(M_f+M_t)/M_l}{1+J_t/J_m}\right] \tag{5-13}$$

式中　f_q——带载起动频率（Hz）；

　　　f_{q0}——空载起动频率；

　　　M_l——起动频率下由矩频特性决定的电动机输出转矩（N·m）。

完成转矩和频率计算之后，需要根据负载转动惯量的大小和对系统矩频特性的要求，选择步进电动机的相数。若系统要求步进电动机的特性曲线（速度-转矩曲线）较硬，即步进电动机的输出转矩随步进电动机转速的提高而下降的幅度较小，则应选择三相电动机。若负载很轻，对高速时的输出转矩无要求，则可选择二相步进电动机。五相步进电动机由于其价格接近伺服电动机的价格，虽然其性能好于三相步进电动机，但很少选用。

最后，根据选定的步进电动机确定步进驱动器。根据系统对精度、平稳性、振动、噪声等因素的要求，选择带细分型的驱动器或不带细分型的驱动器。采用带细分型驱动器，步进系统能有效提高精度、平稳性，并能降低振动和噪声，而且细分数越高，这些指标改善得越好。步进电动机选型后，其相配的驱动器也就确定了，每一种驱动器可以适配一定输出转矩范围内的多种电动机。

2. 直流伺服电动机简介

伺服电动机分为直流伺服电动机和交流伺服电动机两种，常用直流伺服电动机主要由 FANUC、SIEMENS 和 MITSUBISHI 等公司生产。

从 1980 年开始，FANUC 公司陆续推出了小惯量 L 系列、中惯量 M 系列和大惯量 H 系列的直流伺服电动机。中、小惯量伺服电动机采用 PWM 速度控制单元，大惯量伺服电动机采用晶闸管速度控制单元。驱动装置具有多重保护功能，如过速保护、过电流保护、过电压保护和过载保护等。

SIEMENS 公司在 20 世纪 70 年代中期推出了 1HU 系列永磁式直流伺服电动机，规格有 1HU504、1HU305、1HU310 和 1HU313。与伺服电动机配套的速度控制单元有 6RA20 和 6RA26 系列，前者采用晶体管 PWM 控制，后者采用晶闸管控制。驱动系统除了各种保护功能外，另具有 I^2t 热效应监控等功能。

MITSUBISHI 公司推出了 HD 系列永磁式直流伺服电动机，其规格有 HD21、HD41、HD81、HD101、HD201 和 HD301 等。配套的 6R 系列伺服驱动单元采用晶体管 PWM 控制技术，具有过载保护、过电流保护、过电压保护和过速保护，并带有电流监控等功能。

随着全数字式交流伺服系统的出现，交流伺服电动机也越来越多地应用于数字控制系统中。为了适应数字控制的发展趋势，数控机床进给系统大多采用全数字式交流伺服电动机作为执行电动机。因此，直流伺服电动机的选型计算方法不在本书赘述，请有需要的读者参考生产商的说明书进行选型计算。

3. 交流伺服电动机的选用

FANUC 公司在 20 世纪 80 年代中期推出了晶体管 PWM 控制的交流驱动单元和永磁式三相交流同步电动机，电动机有 S 系列、L 系列、SP 系列和 T 系列，驱动装置有 α 系列交流驱动单元等。

1983 年 SIEMENS 公司推出了交流驱动系统。由 6SC610 系列进给驱动装置和 6SC611A（SIMODRIVE611A）系列进给驱动模块、1FT5 和 1FT6 系列永磁式交流同步电动机组成。驱动采用晶体管 PWM 控制技术，带有 I^2t 热效应监控等功能。另外，SIEMENS 公司还有用于数字伺服系统的 SIMODRIVE611D 系列进给驱动模块。

MITSUBISHI 公司的交流驱动单元有通用型的 MR-J2 系列，采用 PWM 控制技术，交流伺服电动机有 HC-MF 系列、HA-FF 系列、HC-SF 系列和 HC-RF 系列。另外，MITSUBISHI 公司还有数字驱动系统的 MDS-SVJ2 系列交流驱动单元。

A-B 公司的交流驱动系统主要有 1391 系列交流驱动单元和 1326 交流伺服电动机，以及 1391-DES 系列数字式交流驱动单元，相应的伺服电动机有 1391-DES15、1391-DES22 和 1391-DES45。

武汉华中数控股份有限公司生产的交流驱动系统主要有 HSV-9、HSV-11、HSV-16 和 HSV-20D 四种型号。HSV-11 运用了矢量控制原理和柔性控制技术，共有额定电流为 14A、20A、40A 和 60A 4 个系列。HSV-16 采用专用运动控制 DSP、大规模现场可编程逻辑阵列（FPGA）和智能化功率模块（IPM）等新技术设计，操作简单、可靠性高、体积小巧、易于安装。HSV-20D 是武汉华中数控股份有限公司继 HSV-9、HSV-11、HSV-16 之后，推出的一款全数字交流伺服驱动器，具有 025、050、075、100 多种型号规格，具有很宽的功率选择范围。

(1) 交流伺服电动机选择须解决的主要问题

1) 电动机的最高转速。依据机床快速行程速度选择电动机转速，快速行程的电动机转速应严格控制在电动机的额定转速之内。

$$n = \frac{V_{max} u}{P_h} \times 10^3 \leqslant n_{nom} \tag{5-14}$$

式中 n_{nom}——电动机的额定转速（r/min）；
 n——快速行程时电动机的转速（r/min）；
 V_{max}——直线运行速度（m/min）；
 u——系统传动比，$u = n_{电动机}/n_{丝杠}$；
 P_h——丝杠导程（mm）。

2) 惯量匹配问题及计算负载惯量 J_L。为了保证足够的角加速度使系统反应灵敏和满足系统的稳定性要求，负载惯量 J_L 应限制在 2.5 倍电动机惯量 J_M 之内，即 $J_L < 2.5 J_M$。

$$J_L = \sum_{j=1}^{M} J_j \left(\frac{\omega_j}{\omega}\right)^2 + \sum_{j=1}^{N} m_j \left(\frac{V_j}{\omega}\right)^2 \tag{5-15}$$

式中 J_j——各转动件的转动惯量（kg·m²）；
 ω_j——各转动件角速度（r/min）；
 m_j——各移动件的质量（kg）；
 V_j——各移动件的速度（m/min）；
 ω——伺服电动机的角速度（r/min）。

3) 空载加速转矩 T_{max}。空载加速转矩发生在执行部件从静止以阶跃指令加速到快速时，一般应限定在变频驱动系统最大输出转矩的 80% 以内。

$$T_{max} = \frac{2\pi n(J_L + J_M)}{60 t_{ac}} T_F \leqslant T_{Amax} \times 80\% \tag{5-16}$$

式中 T_{Amax}——与电动机匹配的变频驱动系统的最大输出转矩（N·m）；
 T_{max}——空载时加速转矩（N·m）；
 T_F——快速行程时转换到电动机轴上的载荷转矩（N·m）；
 t_{ac}——快速行程时加减速时间常数（ms）。

4) 切削负载转矩 T_{ms}。在正常工作状态下，切削负载转矩 T_{ms} 不超过电动机额定转矩 T_{MS} 的 80%。

$$T_{ms} = T_c D^{\frac{1}{2}} \leqslant T_{MS} \times 80\% \tag{5-17}$$

式中 T_c——最大切削转矩（N·m）；
 D——最大负载比。

5) 连续过载时间 t_{lon}。连续过载时间 t_{lon} 应限制在电动机规定过载时间 t_{Mon} 之内。

(2) 计算负载转矩 根据伺服电动机的工作曲线，负载转矩应满足：当机床作空载运行时，在整个速度范围内，加在伺服电动机轴上的负载转矩应在电动机的连续额定转矩范围内，即在工作曲线的连续工作区；最大负载转矩、加载周期及过载时间应在特性曲线的允许范围内。加在电动机轴上的负载转矩可以折算出加到电动机轴上的负载转矩 T_L。

$$T_L = \frac{F \cdot L}{2\pi \eta} + T_C \tag{5-18}$$

式中　T_L——折算到电动机轴上的负载转矩（N·m）；
　　　F——轴向移动工作台时所需的力（N）；
　　　L——电动机每转的机械位移量（m）；
　　　T_c——滚珠丝杠轴承等摩擦转矩折算到电动机轴上的负载转矩（N·m）；
　　　η——驱动系统的效率。

$$F = F_c + \mu(W + f_g + F_{cf}) \tag{5-19}$$

式中　F_c——切削反作用力（N）；
　　　f_g——齿轮作用力（N）；
　　　W——工作台工件等滑动部分总重量（N）；
　　　F_{cf}——由于切削力使工作台压向导轨的正压力（N）；
　　　μ——摩擦系数。

计算转矩时应特别注意下列几点：

1）由于镶条产生的摩擦转矩必须充分地考虑。根据滑块的重量和摩擦系数来计算得到的转矩通常都很小，而由于镶条夹紧以及滑块表面的精度误差所产生的转矩则比较大。

2）由轴承和螺母预加载、丝杠预紧力在滚珠接触面的摩擦等而产生的转矩均不能忽略。对于小型轻重量的设备，这些转矩将影响整体转矩。

3）切削力的反作用力会使工作台的摩擦增加，以此承受切削反作用力的点与承受驱动力的点通常是分离的。在承受大的切削反作用力的瞬间，滑块表面的负载也增加。当计算切削期间的转矩时，由于这一载荷而引起的摩擦转矩的增加也应给予考虑。

4）摩擦转矩受到进给速率的影响很大，必须测量因压力、工作台支撑物（滑块，滚珠）、滑块表面材料及润滑条件的改变而引起的摩擦力的变化，以得出正确的数值。

5）在同一台机械上，转矩也随着调整条件、周围温度和润滑条件等因素的变化而变化。当计算负载转矩时，应尽量借助同种机械上测量所得的参数，以得到正确的数据。

（3）计算负载惯量　为了保证轮廓切削形状精度和良好的表面粗糙度，要求数控机床具有良好的快速响应特性。随着控制信号的变化，电动机应在较短的时间内完成必须的动作。负载惯量与电动机的响应和快速移动（ACC/DEC）时间息息相关。带大惯量负载时，若速度指令发生变化，电动机需较长的时间才能到达新速度，当二轴同步插补进行圆弧高速切削时，大惯量的负载产生的误差会比小惯量的大一些。因此，加在电动机轴上的负载惯量的大小，将直接影响电动机的灵敏度以及整个伺服系统的精度。当负载惯量是电动机惯量的 5 倍以上时，会使转子的灵敏度受影响，电动机惯量 J_M 和负载惯量 J_L 必须满足：

$$1 \leqslant \frac{J_L}{J_M} < 5 \tag{5-20}$$

由电动机驱动的所有运动部件，无论旋转运动的部件，还是直线运动的部件，都是电动机的负载惯量。电动机轴上的负载总惯量可以通过计算各个被驱动的部件的惯量，并按一定的规律将其相加得到。

滚珠丝杠、齿轮等围绕其中心轴旋转的圆柱体的惯量可按下面公式计算：

$$J = \frac{\pi \gamma}{32} \times D^4 L \tag{5-21}$$

式中　γ——材料的密度（kg/m³）；

D——圆柱体的直径（mm）；

L——圆柱体的长度（mm）。

工作台等轴向移动物体的惯量，可由下面公式得出：

$$J = W \left(\frac{L}{2\pi}\right)^2 \tag{5-22}$$

式中　W——直线移动物体的重量（kg）；

　　　L——电动机每转在直线方向移动的距离（mm）。

圆柱体围绕旋转中心运动时的惯量如图 5-19 所示。属于这种情况的例子很多，如大直径的齿轮为了减少惯量，往往在圆盘上挖出分布均匀的孔，属于这种情况的惯量可以这样计算：

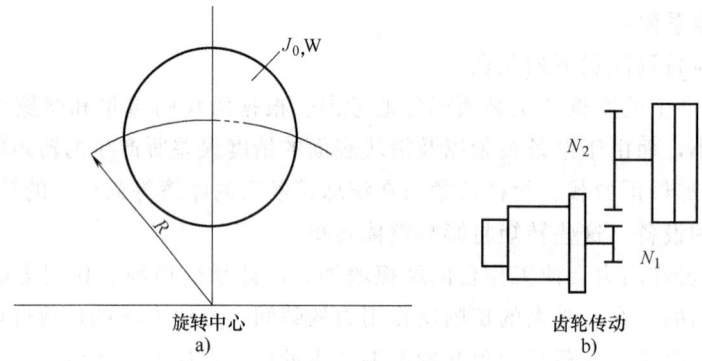

图 5-19　圆柱体围绕中心运动

$$J = J_0 + WR^2 \tag{5-23}$$

式中　J_0——圆柱体围绕其中心线旋转时的惯量（kg·m²）；

　　　W——圆柱体的重量（kg）；

　　　R——旋转半径（mm）。

相对电动机轴机械变速的惯量，计算可将图 5-19b 所示的负载惯量 J_0 折算到电动机轴上，计算方法如下：

$$J = \frac{N_1}{N_2} J_0 \tag{5-24}$$

式中　N_1、N_2——齿轮的齿数。

（4）电动机加减速时的转矩　电动机加减速时的转矩如图 5-20 所示。

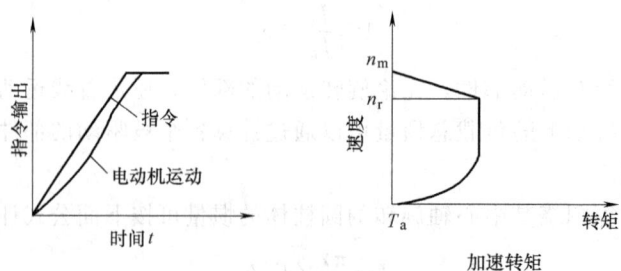

图 5-20　电动机加减速时的转矩

1) 按线性加减速时加速转矩计算如下：

$$T_a = \frac{2\pi n_m}{60 \times 10^4} \frac{1}{t_a}(J_M + J_L)(1 - e^{-t_a K_s}) \tag{5-25}$$

式中　n_m——电动机的稳定速度（r/min）；
　　　t_a——加速时间（s）；
　　　J_M——电动机转子惯量（kg·m²）；
　　　J_L——折算到电动机轴上的负载惯量（kg·m²）；
　　　K_s——位置伺服开环增益。

加速转矩开始减小时的转速转矩如下：

$$n_r = n_m \left[1 - \frac{1}{t_a K_s}(1 - e^{-t_a K_s})\right] \tag{5-26}$$

2) 按指数曲线加速时，如图 5-21 所示，速度为零的转矩 T_o 可由下面公式给出：

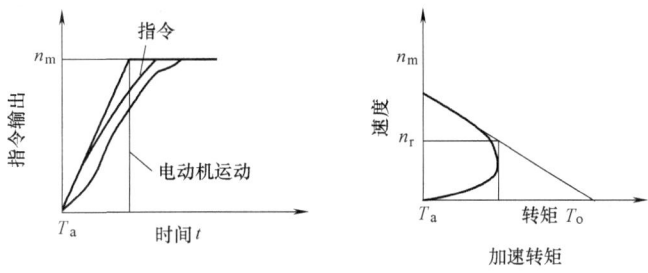

图 5-21　电动机按指数曲线加速时的加速转矩曲线

$$T_o = \frac{2\pi n_m}{60 \times 10^4} \frac{1}{t_e}(J_M + J_L) \tag{5-27}$$

式中　t_e——指数曲线加速时间常数。

3) 输入阶段性速度指令。这时的加速转矩 T_a 相当于 T_o，可由下面公式求得（$t_s = K_s$）：

$$T_a = \frac{2\pi n_m}{60 \times 10^4} \frac{1}{t_s}(J_M + J_L) \tag{5-28}$$

(5) 计算电动机转矩均方根　工作机械频繁起动、制动时所需转矩，当工作机械作频繁起动、制动时，必须检查电动机是否过热，为此需计算在一个周期内电动机转矩的均方根值，并且应使此均方根值小于电动机的连续转矩。电动机的均方根值由下式给出：

$$T_{rms} = \sqrt{\frac{(T_a + T_f)^2 t_1 + T_f^2 t_2 + (T_a - T_f)^2 t_1 + T_o^2 t_3}{T_周}} \tag{5-29}$$

式中　T_a——加速转矩（N·m）；
　　　T_f——摩擦转矩（N·m）；
　　　T_o 在停止期间的转矩（N·m）。

t_1、t_2、t_3、$T_周$ 的转矩曲线如图 5-22 所示。

负载周期性变化的转矩计算，也需要计算出一个周期中的转矩均方根值，且该值应小于额定转矩，如图 5-23 所示。这样电动机才不会过热，能够正常工作。

设计时进给伺服电动机的选择原则是：首先根据转矩-速度特性曲线检查负载转矩、加减速转矩是否满足要求，然后对负载惯量进行校核，对要求频繁起动、制动的电动机还应对

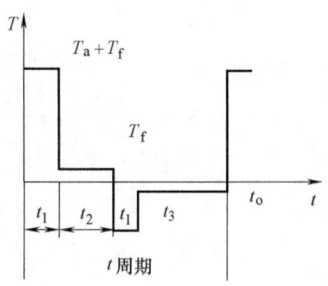
图 5-22 t_1、t_2、t_3、$T_周$ 的转矩曲线

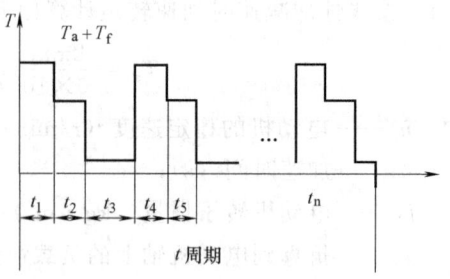
图 5-23 负载周期性变化的转矩计算图

其转矩均方根进行校核,这样选择出来的电动机才能既满足要求,又可避免由于电动机选择偏大而引起的浪费问题。

(6) 伺服电动机选择的基本步骤

1) 选择运行方式。根据机械系统的控制内容,选择电动机运行方式。根据实际运行情况和机械刚度选择起动时间 t_a、减速时间 t_d,如图 5-24 所示。

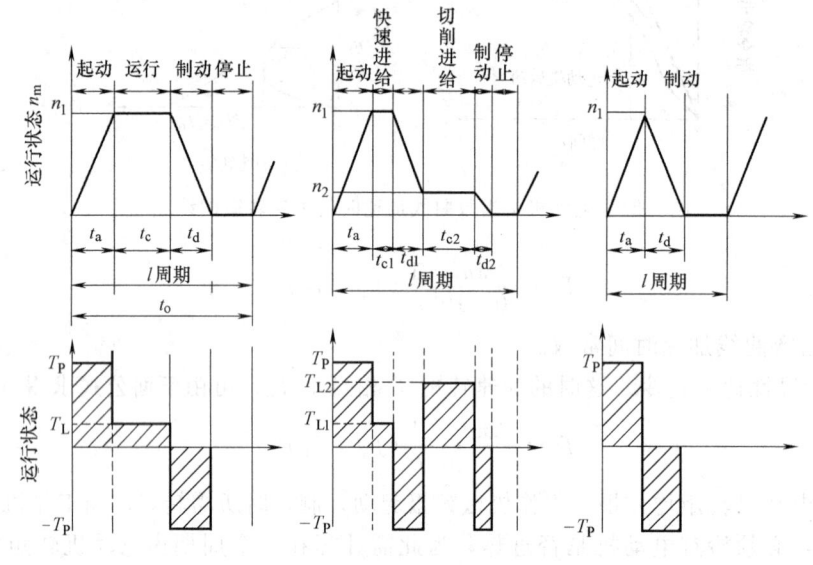

a) 重复一定状态运行时　　b) 有快速进给切削进给时　　c) 没有正常运行,重复起动,停止时

图 5-24 伺服电动机典型运行方式

2) 计算负载换算到电机轴上的转动惯量 GD^2。为了计算起动转矩 T_P,要先求出负载的转动惯量:

$$GD_1^2 = \frac{\pi}{8}\rho L D^4 \times 10^4 \tag{5-30}$$

式中　L——圆柱体的长（mm）；

　　　D——圆柱体的直径（mm）。

$$GD_L^2 = \left(\frac{N_1}{N_m}\right)^2 GD_1^2 + \left(\frac{1}{R}\right)^2 \times \frac{\pi}{8}\rho l_2 d_2^4 + \frac{\pi}{8}\rho l_1 d_1^4 \tag{5-31}$$

式中　l_2——负载侧齿轮厚度（mm）；

d_2——负载侧齿轮直径（mm）；

l_1——电动机侧齿轮厚度（m）；

d_1——电动机侧齿轮直径（m）；

ρ——材料密度（kg/m³）；

GD_1^2——负载转动惯量（kg·m²）；

N_1——负载轴转速（r/min）；

N_m——电动机轴转速（r/min）；

$1/R$——减速比。

3）初选电动机。计算电动机稳定运行时的功率 P_O 和转矩 T_L。T_L 为折算到电动机轴上的负载转矩：

$$T_L = \frac{N_1}{N_m \eta} T_1 \qquad (5-32)$$

式中　η——机械系统的效率；

T_1——负载轴转矩（N·m）。

$$P_O = \frac{T_1 N_1}{9535.4 \times \eta} \qquad (5-33)$$

4）核算加减速时间或加减速功率。根据机械系统的要求，对初选电动机核算加减速时间，其值必须小于机械系统要求值。

加速时间：

$$t_a = \frac{(GD_m^2 + GD_1^2) N_m}{38.3(T_p - T_1)} \qquad (5-34)$$

减速时间：

$$t_d = \frac{(GD_m^2 + GD_1^2) N_m}{38.3(T_p + T_1)} \qquad (5-35)$$

式（5-34）、式（5-35）所得数据由电动机机械数值求出，故需加上起动信号后的时间，一般加算控制电路滞后的时间 5~10ms。负载加速转矩 T_P 可由起动时间求出，若 T_P 大于初选电动机的额定转矩，但小于电动机的瞬时最大转矩（5~10倍额定转矩），也可以认为电动机初选合适。

5）考虑工作循环与空运行因素的实效转矩计算。在机器手运动等剧烈运动的工作场合中，不能忽略加减速电流超过额定电流的影响，此时则需要根据空运行因素求实效转矩。该值在初选电动机额定转矩以下，则选择电动机合适。以图 5-24a 为例计算：

$$T_{rms} = \sqrt{\frac{T_P^2 t_a + T_1^2 t_c + T_P^2 t_d}{t}} \cdot f_w \qquad (5-36)$$

式中　t_a——起动时间（s）；

t_c——正常运行时间（s）；

t_d——减速时间（s）；

f_w——波形系数。

T_{rms} 若不满足额定转矩式，则需要提高电动机容量，再次核算。

项目4　进给伺服驱动系统机械部件的选用

教学目标：了解进给系统的机械部件的工作要求，掌握选型方法。
思考与练习：简述一种滚珠丝杠螺母副的选用过程。（该滚珠丝杠螺母副应当为学生所见的某型机床中所实际使用的，以对比理论计算与经验选用的差别）。

进给系统的机械部件主要由传动部件（滚珠丝杠螺母副、蜗轮蜗杆副等）和支承部件（直线导轨和轴承组件）组成。

1. 滚珠丝杠螺母副的选用

滚珠丝杠螺母副是一种将电动机回转运动转换成工作台直线运动的新型传动装置，如图5-25所示。

在丝杠和螺母上都加工有圆弧形的螺旋槽，对合起来形成螺旋滚道。在滚道内装有滚珠，当丝杠与螺母相对运动时，滚珠沿螺旋槽向前滚动，在丝杠上滚过数圈后通过回程引导装置逐个回到丝杠与螺母之间，构成闭合回路。因为在具有螺旋槽的丝杠与螺母间装有滚珠作为中间传动元件，大大减少了摩擦，滚珠丝杠螺母副在数控机床上得到了广泛地应用。滚珠丝杠的螺纹滚道法向截面有单圆弧和双圆弧两种不同的形状，图5-26a所示为单圆弧，图5-26b所示为双圆弧。其中单圆弧工艺简单，双圆弧性能较好。

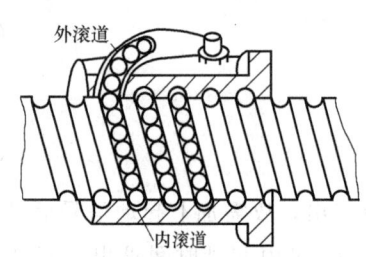

图5-25　滚珠丝杠螺母副

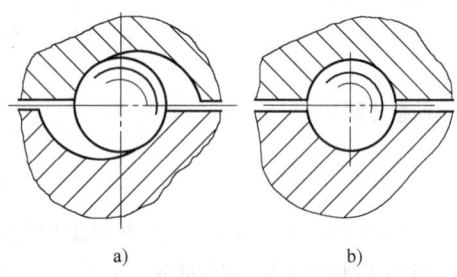

图5-26　螺纹滚道法向截面形式

滚珠的循环分为外循环和内循环两种方式。外循环方式的滚珠在循环过程结束后，通过螺母外表面上的螺旋槽或插管返回丝杠间重新进入循环。图5-27a所示为插管式，用弯管作为返回管道，结构工艺性好，但由于管道突出于螺母体外，径向尺寸较大。图5-27b所示为螺旋槽式，在螺母外圆上铣出螺旋槽，槽的两端钻出通孔并与螺纹滚道相切，形成返回通道，这种结构比插管式结构径向尺寸小，但制造较复杂。

内循环方式依靠螺母上安装的反向器接通相邻滚道，使滚珠成单圈环。滚珠从螺纹滚道进入反向器，借助反向器迫使滚珠越过丝杠牙顶进入相邻滚道实现循环，如图5-28所示。一个螺母上一般装有2~4个反向器，反向器沿螺母圆周等分分布。其优点是径向尺寸紧凑，刚性好，因其返回滚道较短，摩擦损失小；缺点是反向器加工困难。

数控机床的进给伺服系统要获得较高的传动刚度，除了加强滚珠丝杠螺母副本身的刚度外，滚珠丝杠的正确安装及其支承的结构刚度也是不可忽视的因素。螺母座、丝杠端部的轴

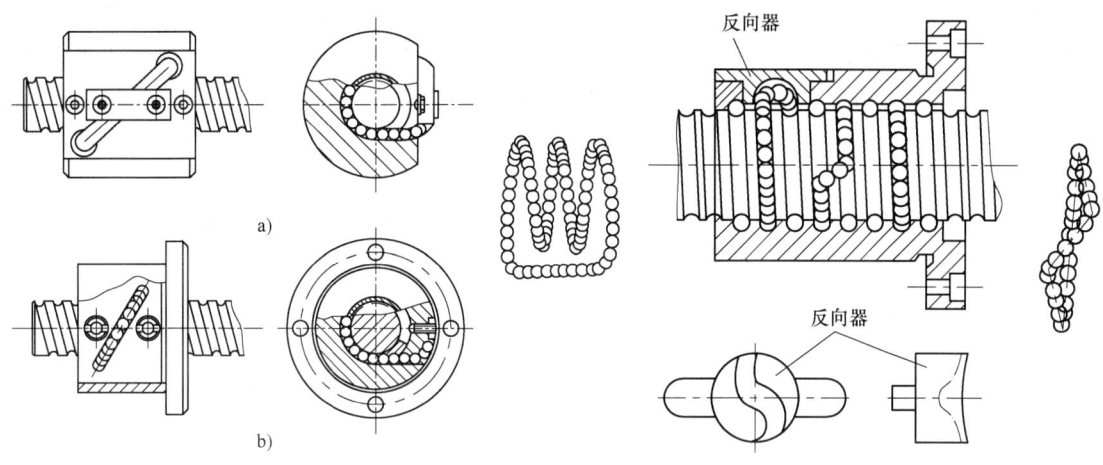

图 5-27 外循环式滚珠丝杠　　　　图 5-28 内循环式滚珠丝杠

承及其支承的加工误差,各零部件在受力后的过量变形,都会给进给伺服系统的传动刚度带来影响。因此,螺母座的孔与螺母之间必须保持良好的配合,并应保证孔对端面的垂直度,螺母座上应增加合适的肋板,并加大螺母座和机床结合部件的面积,以提高螺母座的局部刚度和接触刚度。滚珠丝杠的不正确支承及支承结构的刚度不足,会使滚珠丝杠的寿命大大下降。为了提高支承的轴向刚度,选择适当的滚动轴承及其支承方式是十分重要的。滚珠丝杠的支承方式有下列几种,如图 5-29 所示。

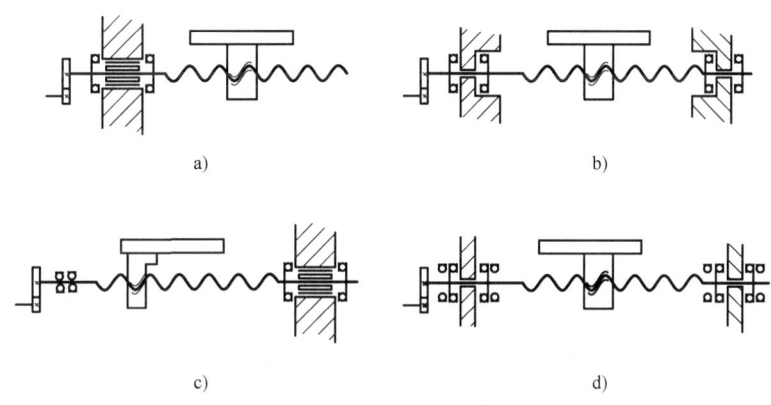

图 5-29 滚珠丝杠的支承结构

图 5-29a 所示为一端装止推轴承的固定—自由式结构,其承载能力小,轴向刚度低。常用于支承数控机床的调整环节,或升降台式数控机床的垂直坐标中的短丝杠。

图 5-29b 所示为一端装止推轴承、另一端装深沟球轴承的固定—支承式结构,可用于较长滚珠丝杠的支承。为了减小丝杠热变形的影响,止推轴承的安装位置应远离热源。

图 5-29c 所示为两端装止推轴承的支承—支承结构,将止推轴承装在滚珠丝杠的两端,并施加预紧拉力,有助于提高传动刚度,但这种结构对热伸长较为敏感。

图 5-29d 所示为两端装双重止推轴承及深沟球轴承的固定—固定式结构,在丝杠两端采用双重支承,如止推轴承和深沟球轴承,有利于提高刚度,并施加预紧拉力。这种结构形式,可使丝杠的热变形转化为止推轴承的预紧力。

为了提高支承的轴向刚度，选择适当的滚动轴承也是十分重要的。国内目前主要采用两种组合方式。一种是把向心轴承和圆锥轴承组合使用，其结构虽简单，但轴向刚度不足。另一种是把推力轴承或向心推力轴承和向心轴承组合使用，其轴向刚度有了提高，但增大了轴承的摩擦阻力和发热，而且增加了轴承支架的结构尺寸。近年来国内外的轴承生产厂家已生产出一种滚珠丝杠专用轴承，这是一种能够承受很大轴向力的特殊向心推力球轴承，与一般的向心推力球轴承相比，接触角增大了60%，增加了滚珠的数目并相应减小滚珠的直径。这种新结构的轴承比一般轴承的轴向刚度提高了两倍以上，而且使用极为方便，产品成对出售，而且在出厂时已经选配好内外环的厚度，装配时只要用螺母和端盖将内环和外环压紧，就能获得出厂时已经调整好的预紧力。

下面以安装有滚动直线导轨的数控机床为例，阐述滚珠丝杠螺母副的选型计算、校核强度方法。

(1) 滚珠丝杠副的载荷计算

1) 工作载荷 F。工作载荷 F 是指数控机床工作时实际作用在滚珠丝杠上的轴向作用力，其数值可用下列进给作用力的实验公式计算：

$$F = F_x + f'(F_z + W) + F_r \tag{5-37}$$

式中 F_x、F_z——x、z 方向上的切削分力 (N)；

F_r——密封阻力 (N)；

W——移动部件的重量 (N)；

f'——导轨摩擦系数，滚动导轨一般在 0.003~0.004 之间取值。

2) 最小载荷 F_{min}。最小载荷 F_{min} 为数控机床空载时作用于滚珠丝杠的轴向载荷。此时，$F_x = F_y = F_z = 0$。

3) 最大工作载荷 F_{max}。最小载荷 F_{max} 为数控机床承受最切削力时作用于滚珠丝杠的轴向载荷。

4) 平均工作载荷 F_m 与平均转速 n_m。当机床工作载荷随时间变化且此间转速不同时，平均工作载荷按下式计算：

$$F_m = \sqrt[3]{\frac{F_1^3 n_1 t_1 + F_2^3 n_2 t_2 + \cdots + F_n^3 n_n t_n}{n_1 t_1 + n_2 t_2 + \cdots + n_n t_n}} \tag{5-38}$$

式 (5-38) 中 $t_1, t_2, \cdots, t_n$ 分别为滚珠丝杠在转速 $n_1, n_2, \cdots, n_n$ 下，所受轴向载荷分别是 $F_1, F_2, \cdots, F_n$ 时的工作时间。平均转速 n_m 按下式计算：

$$n_m = \frac{n_1 t_1 + n_2 t_2 + \cdots + n_n t_n}{t_1 + t_2 + \cdots + t_n} \tag{5-39}$$

当工作载荷与转速接近正比变化且各种转速使用机会均等时，可用下式求出 F_m 和 n_m：

$$F_m = (2F_{max} + F_{min})/3, n_m = (2n_{max} + n_{min})/3 \tag{5-40}$$

(2) 滚珠丝杠螺母副主要技术参数的确定

1) 导程 P_h。根据机床传动要求，负载大小和传动效率等因素综合考虑确定。一般选择时，先按机床传动要求确定，其公式为：

$$P_h \geq v_{max}/n_{max} \tag{5-41}$$

式中 v_{max}——机床工作台最快进给速度 (mm/min)；

n_{max}——驱动电动机最高转速 (r/min)。

在满足控制系统分辨率要求的前提下，P_h应取较大的数值。

2) 螺母选择。由于数控机床对滚珠丝杠螺母副的刚度有较高要求，故选择螺母时要注重保证其刚度。一般按高刚度要求选择预载的螺母形式，其中插管式外循环的端法兰双螺母应用最为广泛，适用重载荷传动、高速驱动及精密定位系统，在大导程、小导程和多头螺纹中具有独特优点，且较为经济。

滚珠的工作圈数 i 和列数 j 根据所要求的性能、工作寿命，按表5-3选取。法兰形状按安装空间由标准形状选择，也可根据需要制成特殊法兰形状。

表 5-3　滚珠丝杠的工作圈数和列数选择

要求特性	插管式（$i×j$）
滚珠循环流畅	1.5×2　1.5×3　2.5×1
刚度	2.5×2　2.5×3

3) 导轨精度选择。根据机床定位精度，确定滚珠丝杠螺母副导程的精度等级。一般情况下，推荐按下式估算：

$$E \leqslant \left(\frac{1}{4} \sim \frac{3}{5}\right) T_D \tag{5-42}$$

式中　E——累计代表导程偏差（μm）；

T_D——机床有效行程的定位精度（μm）。

典型机床进给滚珠丝杠的精度等级选择见表5-4。

表 5-4　典型机床进给滚珠丝杠的精度等级选择

应用		车床		铣床镗床		加工中心		坐标镗床		钻床		磨床		电火花机床（EDM）		线切割（HDM）		冲床	激光切割机床		木材加工机床
轴		X	Z	XY	Z	XY	Z	XY	Z	X	Z	X	Z	XY	Z	XY	UV	XY	XY	Z	
精度等级	C0							○	○			○									
	C1	○		○		○								○		○					
	C2	○		○	○	○	○	○						○		○		○			
	C3	○		○	○	○	○					○									
	C5	○	○	○	○	○	○			○				○		○		○	○	○	○
	C7										○										
	C10																				○

4) 累积基准导程目标值 T。为补偿由于温度升高或在外部载荷下滚珠丝杠延伸，需规定累积导程的目标值 T，以避免温度上升对导程精度的影响。

$$T = -\alpha \theta L \tag{5-43}$$

式中　α——热膨胀系数（$\alpha = 12 \times 10^{-6}$）；

θ——丝杠温升（一般取 $\theta = 2 \sim 3$℃）；

L——丝杠长度（mm）。

典型数控机床累积导程的目标值为：X 轴 $T_X = -(0.02 \sim 0.05)$mm/m；Z 轴 $T_Z = -(0.02 \sim 0.03)$mm/m；加工中心 $T_X = T_Y = -(0.02 \sim 0.04)$mm/m。

5) 丝杠螺纹长度 l 按下式计算：

$$l = l_u + l_1 + 2l_e \tag{5-44}$$

式中　　l_u——机床工作台有效行程（mm）;
　　　　l_e——余程（按表5-5选取）（mm）;
　　　　l_1——螺母长度（mm）。

表 5-5　导程和余程的选择

导程 P_h/mm	4	5	6	8	10	12	16	20
余程 l_e/mm	16	20	24	32	40	45	50	60

6) 滚珠丝杠的名义直径 D_0。确定直径 D_0 有两种方法，即计算图法和计算法。

按计算图法选择滚珠丝杠直径的步骤为：首先按最大轴向压缩载荷 F_{max}、丝杠支承方式和安装间距（选择前均已确定），由图 5-30 确定丝杠直径 D_{01}，再由容许轴向拉压载荷（F_{max}），选择丝杠直径 D_{02}，取 D_{01} 和 D_{02} 中较大的直径作为滚珠丝杠的初选直径，然后再按图 5-31 校核临界转速和 Dn 值，最后按图 5-32 所示的滚珠丝杠寿命曲线进行确认。

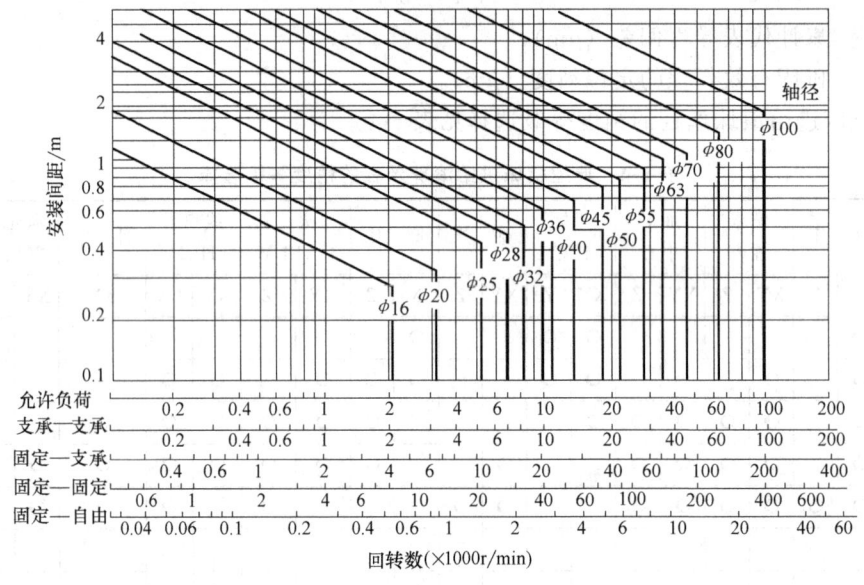

图 5-30　轴向载荷 F（N）

图 5-30 中的斜线表示丝杠压曲时的极限载荷；折线中与横坐标垂直的直线为相应丝杠直径的容许拉压载荷；与横坐标平行的粗实线表示对应丝杠直径可制造加工的极限长度。

图 5-31 中的斜线表示相应直径丝杠的临界速度时的极限转速；与横坐标垂直的直线，表示由 Dn 值限制的转速值，要求 $Dn \leq 70000$；D 为丝杠滚珠中心圆的直径（mm），n 为丝杠转速（r/min）；与横坐标平行的粗实线表示对应丝杠直径可制造加工的极限长度。

图 5-32 中的斜线表示由导程 P_h、直径 D_0 与螺母形式和滚珠的工作圈数、列数所确定的滚珠丝杠副的相应载荷比在对应转速时的寿命时间（h）。f_w 为载荷系数，按表5-6选取。

模块1　进给伺服驱动系统的组成与功能

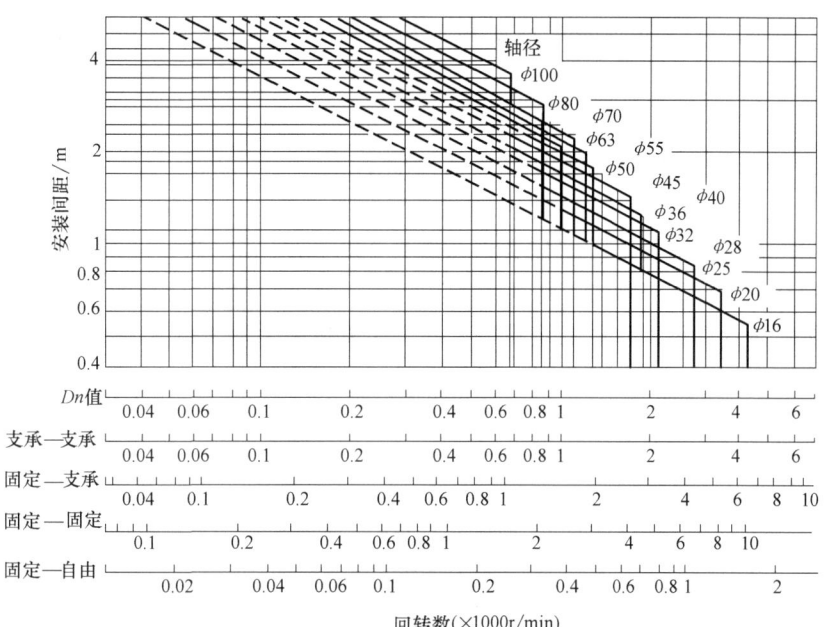

图 5-31　转速 n（r/min）

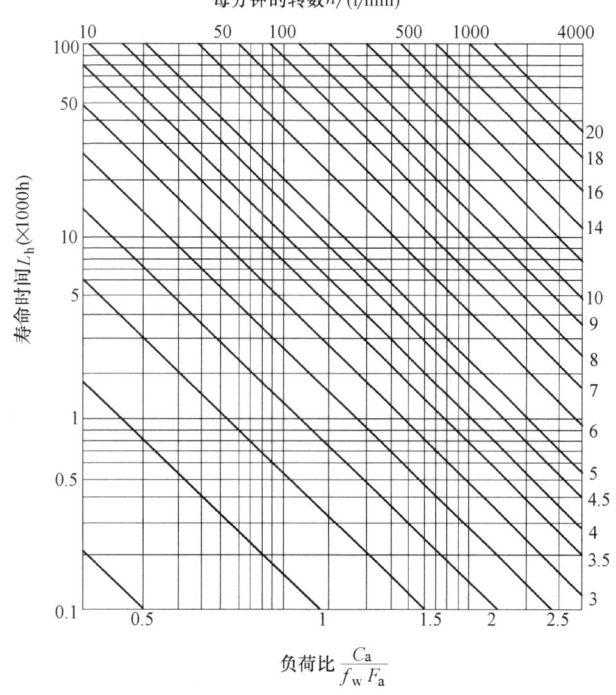

图 5-32　滚珠丝杠寿命曲线

表 5-6　载 荷 系 数

载荷性质	无冲击、平稳运动	轻微冲击	伴有冲击或振动
f_w	1.0~1.2	1.2~1.5	1.5~2.0

计算法。采用计算法首先确定预期额定动载荷 C_{am}，再根据动载荷按下式计算预期寿命。

$$C_{am} = \sqrt[3]{60 n_m t_t} \cdot F_m f_w / 100 \tag{5-45}$$

式中　F_m——滚珠丝杠螺母副平均工作载荷（N）；

　　　n_m——平均转速（r/min）；

　　　t_t——寿命时间，对数控机床其目标值为20000h；

　　　f_w——载荷系数，按表5-6选取。

除按预期寿命计算滚珠丝杠额定动载荷外，还需按最大轴向载荷 F_{max} 计算。

当滚珠丝杠螺母副有预加载荷时，额定动载荷按下式计算：

$$C_{am} = f_e F_{max} \tag{5-46}$$

式中　f_e——预加载荷系数，其值按表5-7选取。

完成计算后，取上述两种计算结果中较大值为滚珠丝杠螺母副的预期动载荷 C_{am}，用于选择滚珠丝杠公称直径。

表5-7　预加载荷系数

预加载荷类别	轻	中	重
f_e	>6.7	6.7～3.3	<3.3

根据预期额定动载荷 C_{am} 和所确定的螺母形式，从产品样本中选择 D_0，满足 $C_a \geq C_{am}$ 并使其 D_0 与螺纹长度符合生产厂规定要求。

一般情况下，国产滚珠丝杠螺母副螺纹部分长径比小于或等于30；国外滚珠丝杠螺母副长径比小于或等于70。

7）丝杠强度校核计算。

① 稳定性验算。丝杠压曲时的临界载荷 P 按欧拉公式计算：

$$P = 0.5 \times \frac{b\pi^2 EI}{L_a^2} = a \frac{d_r^4}{L_a^2} \times 10^4 \tag{5-47}$$

式中　E——弹性模量，$E = 2.1 \times 10^5 \text{N/mm}^2$；

　　　I——丝杠断面最小惯性矩，$I = \pi d_r^4 / 64$（mm^4）；

　　　d_r——丝杠谷径（mm）；

　　　L_a——螺母至固定端处最大距离（mm）；

　　　a、b——与丝杠安装方式相关的系数，按表5-8选取，并满足 $F_{max} \leq P$。

表5-8　与安装方式相关的系数

安装方式	简　图	a	b	λ	β
固定—自由		1.3	0.25	1.875	3.4

(续)

安装方式	简 图	a	b	λ	β
支承—支承		5.1	1	3.142	9.7
固定—支承		10.2	2	3.927	15.1
固定—固定		20.3	4	4.730	21.9

② 极限转速 n_c 校核。为防止丝杠转速接近其固定振动频率时发生共振，需对丝杠极限转速 n_c 进行校核计算。

$$n_c = 0.8 \times \frac{60\lambda^2}{2\pi L_b^2}\sqrt{\frac{EI}{\rho A}} = \beta \frac{d_r}{L_b^2} \times 10^7 \tag{5-48}$$

式中　E——弹性模量，$E = 2.1 \times 10^5 \text{N/mm}^2$；

　　　L_b——安装距离（mm）；

　　　I——丝杠断面最小惯性矩，$I = \pi d_r^4 / 64$（mm⁴）；

　　　d_r——丝杠谷径（mm）；

　　　A——丝杠断面积，$A = \pi d_r^2 / 4$（mm²）；

　　　β、λ——与丝杠安装方式有关的系数，其值按表 5-8 选取。

n_c 应满足：$n_{max} \leqslant n_c$。

③ 容许拉伸（压缩）载荷校核。丝杠拉伸（压缩）容许载荷 P_1 按表 5-9 选取：$F_{max} \leqslant P_1$。

表 5-9　容许拉伸（压缩）载荷

丝杠直径/mm	16	18	20	25	28	32	36	40	45	50	55	63	70	80	100
P_1/kN	21	28	32	54	66	82	110	137	184	221	285	338	435	616	1000

④ 螺母静额定载荷 C_{oa} 校核。

$$k_j F_{max} \leqslant C_{oa} \tag{5-49}$$

式中　C_{oa}——基本静额定载荷（N）；

　　　k_j——静态安全系数，其值按表 5-10 选取。

（3）确定滚珠丝杠螺母副型号与规格　综合上述所选主要技术参数，根据滚珠丝杠产品样本，即可确定所选滚珠丝杠螺母副型号规格。

表 5-10　静态安全系数

使用条件	静态安全系数 k_j 值
普通载荷	≥1～2
冲击或振动载荷	≥2～3

(4) 验算

1) 刚度验算。滚珠丝杠螺母副在工作载荷 F_{max} 和转矩 M_1 共同作用下所引起的螺纹每米导程变形总误差 Δ 按下式计算：

$$\Delta = \left(\pm K \frac{1000 F_{max}}{EA} \pm \frac{500 M P_h}{\pi G I} \right) \times 10^3 \tag{5-50}$$

式中　A——丝杠截面积，$A = \pi d_r^2 / 4$（mm^2）；

　　　G——丝杠材料剪切弹性模量，对钢 $G \approx 82400 N/mm^2$；

　　　K——安装方式系数（固定—自由：$K=1$；固定—固定：$K=0.25$）。

Δ 应小于等于 V_{300}（300mm 单一导程变动量）。

2) 效率验算。

$$\eta = \frac{\tan\gamma \times 100\%}{\tan(\gamma+\phi)} \geq 90\% \tag{5-51}$$

式中　γ——丝杠螺纹螺旋升角；

　　　ϕ——摩擦角，$\phi = \arctan\mu$。

如上述验算不满足要求，需另选其他型号，重复以上步骤直至满足要求为止。

2. 机床轴承的选用

滚动轴承主要用于主轴、滚珠丝杠和一般传动轴的支承。为了适应机床的工作特点，轴承设计者准备了各种不同类型结构、性能和承载能力的滚动轴承，以满足机床各旋转部位对轴承的需求。在选用轴承时，应依据它在机床上的用途、精度要求、几何空间、载荷性质、刚度、转速等来决定所要选用的轴承类型。

在选用轴承类型和组合的同时，对于机床用轴承应着重考虑精度、载荷、刚度、占用空间、转速和轴向位移等因素。这些因素并非是孤立的，而是相互关联的。如精度高的轴承相应的转速亦有所提高；又如内径尺寸相同，占用空间大的 2 系列轴承比占用空间小的 1 系列轴承有更大的承载能力和较高的刚性，而极限转速则有所下降。

(1) 精度　轴承的精度取于它的公差等级，公差等级在国家标准和一些相应的行业标准中已作了规定。用于机床主轴的轴承公差等级一般在 P5 级或高于 P5 级，它决定于机床回转轴以及加工工件的精度要求。角接触球轴承可选用 P5、P4、P4A 和 P2 级；双列圆柱滚子轴承和双向推力—角接触球轴承可用 P5、SP、P4、UP 和 P2 级；圆锥滚子轴承的精度等级则可用 P5、P4 和 P2 级；丝杠用推力角接触球轴承可用 P4、P2 级；推力球和滚子轴承可用 P5、P4 和 P2 级。

(2) 载荷　在选择轴承类型时，首先要依据该机床部件承受载荷的大小和方向来确定轴承的类型和配置，用不同类型的轴承分别承受来自径向、轴向或联合方向的载荷。

单列和双列圆柱滚子轴承外圈无挡边，因而只能承受径向载荷。双向推力角接触球轴承可以承受两个方向的轴向载荷。在轴向载荷较大时，建议采用推力球轴承或圆柱滚子轴承。当受联合载荷作用时（即同时承受径向和轴向载荷），依据各方向载荷的大小，分别可选用不同大小接触角的角接触球轴承、圆锥滚子轴承。

(3) 刚度　所谓轴承的刚度可理解为轴承抵抗外载荷作用的能力。按刚度性质来分，可分为静态刚度和动态刚度；按刚度方向来分，可分为径向刚度、轴向刚度和角刚度。轴承的刚度与它的尺寸系列、滚动体的直径大小和数量、内部结构以及预载荷等因素有关。

轴承的刚度影响到机床在承受外部动态和静态载荷时的变形大小，同时直接影响到加工零件的几何精度和尺寸精度，因此轴承的刚度是机床主轴组件的重要性能指标。

(4) 占用空间　精密机床轴承在满足承受载荷、刚度、旋转精度和使用寿命时，轴承的截面要尽可能的小，以节省占用空间，使机床的结构尽量紧凑。同时在轴承箱体孔径不变的条件下，可以增加主轴的直径，使主轴刚度增大。

(5) 轴承的转速　在轴承表中列出的极限转速，是指在理想条件下轴承可能达到的转速，在各类型轴承技术特性中列出了在一定条件下的极限转速修正值，可作为一个参考。轴承可能达到的最高转速是由运转时产生的热能所决定的，它取决于轴承的结构类型、尺寸系列、精度、游隙或预载荷、外部载荷、润滑方法、冷却条件及配合精度等因素。

(6) 轴向位移　通常轴承配置在主轴系统中时，在主轴一端的轴承轴向的位置是固定的，而在主轴另一端的轴承轴向位置是自由的，这样可以防止因热胀冷缩产生的不利影响。内圈或外圈无挡边的圆柱滚子轴承是用于自由端最理想的轴承。它的内部结构可以允许内圈或外圈在轴向的两个方向作相对位移，从而解决了轴和座体的热胀冷缩问题，同时内圈和外圈可以采用过盈配合安装。

若采用非分离型轴承（如角接触球轴承）作自由端时，内圈与轴或外圈与座孔必须采用间隙配合，以允许在配合面之间相互能产生轴向位移，但它会降低主轴系统的总刚度。

项目 5　位置检测组件的选用

教学目标：了解进给系统的位置检测组件的工作要求，了解其选型方法。

思考与练习：简述一种光电编码器的选用过程（根据实际情况给定工作要求）。

位置检测组件是闭环进给伺服系统的重要组成部分，机床精度在很大程度上由位置检测组件的精度决定。目前，在被测部件移动速度为 240m/min 时，检测位移分辨率能达到 $1\mu m$；被测部件移动速度为 24m/min 时，检测位移分辨率能达到 $0.1\mu m$；位置检测组件的最高分辨率可达 $0.01\mu m$。选用位置检测组件时应满足以下几项要求：

1) 受温度、湿度的影响小，工作可靠，能长期保持精度，抗干扰能力强。
2) 在机床执行部件移动范围内，能满足精度和速度要求。
3) 使用维护方便，适应机床工作环境。
4) 成本低。

常用于测量旋转运动的反馈元件有旋转编码器（主要是光电编码器）、圆光栅、旋转变压器及旋转式感应同步器等。用于测量直线运动的反馈元件有直光栅、激光尺、直线式感应同步器和激光干涉仪等。

1. 光电编码器的选用

编码器（encoder）是将信号（如 bit 流）或数据进行编制、转换为可用以通信、传输和存储的信号形式的设备。把角位移转换成电信号的编码器通常称为码盘，把直线位移转换成电信号的编码器称为码尺。

按照读出方式，编码器可以分为接触式和非接触式两种。接触式编码器采用电刷输出，以电刷接触导电区或绝缘区来表示代码的状态是1还是0。非接触式编码器的接收元件是光敏、磁敏元件，采用光敏元件时以透光区和不透光区来表示代码的状态是1还是0，通过1和0的二进制编码将采集到的物理信号转换为机器可读取的电信号并用以通信、传输和储存。

按照工作原理，编码器可分为增量式和绝对式两类。增量式编码器是将位移转换成周期性的电信号，再把这个电信号转变成计数脉冲，用脉冲的个数表示位移的大小。绝对式编码器的每一个位置对应一个确定的数字码，因此它的示值只与测量的起始和终止位置有关，而与测量的中间过程无关。

增量式旋转编码器在转动时输出脉冲，通过计数设备来确定其位置，当编码器不动或停电时，依靠计数设备的内部记忆来保存位置。停电后编码器不能有任何的移动；来电后在编码器输出脉冲过程中，也不能有干扰。否则，计数设备记忆的零点就会偏移，而且这种偏移的量是无法预知的，只有错误的结果出现后才能知道。解决零点偏移的方法是增加参考点，编码器每次经过参考点，都将参考点位置修正进计数设备的记忆位置，在经过参考点以前，是不能保证位置的准确性的。为此，在实际应用中就有每次操作先找参考点、开机找零等操作要求。

绝对式旋转光电编码器，因其具有每一个位置绝对唯一、抗干扰、无需掉电记忆等特点，已广泛地应用于各种工业系统中的角度、长度测量和定位控制。绝对式编码器光码盘上有许多道刻线，刻线以2线、4线、8线、16线、…依次编排。在编码器的每一个位置，通过读取每道刻线的通、暗，获得一组从2的零次方到2的$n-1$次方的唯一的二进制编码（格雷码），这种编码器就称为n位绝对编码器。

绝对编码器中由机械位置决定的每个位置都具有唯一性，它无需记忆，无需找参考点，而且不用计数，什么时候需要知道位置，就什么时候去读取。因此，编码器的抗干扰特性、数据的可靠性大大提高了。

光电编码器可以非常方便地测量电动机轴的角位移和转速。目前常将光电编码器直接通过十字连轴器与伺服电动机组装在一起用以构成闭环或半闭环伺服系统。

选用编码器时主要需确定解析值（P/R）、输出相、输出信号、电源类型、外形尺寸、环境特性和机械结构等内容。

(1) 解析值计算　自动检测可分为长度、角度、速度、流量四大类，在用途确定后即可求得所需解析值（P/R）。下面以数控冲床所用的编码器为例进行说明。

某数控冲床与滚珠丝杠直接连接，丝杠节距5mm，要求裁切公差为0.01mm，所需编码器的解析值P/R＝360°×0.01/5＝0.72°。

(2) 输出相　A相代表机器只能一直前进或后退，如输送带、手扶梯。AB相代表机器可以前进或后退，一般称为正逆转控制或加减算，如电梯、往复式喷涂机。Z相代表固定时间或位置信号，常用于机械原点校正或马达转速计算。

(3) 输出信号　电压型（VOLTAGE）：常用于标准型计数器。电流型或集电极开路型（OPEN-COLLECT）：可用于NPN或PNP系统回路，且信号输送情况比电压型输出信号好。长线驱动型或线性差动型（LINE DRIVER）：一般用于远距离信号传输场合，抗干扰性较好。

(4) 其他参数　电源、外形尺寸、环境特性和机械结构等参数由编码器生产商自行设计，需根据用途按产品样本进行选择。常用电源有 5V、8~26V 直流电源。外形有单轴心型、中空孔型、双轴心型和其他特殊规格等。环境特性主要包括环境温度，现场环境是否有粉尘、棉絮、油污、油气、铁屑及其他特殊环境要求。机械结构主要考虑的是联轴器与编码器、编码器轴与链或带的连接等。

2. 光栅线位移传感器的使用

光栅线位移传感器的工作原理是一对光栅副中的主光栅（即标尺光栅）和副光栅（即指示光栅）进行相对位移时，在光的干涉与衍射共同作用下会产生黑白相间（或明暗相间）的规则条纹，这种条纹称之为莫尔条纹，经过光电器件转换使黑白（或明暗）相同的条纹转换成正弦波变化的电信号，再经过放大器放大、整形电路整形后，得到两路相差为 90° 的正弦波或方波，送入光栅数显表计数显示。

一般将光栅线位移传感器的主尺安装在机床的工作台（滑板）上，随机床走刀而动，读数头固定在床身上，并尽可能地将读数头安装在主尺的下方，安装时必须注意切屑、切削液及油液的溅落方向。如果由于安装位置限制必须采用读数头朝上的方式安装时，则必须增加辅助密封装置。另外，在一般情况下，读数头应尽量安装在相对机床静止的部件上，从而使输出导线易于固定，而主尺应安装在相对机床运动的部件上，如滑板。

安装光栅线位移传感器时，不能直接将传感器安装在粗糙不平或打底涂漆的机床床身上。光栅主尺及读数头分别安装在机床相对运动的两个部件上。用千分表检查机床工作台的主尺安装面与导轨运动的方向平行度。千分表固定在床身上，移动工作台，要求平行度达到 0.1mm/1000mm 以内。如果不能达到这个要求，则需设计加工光栅主尺基座。主尺基座的长度至少应与主尺相等，通常应比主尺长 50mm 左右。主尺基座通过铣、磨工序加工，其平面平行度应达到 0.1mm/1000mm 以内。另外，还需加工与主尺身基座等高的读数头基座。读数头的基座与主尺基座的高度总误差不得大于 ±0.2mm。安装时，调整读数头位置，使读数头与主尺平行度达到 0.1mm/1000mm 以内，读数头与光栅主尺尺身之间的间距为 1~1.5mm。

（1）光栅线位移传感器主尺的安装　将光栅主尺用螺钉固定在机床安装的工作台安装面上，但不要拧紧，把千分表固定在床身上，移动工作台（主尺与工作台同时移动）。用千分表测量主尺平面与机床导轨运动方向的平行度，调整主尺螺钉位置，使主尺平行度不大于 0.1mm/1000mm，再把螺钉彻底拧紧。如安装超过 1.5m 的光栅时，不能只安装两端，还需在主尺尺身中安装支撑。在有基座的情况下安装好后，最好用卡子固定住尺身中点（或几点）；不能安装卡子时，最好用玻璃胶粘住光栅尺身，使基座与主尺固定好。

（2）光栅线位移传感器读数头的安装　在安装读数头时，首先应保证读数头的基面达到安装要求，然后再安装读数头，其安装方法与主尺相似。最后调整读数头，使读数头与光栅主尺平行度保证在 0.1mm/1000mm 之内，其读数头与主尺的间隙控制在 1~1.5mm。

（3）光栅线位移传感器限位装置　光栅线位移传感器全部安装完以后，一定要在机床导轨上安装限位装置，以免机床加工产品移动时读数头冲撞到主尺两端，从而损坏光栅主尺。另外，用户在选购光栅线位移传感器时，应尽量选用超出机床加工尺寸 100mm 左右的光栅主尺，以留有余量。

（4）光栅线位移传感器检查　光栅线位移传感器安装完毕后，可接通数显表，移动工作台，观察数显表计数是否正常。

在机床上选取一个参考位置，来回移动工作点至该选取的位置。数显表读数应相同（或回零）。另外也可使用千分表（或百分表），使千分表与数显表同时调至零（或记忆起始数据），往返多次后回到初始位置，观察数显表与千分表的读数是否一致。

(5) 光栅线位移传感器的使用

1) 光栅线位移传感器与数显表插头座插拔时应在关闭电源后进行。

2) 尽可能外加保护罩，并及时清理溅落在光栅尺上的切屑和油液，严格防止任何异物进入光栅线位移传感器壳体内部。

3) 定期检查各安装联接螺钉是否松动。

4) 为延长防尘密封条的寿命，可在密封条上均匀涂上一薄层硅油，注意不要将硅油溅落在玻璃光栅刻划面上。

5) 为保证光栅线位移传感器使用的可靠性，每隔一定时间用乙醇混合液清洗擦拭光栅尺面及指示光栅面，保持光栅尺面清洁。

6) 光栅线位移传感器严禁剧烈振动或摔打，以免破坏光栅尺。

7) 不要自行拆开光栅线位移传感器，更不能改动主栅尺与副栅尺的相对间距，否则一方面可能破坏光栅线位移传感器的精度；另一方面还可能造成主栅尺与副栅尺的相对摩擦，导致铬层损坏，进而造成光栅尺报废。

8) 应避免油污及水污染光栅尺面，破坏光栅尺条纹分布，引起测量误差。

9) 光栅线位移传感器应尽量避免在有严重腐蚀作用的环境中工作，以免腐蚀光栅铬层及光栅尺表面，破坏光栅尺质量。

模块 2　进给伺服驱动系统的调试

项目 1　伺服控制单元的调试

教学目标：学习伺服控制单元的一般调试方法，完成关键参数的设置与调试。
思考与练习：完成数控车床参数设置与调试。

伺服控制单元与数控系统一般是相对独立的，伺服控制单元可以与多种数控系统配用。数控系统给出的指令是与轴运动速度相关的直流电压，而从机床返回的是与数控系统匹配的轴运动位置检测信号。伺服数据的设定和调整都在伺服控制单元侧，采用电位器调节或通过数字输入方式进行调节。

串行数据传输型伺服控制单元的特点是数控系统与伺服控制单元之间的数据传送是双向。与轴运动相关的指令数据、伺服数据和报警信号通过相应的时钟信号线、选通信号线、发送数据线、接收数据线、报警信号线传送。从位置编码器返回 CNC 装置的有运动轴的实际位置和状态等信息。

网络数据传输型伺服控制单元的特点是各伺服控制单元密集安装在一起，由公用的直流电源单元供电。CNC 装置通过 FCP 板上的网络数据处理模块的连接点 SR、ST 与各个轴控制单元的网络数据处理模块的 SR、ST 点串联，组成伺服控制环。各个轴的位置编码器与轴控制单元之间通过两根高速通信线连接，反馈的信息主要有运动轴位置和相关状态信息。

串行数据传输型和网络数据传输型伺服控制单元的伺服参数在 CNC 装置中均用数字设定，开机初始化时装入伺服控制单元，有利于修改和调整。网络数据传输型伺服控制单元在相应的控制软件配合下，具有实时的调整能力。如在 Hi-G 型定位加/减速功能中，可以根据电动机的速度和转矩特性求出相应的函数，再以其函数控制高速定位时的加/减速度，从而抑制高速定位时可能引起的振动。定位速度的提高可以缩短非切削时间，提高加工效率。如在 Hi-Cut 型进给伺服速度控制功能中，系统可以在读入零件加工程序后，自动识别数控指令要求加工的零件形状（圆弧、棱边等），自动调节加工速度使之最佳化，进而实现高速高精度加工。

采用高速微处理器和专用数字信号处理机（DSP）的全数字化交流伺服系统出现后，硬件伺服控制变为软件伺服控制，一些现代控制理论的先进算法得到实现，进而大大地提高了伺服系统的控制性能。

进给驱动系统进给轴的调试已在第 4 单元中讲解，下面重点介绍与进给驱动机械部件相关的伺服增益、螺纹 G331/G332 动态调整、齿侧补偿和丝杠螺距误差螺补。

1. 伺服增益

伺服控制单元的增益过高会导致振动，过低会导致出错。伺服增益默认设定为 $K_v=1$（速率为 1m/min 时的误差为 1mm），而不同机床均有各自特殊的机械条件，因此，伺服控制单元的伺服增益必须根据相应的机械条件作调整。在进行调整时，驱动器必须检查设定速度的特性（MD32250，MD32260）。当零脉冲通过时，必须持续检查速度特性，使 MD 32910 DYN_MATCH_TIME $[n] = \frac{1}{K_v[1] 主轴} - \frac{1}{K_v[1] 进给轴}$。

2. 螺纹插补功能 G331/G332 的动态调整

用于螺纹插补功能 G331/G332 的主轴和相关进给轴的动态响应可通过"低"控制环来调整，通常考虑 Z 轴，并与主轴的惯性一起调整。如果执行了一个精确的调整攻螺纹时间，可不再使用补偿夹具，可实现较高的主轴转速和较小的补偿路径。

螺纹动态调整值输入到 MD 32910 DYN_MATCH_TIME $[n]$，对进给轴和主轴来说，当设定 MD-32900-DYN_MATCH_ENABLE=1 时，调整即生效。机床数据 32900 动态响应调整的默认值为 0；而 32910 动态调整时间常数（控制参数号 0~5）的默认值为 0.0。如果用 G331/G332 生效功能，机床数据 32912 的参数块 n（0~5）自动生效，这些机床数据对应着主轴的不同齿轮级。每个齿轮级又与决定主轴速度的 M40 相关，或者由 M41~M45 直接设定。

主轴的动态数值作为闭环增益存贮在响应齿轮级的 MD-32200-POSCTRL_GAIN $[n]$ 中，与这些值相匹配的进给轴的动态数值输入到 MD-32910-DYN_MATCH_TIME $[n]$ 中，其单位为秒（s）。增益值 K_v 与主轴及进给轴的动态数值 POSCTRL_GAIN $[n]$ 具有下列关系：

$$K_v[n] 主轴 = POSCTRL\ GAIN[n] 主轴 \times \frac{1000}{60} \tag{5-52}$$

$$K_v[n] 进给轴 = POSCTRL\ GAIN[n] 进给轴 \times \frac{1000}{60} \tag{5-53}$$

当在其他齿轮级使用 G331/G332 时，应按照上述关系完成其匹配工作，Z 轴/主轴的动态匹配过程如下：

假设主轴的增益 K_v：MD 32200 POSCTRL_GAIN $[1]$ = 0.5；进给轴 Z 的增益 K_v：MD 32200 POSCTRL_GAIN $[1]$ = 2.5。

用搜寻功能输入 Z 轴的机床数据：

$$MD\text{-}32910\text{-}DYN\_MATCH\_TIME\ [1] = \left(\frac{1}{0.5} - \frac{1}{2.5}\right) \times \frac{60}{1000} s = 0.0960 s \tag{5-54}$$

当运行进给轴（如 Z 轴）和主轴时，POSCTRL GAIN 的确切值将出现在服务显示上，此时 MD 32910 DYN_MATCH_ENABLE 必须设为 1。

如用于 Z 轴 POSCTRL GAIN 的服务显示为 2.437，则输入 Z 轴的机床数据：

$$MD\ 32910\ DYN\_MATCH\_TIME\ [1] = \left(\frac{1}{0.5} - \frac{1}{2.437}\right) \times \frac{60}{1000} s = 0.0954 s \tag{5-55}$$

为达到螺纹动态数据优化的目的，螺纹第一次测试时须采用补偿夹具并计算补偿数据，然后现对数值修改以使补偿夹具的路径接近于零。此时出现在服务显示上的进给轴和主轴的 POSCTRL GAIN 值应当一致。

（1）齿隙补偿 由于间隙造成的运动误差可通过输入齿隙补偿值（MD-32450-BASKLASH）进行纠正。输入齿隙补偿值，再进行回参考点后操作即生效。

（2）丝杠螺距误差的螺距补偿（LEC） 丝杠螺距误差的螺距补偿须根据测量误差值来确定补偿值，并在设定时用特殊的系统变量将其输入到控制器中，而补偿表必须以 NC 程序形式输入。

根据相关的补偿值，螺距补偿（LEC）可改变轴响应的实际值。若补偿值太高，将会出现报警信息。只有在完成补偿点数定义 MD：MM_ENC_MAX_POINTS[t] 并上电之后螺距补偿（LEC）才能生效。

当改变 MD：MM_ENC_MAX_POINTS[t] 或 MM_ENC_COMP_MAX_POINTS，控制系统启动后将自动重新组织 NC 用户存储器，所有存储在用户存储区的驱动程序和 MMC 机床数据、刀偏值、零件程序、补偿表等用户数据将被删除。

项目 2　数控机床位置精度的调试

教 学 目 标：学习位置精度调试的一般方法，了解位置精度调试基本步骤，为进行机床验收做好准备。详细调试操作将在第 7 单元学习。

思考与练习：简述位置精度调试的基本过程。

数控机床位置误差主要由数控装置误差 δ_1、电动机误差 δ_2、测量转换装置误差 δ_3 和机械进给伺服系统误差 δ_4 组成，如图 5-33 所示。前 3 项为控制系统的输出误差，可以通过合理设置减速电路使其与机床特性相匹配，调节位置回路增量，提高电动机转角精度等方法使控制系统的输出误差减小，而机械进给伺服系统的误差则必须在装配、调试中解决，剩余极小部分再辅以电气补偿。

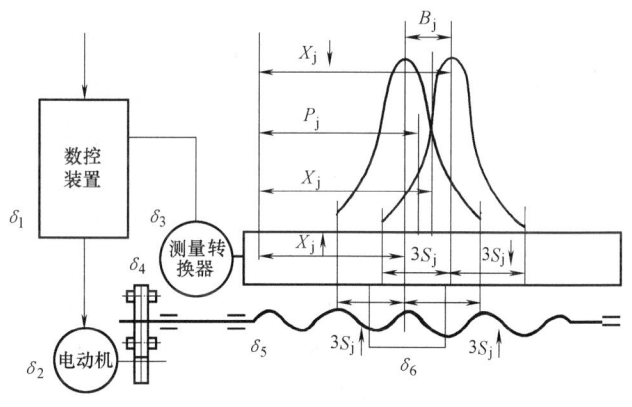

图 5-33　数控机床位置误差形成原理图

机床位置精度的主要检测项目有：

1) 直线运动位置精度（X 轴、Y 轴、Z 轴、U 轴、V 轴、W 轴）。
2) 直线运动重复定位精度。
3) 直线运动反向间隙（失动量）测定。
4) 回转运动定位精度（A 轴、B 轴、C 轴）。
5) 回转运动重复定位精度。
6) 回转运动反向间隙（失动量）测定。

目前，普遍使用双频激光干涉仪直接完成直线运动精度的各项测量，配上测角附件则可以完成回转精度的各项测量，包括由计算机按标准化软件采集数据进行处理、评价和打印出符合不同国家标准和国际标准的测量结果。较先进的机型可以通过软件直接将测量误差转换成补偿当量，对螺距误差和反向间隙进行补偿，代替人工输入测量误差，提高了测量和调试的效率。下面以直线运动位置精度调试为例，简述调试方法。

1. 试测

数控机床装配的最后阶段包括通电调试和检验几何精度，合格后开始对其位置精度进行检测和调试。首先，对各坐标轴运动的原始状态作一个循环测试，根据位置误差曲线状态和数据初步判断与之有关的机械或电气的精度状况。排除不正常因素后，开始按标准规定正式测试5个循环。

首先进行的单个循环测试称为试测。现代数控机床在试测过程中，常见的位置误差曲线如图5-34所示。

图5-34a所示为正反向曲线基本平行，且两曲线坐标距离不大，一般中等以上精度的数控机床曲线坐标距离不大于0.03mm。为了直观地讨论问题，反向失动量近似地视为等同于机械间隙，并以 b 表示。单向循环一次测得的单向轴线位置系统误差标为 P'_a，相当于丝杠实际螺距累积误差（该数据为丝杠出厂时的实测螺距误差数据）。假如 P'_a 不大于 0.03mm/1000mm，则认为机械和电气系统正常，可以进入正式测试。在正式测试中连续测3～5个循环，通过控制系统的补偿，得到合格的位置精度。

图5-34b所示为正反向曲线平行，但两曲线间坐标距离异常大，很可能是滚珠丝杠螺母间隙、传动装置中的齿形带啮合间隙或键联接间隙过大，以及传动件受力变形太大所致，必须先分析并排除异常后再进入正式测试。

图5-34c所示为正反向误差曲线显著不平行，其原因主要是丝杠支承座轴向间隙大。在不加预紧力的丝杠传动中，实际只有轴向间隙较小的一个支承受力，丝杠在正反向行程中分别处于受拉和受压状态。用百分表测得的丝杠端部正反向转动时的振摆量，就是丝杠座的轴向间隙。消除丝杠座的轴向间隙后正反向误差曲线会趋于平行，这时才能开始正式测试。对有预拉力要求的丝杠，须仔细修磨调整垫以保证预拉力符合设计要求，使丝杠、支承座等在承受轴向力时近似成为一个刚（整）体。

图5-34d所示为正反向曲线平行，但单向系统误差 P'_a 异常大。原因可能是丝杠螺距累积误差太大，或者是丝杠预拉力过大，丝杠被拉长。如果是丝杠预拉力过大，经过几个循环后就会导致步进电动机或伺服电动机发热。对闭环系统来说原因则可能是输入到双频激光干涉仪等测量装置的光栅材料温度膨胀系数偏小所致。

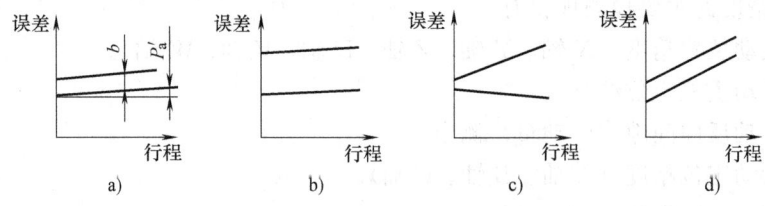

图5-34 试测中的位置误差曲线简图

2. 正式测量

通过试测，并排除异常因素后开始正式测量。按标准规定坐标轴移动5个循环后，经计算机（按数理统计）处理显示和打印出包括位置误差数据和位置误差评定曲线的测量结果。这是机床位置误差的原始状态数据，对分析机床精度和今后机床维修非常有用，必须储存在机床控制系统中，以备查阅。根据测量结果，首先按平均反向误差值输入反向间隙补偿值，再测量一个循环，可以看到正反向误差曲线趋于重叠；然后顺着测量间距目标位置上的位置误差值作各点的螺距补偿，经补偿以后测量的误差曲线将变得平直；最后再使坐标移动 5 个循环，得到改善后的误差评定曲线。如果误差还太大，可以在此基础上再进行补偿，直到满意为止。

对于全闭环系统，如采用光栅尺反馈系统，反向误差较小，一般在 0.005mm 以内，所以无需再作反向间隙补偿。如果采用光栅系统在非恒温环境下调试，必须输入光栅出厂规定的材料温度膨胀系数，否则会产生系统误差。

项目 3　滚珠丝杠螺母副轴向间隙的调整

教 学 目 标：了解滚珠丝杠螺母副轴向间隙对机床工作精度的影响，学习其调整的一般方法，能够完成规定间隙的调整。

思考与练习：简述滚珠丝杠螺母副轴向间隙调整的几种方法，并说明适用场合。

滚珠丝杠螺母副的传动间隙是轴向间隙，为保证反向传动精度和丝杠的刚度，必须消除轴向间隙。消除间隙的方法常采用双螺母结构，利用两个螺母的相对轴向位移，使两个滚珠螺母中的滚珠分别贴紧在螺旋滚道的两个相反的侧面上。用这种方法预紧消除轴向间隙时，应注意预紧力不宜过大，过大的预紧力将导致空载力矩增加，从而降低传动效率，缩短使用寿命。此外还要消除丝杠安装部分和驱动部分的间隙。

常用的消除滚珠丝杠螺母副间隙的方法有：

1. 垫片调隙

如图 5-35 所示，调整垫片厚度使左右两螺母不能相对旋转，只产生轴向位移，即可消除间隙和产生预紧力。这种方式结构简单，刚性好，但调整时需要卸下调整垫圈修磨，滚道有磨损时不能随时消除间隙和进行预紧。

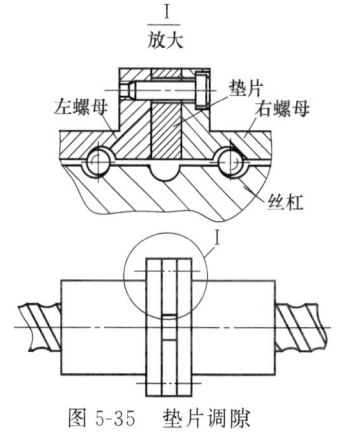

图 5-35　垫片调隙

2. 螺纹调隙

如图 5-36 所示，滚珠丝杠左右两螺母副以平键与外套相联，用平键限制螺母在螺母座内的转动。调整时，只要拧动圆螺母即可消除间隙并产生预紧力，然后用锁紧螺母锁紧。这种调整方法具有结构简单、工作可靠、调整方便的优点，但预紧量不准确。

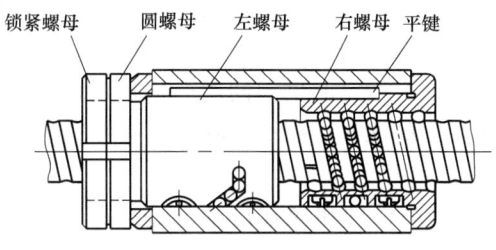

图 5-36　螺纹调隙

3. 齿差调隙

如图 5-37 所示，在两个螺母的凸缘上制有圆柱外齿轮，分别与固紧在套筒两端的内齿圈相啮合，其齿数分别为 z_1 和 z_2，并相差一个齿。调整时，先取下内齿圈，让两个螺母相对于套筒同方向都转动一个齿，然后再插入内齿圈，则两个螺母便产生相对角位移，其轴向位移量 $s = (1/z_1 - 1/z_2)t$。

假设 $z_1 = 80$，$z_2 = 81$，滚珠丝杠的导程为 $t = 6\text{mm}$ 时，则 $s = (1/80 - 1/81) \times 6\text{mm} \approx 0.001\text{mm}$。这种调整方法能精确调整预紧量，调整方便、可靠，但结构尺寸较大，多用于高精度的传动。

4. 单螺母变位螺距预加负载

单螺母变位螺距预加负载是在滚珠螺母体内的两列循环滚珠链之间使用螺纹滚道在轴向产生一个 ΔL_0 的导程突变量，从而使两列滚珠在轴向错位实现预紧，如图 5-38 所示。这种方法结构简单，但负载量大小须预先设定，且不能改变。

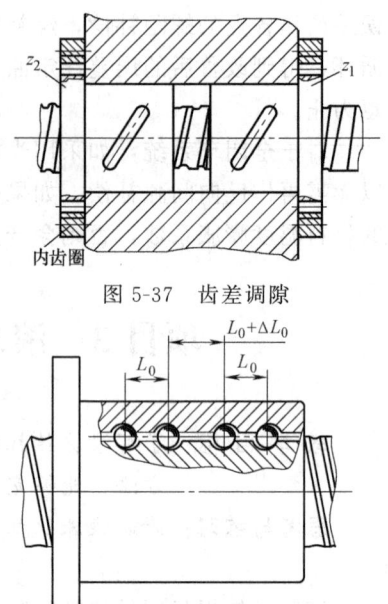

图 5-37 齿差调隙

图 5-38 单螺母变位螺距预加负载

项目 4　传动间隙的补偿

教 学 目 标：了解常用传动间隙的补偿机构的工作原理，掌握传动间隙调整的一般方法。

思考与练习：以一种补偿机构为例，说明其工作原理。

在数控机床进给传动装置中，一般由电动机通过联轴器带动滚珠丝杠旋转，通过滚珠丝杠螺母副机构将回转运动转换为直线运动。由于滚珠丝杠螺母副在加工和安装过程中存在误差，将回转运动转换为直线运动时存在以下两种误差。

1) 螺距公差。即丝杠导程的实际值与理论值的偏差。例如 PⅡ滚珠丝杠的螺距公差为 0.012mm/300mm。

2) 反向间隙。即丝杠和螺母无相对转动时丝杠和螺母之间的最大窜动量。由于螺母结构本身的游隙，以及受轴向载荷后的弹性变形，滚动丝杠螺母副机构存在轴向间隙。该轴向间隙在丝杠反向转动时表现为丝杠转动 α 角，而螺母未移动，形成了反向间隙。为了保证丝杠和螺母之间的灵活运动，必须有一定的反向间隙。但反向间隙过大将严重影响机床精度。因此，数控机床进给系统所使用的滚珠丝杠螺母副必须有可靠的轴向间隙调节机构。

电动机与丝杠的连接方式有以下三种。

1) 直连。即用联轴器将电动机轴和丝杠沿轴线连接起来，其传动比为 1∶1，无传动间隙。

2) 同步带传动。即将同步带轮固定在电动机轴和丝杠上，用同步带传递转矩。该传动方式的传动比由同步带轮齿数比确定，传动平稳，但有传动间隙。

3）齿轮传动。电机通过齿轮或齿轮箱将转矩传到丝杠，传动比可根据需要确定。该传动方式传递的转矩大，但有传动间隙。

1. 齿隙补偿机构

数控机床进给伺服系统经常处于自动变向状态，齿轮传动间隙会造成进给伺服反向时，丢失指令脉冲，并产生反向死区从而影响加工精度，因此必须采取措施消除齿轮传动中的间隙。

图 5-39 所示为圆柱齿轮间隙的几种调整结构。图 5-39a 所示为偏心套间隙调整结构，将偏心套转过一定角度，可调整两齿轮的中心距以消除齿侧间隙。图 5-39b 所示为带有锥度的齿轮间隙调整结构，两个相互啮合的齿轮都制成带有小锥度，使齿厚沿轴线方向稍有变化。通过修磨垫片的厚度，调整两齿轮的轴向相对位置，即可消除齿侧间隙。图 5-39c 所示为斜齿圆柱齿轮轴向垫片间隙调整结构，与宽齿轮同时啮合的两个薄片齿轮，用键与轴相联接，彼此不能相对转动。两个薄片齿轮的轮齿是拼装在一起进行加工的，加工时在它们之间垫入一定厚度的垫片。装配时将厚度比加工时所用的垫片稍厚或稍薄的垫片垫入两齿轮之间，并用螺母拧紧，于是两薄片齿轮的螺旋齿产生错位，分别与宽齿轮的左边或右边齿侧贴紧，从而消除了它们之间的齿侧间隙。采用这种调整结构，无论齿轮正转或反转，都只有一个薄片齿轮承受载荷。

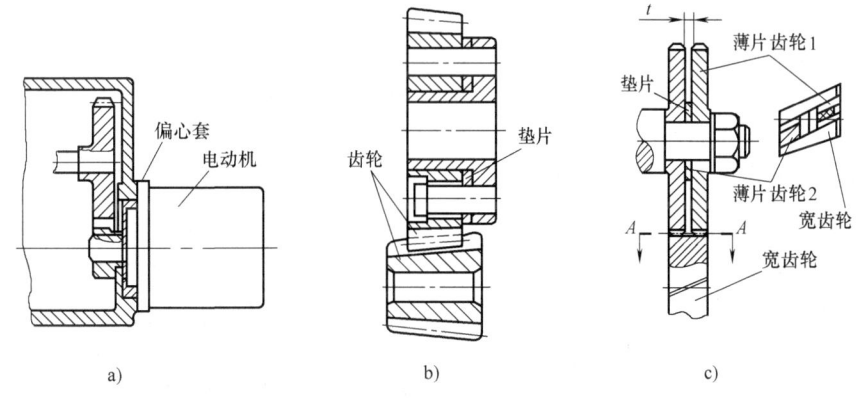

图 5-39 圆柱齿轮间隙的几种调整结构

上述几种齿侧间隙的调整方法，结构比较简单，传动刚性好，但调整之后间隙不能自动补偿，且必须严格控制齿轮的齿厚和齿距公差，否则将影响传动的灵活性。

2. 齿隙自动补偿调整结构

在齿隙自动补偿调整结构中，相互啮合的一对齿轮中的一个做成两个薄片齿轮，两薄片齿轮套装在一起，彼此可作相对运动。两个齿轮的端面上，分别装有螺纹凸耳，拉簧的一端钩在一个凸耳上，另一端钩在穿过另一个凸耳后的螺钉上，在拉簧的拉力作用下，两薄片齿轮的轮齿相互错位，分别贴紧在与之啮合的齿轮左、右齿廓面上，消除了它们之间的齿侧间隙。拉簧的拉力大小可用调整螺母调整。这种调整方法能自动补偿间隙，但结构复杂，传动刚度差，能传递的转矩小，如图 5-40 所示。

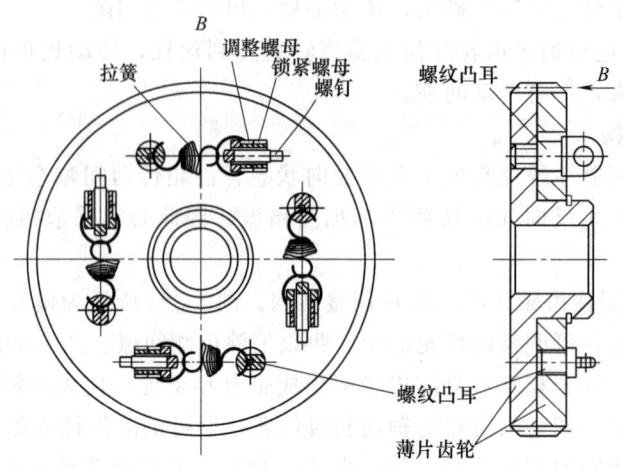

图 5-40 双齿轮拉簧错齿间隙的调整结构

3. 键联接间隙补偿机构

数控机床进给伺服传动装置中，齿轮等传动件与轴键的配合间隙同齿隙一样，也会影响工件的加工精度，需将其消除。图 5-41 所示为消除键联接间隙的两种方法，图 5-41a 所示为双键联接结构，用紧定螺钉顶紧消除键的联接间隙；图 5-41b 所示为楔形销键联接结构，用螺母拉紧楔形销以消除键的联接间隙。

图 5-42 所示为一种可获得无间隙传动的无键联接结构。内锥形胀套和外锥形胀套是一对相互配研、接触良好的弹性锥形胀套，当螺钉通过两个圆环将它们压紧时，内锥形胀套的内孔缩小，外锥形胀套的外圆胀大，依靠摩擦力将传动件和轴联接在一起。锥形胀套可根据所需传递的转矩大小设计一对或几对。

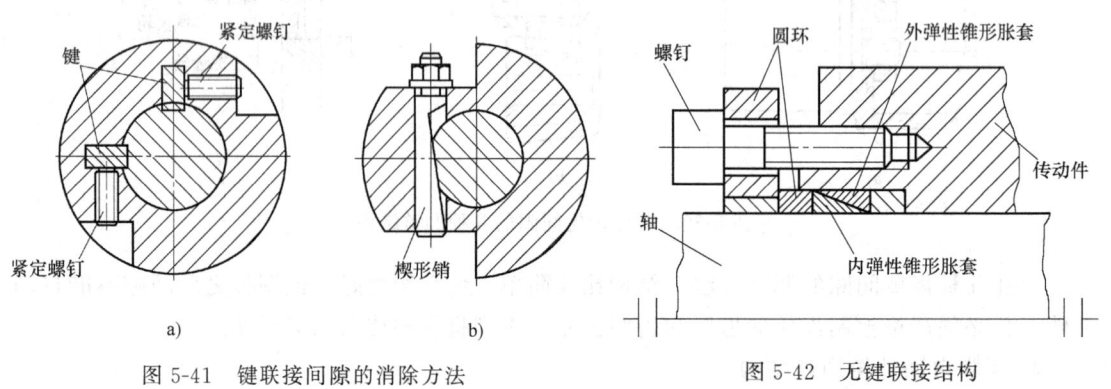

图 5-41 键联接间隙的消除方法　　　　图 5-42 无键联接结构

项目 5　进给伺服驱动系统其他部件调整

教学目标：了解床鞍、刀架等进给相关部件的调整方法。
思考与练习：举例说明如何进行数控车床刀架的调整。

1. 床鞍

斜导轨数控车床床鞍结构如图 5-43 所示。床鞍和滑板铸件均用脂砂造型，X 轴采用线性导轨，设置有 X 轴限位开关及极限挡块，限制 X 轴行程。电动机与丝杠之间用 KTR 无齿隙梅花形弹性联轴器连接，电动机座和轴承座使用定位销定位，并用一次性调整垫调整。电动机内装位置编码器反馈位置信号，形成半闭环控制。床鞍下部装有四节防护拉板，以保护丝杠和线性导轨。

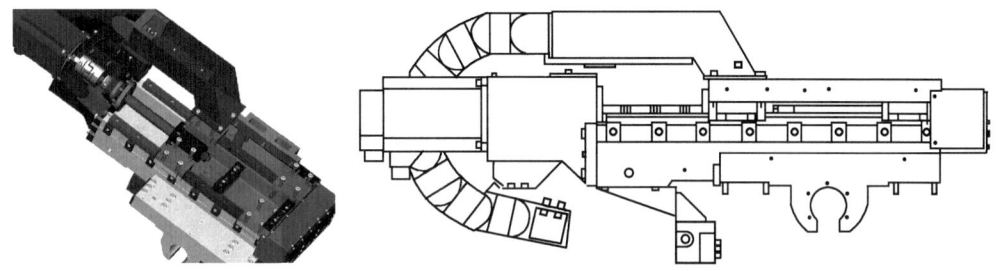

图 5-43　斜导轨数控车床床鞍结构

2. 刀架

斜导轨数控车床标准配置 8 工位电动刀架、沟槽式刀盘，可安装左手和右手外圆刀具，镗刀座可安装镗孔刀具、丝锥、钻头等，与进给驱动系统配合使用以扩大加工范围。切削液喷头角度可调，也可实现刀具内部冷却，如图 5-44 所示。

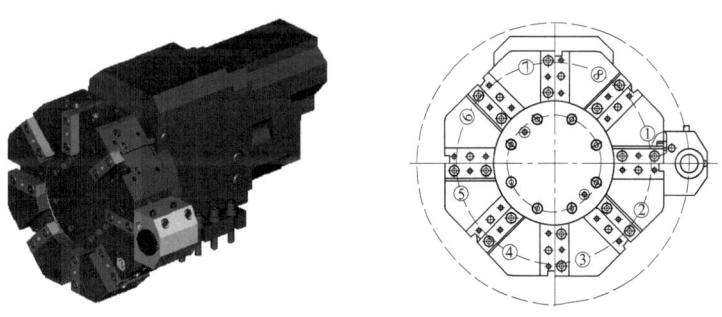

图 5-44　刀架

模块 3　典型故障的诊断与排除

项目 1　模拟式交流速度控制单元的故障检测与维修

教学目标：了解模拟式交流速度控制单元的报警信号的含义，掌握其一般检测与维修方法。

思考与练习：完成×××报警故障的原因分析并进行排除操作（×××是报警号，由教师根据需要指定）。

FANUC 模拟式交流速度控制单元设有报警指示灯，其含义见表 5-11。在正常的情况下，电源接通后，首先 PRDY 灯亮，然后是 VRDY 灯亮。如果不是这种情况，则说明速度控制单元存在故障。出现故障时，根据指示灯的提示，可按以下方法进行故障诊断。

表 5-11　速度控制单元状态指示灯一览表

代　号	含　义	备　注	代　号	含　义	备　注
PRDY	位置控制准备好	绿色	OVC	驱动器过载报警	红色
VRDY	速度控制单元准备好	绿色	TG	电动机转速太高	红色
HC	驱动器过电流报警	红色	DC	直流母线过电压报警	红色
HV	驱动器过电压报警	红色	LV	驱动器欠电压报警	红色

1. VRDY 灯不亮

速度控制单元的 VRDY 灯不亮，表明速度控制单元未准备好，速度控制单元的主回路断路器 NFB1、NFB2 跳闸，故障原因主要有以下几种：

1）主回路受到瞬时电压冲击或干扰。通过重新合上断路器 NFB1、NFB2，再进行开机试验，若故障不再出现，则可以继续工作。否则，可根据后续步骤进行检查。

2）检查速度控制单元主回路的三相整流桥 DS 的整流二极管是否损坏。

3）检查速度控制单元交流主回路的浪涌吸收器 ZNR 是否短路。

4）检查速度控制单元直流母线上的滤波电容器 C1~C4 是否短路。

5）检查速度控制单元逆变晶体管模块 TM1~TM3 是否短路。

6）如果上述情况不存在，则说明是速度控制单元或断路器 NBF1、NBF2 质量不好。

2. HV 报警

HV 为速度控制单元过电压报警，当指示灯亮时代表输入交流电压过高或直流母线过电压。故障可能的原因如下：

1）输入交流电压过高。检查伺服变压器的输入、输出电压，必要时调节变压器的变压比。

2）直流母线的直流电压过高。检查直流母线上的斩波管 Q1、制动电阻 RM2、二极管

D2 以及外部制动电阻是否损坏。

3) 加减速时间设定不合理。若故障在加减速时发生，则检查机床参数中的加减速时间设定是否合理。

4) 机械传动系统负载过重。检查机械传动系统的负载、惯量是否太高；机械摩擦阻力是否正常。

3. HC 报警

HC 为速度控制单元过电流报警，指示灯亮时表示该单元过电流，则可能的原因如下：

1) 主回路逆变晶体管 TM1~TM3 模块不良。

2) 电动机不良，电枢线间短路或电枢对地短路。

3) 逆变晶体管的直流输出端短路或对地短路。

4) 速度控制单元不良。

为了判别过电流原因，维修时可以先取下伺服电动机的电源线，将速度控制单元的设定端子 S23 短接，取消 TG 报警，然后开机试验。若故障消失，则证明过电流是由于外部原因（电动机或电动机电源线的连接）引起的，应重点检查电动机与电动机电源线。若故障保持，则证明过电流故障在速度控制单元内部，应重点检查逆变晶体管 TM1~TM3 模块。

4. OVC 报警

OVC 为速度控制单元过载报警，指示灯亮时表示速度控制单元发生了过载，其可能的原因是电动机过流或编码器连接不良。

5. LV 报警

LV 为速度控制单元电压过低报警，指示灯亮时表示速度控制单元的各种控制电压过低，其可能的原因如下：

1) 速度控制单元的辅助控制电压输入 AC18V 过低或无输入。

2) 速度控制单元的辅助电源控制回路故障。

3) 速度控制单元的 +5V 熔断器熔断。

4) 瞬间电压下降或电路干扰引起的偶然故障。

5) 速度控制单元不良。

6. TG 报警

TG 为速度控制单元断线报警，指示灯亮时表示伺服电动机或脉冲编码器断线、连接不良，或速度控制单元设定错误。

7. DC 报警

DC 为直流母线过电压报警，产生的原因主要是直流母线的斩波管 Q1、制动电阻 RM2、二极管或外部制动电阻不良。

维修时应注意，如果在电源接通的瞬间就发生 DC 报警，这时不可以频繁进行电源的通、断，否则易引起制动电阻的损坏。

8. FANUC-0 系统的报警

FANUC 模拟式交流伺服通常与 FANUC-0A/B、10/11/12 等系统配套使用，当伺服发生报警时，在 CNC 上一般有相应的报警显示。在不同的系统中，报警号及意义如下：

1) 4N0 报警：报警号中的 N 代表轴号（如 1 代表 X 轴，2 代表 Y 轴等），该报警表示 n 轴在停止时的位置误差超过了设定值。

2) 4N1 报警：表示 n 轴在运动时，位置跟随误差超过了允许的范围。

3) 4N3 报警：表示 n 轴误差寄存器超过了最大允许值（±32767）；或 D/A 转换器达到了输出极限。

4) 4N4 报警：表示 n 轴速度给定太大。

5) 4N6 报警：表示 n 轴位置测量系统不良。

6) 940 报警：表示系统主板或速度控制单元线路板故障。

9. FANUC-10/11/12 系统的报警

1) SV00 报警：表示测速发电动机断线。

2) SV01 报警：表示伺服内部发生过电流（过负载），原因同 OVC 报警。

3) SV02 报警：速度控制单元主回路断路器跳闸。

4) SV03 报警：表示伺服内部发生异常电流，原因同 HC 报警。

5) SV04 报警：表示驱动器发生过电压，原因同 HV 报警。

6) SV05 报警：表示电动机释放的能量过高，发生再生放电回路报警，原因同 DC 报警。

7) SV06 报警：表示电源电压过低，原因同 LV 报警。

8) SV08 报警：停止时位置偏差过大。

9) SV09 报警：移动过程中，位置跟随误差过大。

10) SV10 报警：漂移量补偿值（PRM1834）过大。

11) SV11 报警：位置偏差寄存器超过了最大允许值（±32767）；或 D/A 转换器达到了输出极限。

12) SV12 报警：指令速度超过了 512KP/s。

13) SV13 报警：表示驱动器未准备好，原因同"VRDY 灯不亮"故障。

14) SV14 报警：在 PRDY 断开时，VRDY 信号已接通。

15) SV15 报警：表示发生脉冲编码器断线，原因同 TG 报警。

16) SV23 报警：表示发生伺服过载，原因同 OH 报警。

项目 2　数字式交流速度控制单元的故障检测与维修

教学目标：了解数字式交流速度控制单元的报警信号的含义，掌握其一般检测与维修方法。

思考与练习：完成×××报警故障的原因分析并进行排除操作（×××是报警号，由教师根据需要指定）。

FANUC-S 系列数字式交流伺服驱动器，设有 11 个状态及报警指示灯，指示灯的状态以及含义见表 5-12。

表 5-12　FANUC-S 系列驱动器状态指示灯一览表

代号	含义	备注	代号	含义	备注
PRDY	位置控制准备好	绿色	DC	直流母线过电压报警	红色
VRDY	速度控制单元准备好	绿色	LV	驱动器欠电压报警	红色
HC	驱动器过电流报警	红色	OH	速度控制单元过热	
HV	驱动器过电压报警	红色	OFAL	数字伺服存储器溢出	
OVC	驱动器过载报警	红色	FBAL	脉冲编码器连接出错	
TG	电动机转速太高	红色			

以上状态指示灯中，HC、HV、OVC、TG、DC、LV 的含义与模拟式交流速度控制单元相同，主回路结构及原理和模拟式速度控制单元相同，不再赘述。

1. OH 报警

OH 为速度控制单元过热报警，发生该报警的可能原因有：

1）印制电路板上 S1 设定不正确。

2）伺服单元过热。散热片上热动开关动作，在驱动器无硬件损坏或不良时，可通过改变切削条件或负载排除报警。

3）再生放电单元过热。可能是 Q1 不良，当驱动器无硬件不良时，可通过改变加减速频率、减轻负载排除报警。

4）电源变压器过热。当变压器及温度检测开关正常时，可通过改变切削条件、减轻负载或更换变压器排除报警。

5）电气柜散热器的过热开关动作，原因是电气柜过热。若在室温下开关仍动作，则需要更换温度检测开关。

2. OFAL 报警

数字伺服参数设定错误，需改变数字伺服的有关参数的设定。对于 FANUC 0 系统，相关参数是 8100，8101，8121，8122，8123 以及 8153～8157 等；对于 10/11/12/15 系统，相关参数为 1804，1806，1875，1876，1879，1891 以及 1865～1869 等。

3. FBAL 报警

FBAL 是脉冲编码器连接出错报警，出现该报警的可能原因有：

1）编码器电缆连接不良或脉冲编码器本身不良。

2）外部位置检测器信号出错。

3）速度控制单元的检测回路不良。

4）电动机与机械间的间隙太大。

FANUC C/α/αi 系列数字式交流伺服驱动器通常无状态指示灯显示，驱动器的报警是通过驱动器上的 7 段数码管进行显示的。根据 7 段数码管的不同状态显示，可以指示驱动器报警的原因。

FANUC C 系列、电源与驱动器一体化结构形式（SVU 型）的 α/αi 系列交流伺服驱动器的数码管状态以及含义见表 5-13。

表 5-13 FANUC C/α/αi 系列（SVU 型）7 段数码管状态一览表

数 码 显 示	含 义	备 注
—	速度控制单元未准备好	开机时显示
0	速度控制单元准备好	
1	速度控制单元过电压报警	同 HV 报警
2	速度控制单元欠电压报警	同 LV 报警
3	直流母线欠电压报警	主回路断路器跳闸
4	再生制动回路报警	瞬间放电能量超过，或再生制动单元不良或不合适
5	直流母线过电压报警	平均放电能量超过，或伺服变压器过热、过热检测元器件损坏
6	动力制动回路报警	动力制动继电器触点短路
8	L 轴电动机过电流	第一轴速度控制单元用
9	M 轴电动机过电流	第二轴速度控制单元用
b	L/M 轴电动机过电流	
8.	L 轴的 IPM 模块过热、过流、控制电压低	第一轴速度控制单元用
9.	M 轴的 IPM 模块过热、过流、控制电压低	第二轴速度控制单元用
b.	L/M 轴的 IPM 模块过热、过流、控制电压低	

采用公用电源模块结构形式（SVM 型）的 FANUC α/αi 系列数字式交流伺服驱动器，数码管状态以及含义见表 5-14。

表 5-14 FANUC α/αi 系列（SVM 型）7 段数码管状态一览表

数 码 显 示	含 义	数 码 显 示	含 义
—	速度控制单元未准备好	A	N 轴电动机过电流（二、三轴单元的第三轴）
0	速度控制单元准备好	b	L/M 轴电动机同时过电流
1	风机单元报警	C	M/N 轴电动机同时过电流
2	速度控制单元＋5V 欠电压报警	d	L/N 轴电动机同时过电流
5	直流母线欠电压报警（主回路断路器跳闸）	E	L/MN 轴电动机同时过电流
8	1 轴电动机过电流（一轴或二、三轴单元的第一轴）	A	N 轴的 IPM 模块过热、过流、控制电压低
9	M 轴电动机过电流（二、三轴单元的第二轴）	b	L/M 轴的 IPM 模块同时过热、过流、控制电压低
8	L 轴的 IPM 模块过热、过流、控制电压低	C	M/N 轴的 IPM 模块同时过热、过流、控制电压低
9	M 轴的 IPM 模块过热、过流、控制电压低	d	L/N 轴的 IPM 模块同时过热、过流、控制电压低
		E	L/MN 轴的 IPM 模块同时过热、过流、控制电压低

FANUC β 系列数字式交流速度控制单元，带有 POWER、READY、ALM 3 个状态指示灯与 7 段数码管状态显示，指示灯与数码管的含义见表 5-15。

表 5-15　FANUC β 系列 7 段数码管状态一览表

POWER 灯	READY 灯	ALM 灯	数码显示	含　　义	备　　注
●	○	●	—	速度控制单元未准备好	开机时显示
●	●	○	0	速度控制单元准备好	
●	○	●	Y	速度控制单元过电压报警	同 HV 报警
●	○	●	P	直流母线欠电压报警	主回路熔断器跳闸
●	○	●	J	再生制动回路过热报警	瞬间放电能量超过，或再生制动单元不良或不合适
●	○	●	o	过热报警	速度控制单元过热
●	○	●	C	风扇故障报警	
●	○	●	c	过电流报警	主回路过流

FANUC 0 数字式交流速度控制单元出现故障时，通常情况下系统 CRT 上可以显示相应的报警号，对于大部分报警，其含义与模拟式交流速度控制单元的报警相同，而少数报警的含义则有所区别，下面将对此类报警进行介绍。

4. 4N4 报警

报警号中的 N 代表轴号（如 1 代表 X 轴；2 代表 Y 轴等），其含义是表示数字伺服系统出现异常，详细内容可以通过检查诊断参数获得。

5. 4N6 报警

表示位置检测连接故障，可以通过诊断参数作进一步检查、判断。

6. 4N7 报警

表示伺服参数设定不正确，可能的原因有：

1）电动机型号参数（FANUC 0 为 8N20、FANUC 11/15 为 1874）设定错误。
2）电动机转向参数（FANUC 0 为 8N22、FANUC 11/15 为 1879）设定错误。
3）速度反馈脉冲参数（FANUC 0 为 8N23、FANUC 11/15 为 1876）设定错误。
4）位置反馈脉冲参数（FANUC 0 为 8N24、FANUC 11/15 为 1891）设定错误。
5）位置反馈脉冲分辨率（FANUC 0 为 037bit7、FANUC 11/15 为 1804）设定错误。

7. 940 报警

表示系统主板或驱动器控制板故障。

8. SV 报警

FANUC 10/11/12/15 系统使用数字式伺服时，可以显示相应的报警。其中 SV000～SV100 号报警的含义与前述的模拟式伺服系统的报警基本相同，特殊报警主要有：

1）SV101 报警。绝对编码器数据出错报警，可能的原因是绝对编码器不良或机床位置不正确。
2）SV110 报警。串行编码器报警（串行 A），可能的原因是串行编码器不良或连接电缆不良，可以参见 α/β 系列伺服驱动器报警说明。
3）SV111 报警。串行编码器报警（串行 C），原因同上。

4) SV114 报警。串行编码器数据出错。

5) SV115 报警。串行编码器通信出错。

6) SV116 报警。驱动器主接触器（MCC）不良。

7) SV117 报警。数字伺服电流转换错误。

8) SV118 报警。数字伺服检测到异常负载。

9. 伺服驱动器报警

在 FANUC 16/18 系统中，当伺服驱动器出现报警时，CNC 亦显示相应的报警信息，主要包括：

1) ALM400 报警。伺服驱动器过载，可以通过诊断参数 DGN201 作进一步分析。

2) ALM401 报警。伺服驱动器未准备好，DRDY 信号为"0"。

3) ALM404 报警。伺服驱动器准备好信号 DRDY 出错，原因是驱动器主接触器接通（MCON）未发出，但驱动器 DRDY 信号已为"1"。

4) ALM405 报警。回参考点报警。

5) ALM407 报警。位置误差超过设定值。

6) ALM409 报警。驱动器检测到异常负载。

7) ALM410 报警。坐标轴停止时，位置跟随误差超过设定值。

8) ALM411 报警。坐标轴运动时，位置跟随误差超过设定值。

9) ALM413 报警。数字伺服计数器溢出。

10) ALM414 报警。数字伺服报警，可以参见诊断参数 DGN200～204。

11) ALM415 报警。数字伺服的速度指令超过了极限值（511875P/s），可能的原因是机床参数 CMR 设定错误。

12) ALM416 报警。编码器连接出错报警，可参见诊断参数 DGN201。

13) ALM417 报警。数字伺服参数设定错误报警，相关的参数有：PRM2020/2022/2023/2024/2084/2085/1023 等。

14) ALM420 报警。同步控制出错。

15) ALM421 报警。采用双位置环控制时，位置误差过大。

10. 绝对编码器报警

在系统使用绝对编码器时，报警还包括以下内容：

1) ALM300 报警。坐标轴需要手动回参考点操作。

2) ALM301 报警。绝对编码器通信出错。

3) ALM302 报警。绝对编码器数据转换出现超时报警。

4) ALM303 报警。绝对编码器数据格式出错。

5) ALM304 报警。绝对编码器数据奇偶校验出错。

6) ALM305 报警。绝对编码器输入脉冲错误。

7) ALM306 报警。绝对编码器电池电压不足，引起数据丢失。

8) ALM307 报警。绝对编码器电池电压到达更换值。

9) ALM308 报警。绝对编码器电池报警。

10) ALM308 报警。绝对编码器不能回参考点。

11. 串行编码器报警

在系统使用串行编码器时，串行编码器报警内容如下：

1）ALM350 报警。串行编码器故障，具体内容可以通过诊断参数 DGN202/204 检查。

2）ALM351 报警。串行编码器通信出错，具体内容可以通过诊断参数 DGN203 检查。

项目 3　交流伺服电动机编码器的维修

教 学 目 标：了解交流伺服电动机编码器的报警信号的含义，掌握其一般检测与维修方法。

思考与练习：完成一种交流伺服电动机编码器的检修。

交流伺服电动机没有易损件，原则上说不需要维修。但其内含有精密检测器，当发生碰撞、冲击时可能会引起故障，而脉冲编码器是比较容易损坏的部件，通常需要进行更换才能排除故障。

图 5-45 所示为 FANUC S 系列伺服电动机的编码器，其更换步骤如下：

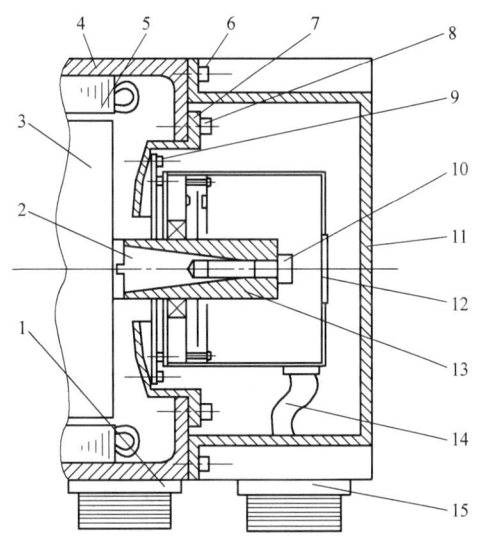

图 5-45　伺服电动机结构示意图

1—电枢线插座　2—连接轴　3—转子　4—外壳　5—绕组　6—后盖联接螺钉　7—安装座　8—安装座联接螺钉　9—编码器固定螺钉　10—编码器联接螺钉　11—后盖　12—橡胶盖　13—编码器轴　14—编码器电缆　15—编码器插座

1）松开后盖联接螺钉 6，取下后盖 11。

2）取出橡胶盖 12。

3）取出编码器联接螺钉 10，脱开编码器和电动机轴之间的联接。

4）松开编码器固定螺钉 9，取下编码器。由于实际编码器和电动机轴之间是锥度啮合，连接较紧，应使用专门的工具取编码器。

5）松开安装座的联接螺钉 8，取下安装座 7。

编码器维修完成后，再根据图 5-45 重新安装上安装座 7，并固定编码器联接螺钉 10，使

编码器和电动机轴啮合。为了保证编码器的安装位置的正确,在编码器安装完成后,应对转子的位置进行调整,方法如下:

1) 将电动机电枢线的 V、W 相(电枢插头的 B、C 脚)相连。

2) 将 U 相(电枢插头的 A 脚)和直流调压器的"+"端相联,V、W 和直流调压器的"−"端相联,如图 5-46a 所示。编码器插头的 J、N 脚之间加+5V 电源。

3) 通过调压器对电动机电枢加入励磁电流。这时,$I_U = I_V + I_W$,且 $I_V = I_W$,事实上相当于使电动机工作在图 5-46b 所示的 90°位置。因此永磁式伺服电动机将自动转到 U 相的位置进行定位。需要注意的是,加入的励磁电流不可太大,只要保证电动机能进行定位即可,实际维修时一般调整在 3～5A。

4) 在电动机完成 U 相定位后,旋转编码器,使编码器的转子位置检测信号 C1、C2、C4、C8(编码器插头的 C、P、L、M 脚)同时为"1",使转子位置检测信号和电动机实际位置一致。

5) 安装编码器固定螺钉,装上后盖,完成电动机维修。

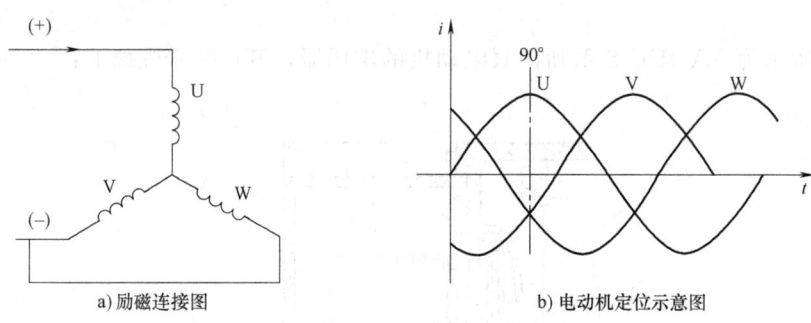

图 5-46 转子位置调整示意图

项目 4 进给系统其他部件的维修

教 学 目 标:了解总线、板卡及电缆等部件的一般检测与维修方法。
思考与练习:完成一种总线或板卡故障的检测。

1. 位置反馈板故障的维修

故障现象:一台采用直流伺服系统的数控磨床,E 轴运动时产生"EAXIS EXECESS FOLLOWING ERROR"报警。

分析及处理过程:观察故障发生过程发生在起动 E 轴时,E 轴开始运动。CRT 上显示 E 轴数值变化,当数值变到 14 时突然跳到 471。分析确认为反馈部分存在问题,更换位置反馈板后故障消除。

2. 反馈电缆折断的故障维修

故障现象:一台数控磨床的 E 轴修整器失控,E 轴能回参考点,但设定在自动或自动修整指示时运动速度极快,直到撞到极限开关。

分析及处理过程：观察发生故障的过程中发现撞极限开关时，其显示的坐标值远小于实际值，故确认是位置反馈的问题。但更换反馈板和编码器都未能解决问题，仔细研究发现 E 轴修整器是由 Z 轴带动运动的，一般回参考点时 E 轴都在 Z 轴的一侧。而修整时发现 E 轴修整器被 Z 轴带到中间。试将 E 轴修整器移到 Z 轴中间然后回参考点，这时回参考点也出现失控现象。据此判定为 E 轴修整器经常往复运动导致 E 轴反馈电缆折断，造成接触不良。找出断点、进行焊接并采取防折措施后故障消除。

3. SIEMENS 系统 Profibus 总线报警的故障维修

故障现象：一台配套 SIEMENS SINUMERIK 802D 系统的四轴四联动的数控铣床，开机后有时会出现 380500Profibus-DP 驱动 A1（X，Y 或 Z）出错。但关机片刻后重新开机，机床又可以正常工作。

分析及处理过程：因为该报警时有时无，维修时经过数次开关机试验机床无异常。检查总线及插头，确认连接牢固、正确、接地可靠。但数日后故障重新出现，仔细检查 600UE 驱动，报警显示为"E-B280"，表示故障原因是电流检测出错。测量驱动器的输入电压，发现实际输入电压为 406V。重新调节变压器的输出电压，机床恢复正常。

第6单元 主轴驱动系统

模块1 主轴驱动系统的组成与功能

项目1 主轴驱动系统的功能分析

教 学 目 标：了解主轴驱动系统的基本性能及主要特点，掌握系统功能分析的一般方法，能够根据加工要求选择合适的主轴驱动系统。

思考与练习：不同的主轴驱动系统对加工精度有何影响？

主轴驱动系统也叫主传动系统，是数控系统中完成主运动的动力装置。主轴驱动系统通过传动机构将主轴电动机的能量转变成安装在主轴上的刀具或工件的切削转矩和切削速度，配合进给运动，加工出理想的零件。主轴驱动运动是零件加工的成形运动之一，其精度对零件的加工精度有重大影响。

随着数控技术的不断发展，传统主轴驱动系统已不能满足要求，现代数控机床对主轴驱动系统提出了更高的要求。因此主轴驱动系统应满足下列条件：

1) 宽调速范围，尽可能实现无级变速。
2) 功率大。
3) 动态响应性好。
4) 精度高。
5) 旋转轴具有联动功能。
6) 具有恒定线速切削功能。
7) 加工中心主轴具有高精度的准停控制。

此外，部分数控机床还要求具有角度分度控制功能。因此，主轴驱动系统通常加装位置控制装置，一般采用光电编码器作为主轴的转角检测元件。

1. 主轴的驱动方式

数控机床的主轴驱动及其控制方式主要有四种配置方式，如图6-1所示。

1) 带有变速齿轮的主传动，如图6-1a所示。
2) 通过带传动的主传动，如图6-1b所示。
3) 用两个电动机分别驱动主轴，如图6-1c所示。
4) 内装电动机主轴传动结构，如图6-1d所示。

2. 主轴调速方法

数控机床的主轴调速是按照控制指令自动执行的，为了能同时满足对主传动的调速和输

模块1 主轴驱动系统的组成与功能

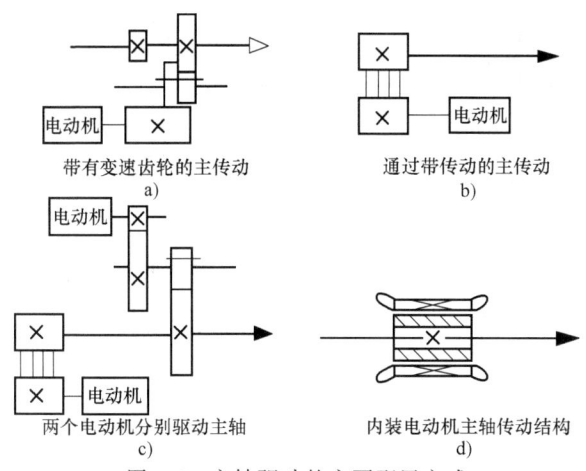

图 6-1 主轴驱动的主要配置方式

出转矩的要求,数控机床常用机电结合的方法,即同时采用电动机调速和机械齿轮变速两种方法。其中以齿轮减速增大输出转矩,并利用齿轮换挡来扩大调速范围。

(1) 电动机调速 用于主轴调速的调速电动机主要有直流电动机和交流电动机两大类。

(2) 机械齿轮变速 数控机床常采用1~4挡齿轮变速与无级调速相结合的方式,即所谓分段无级变速。采用机械齿轮减速,增大了输出转矩,并利用齿轮换挡扩大了调速范围。

数控机床在加工时,主轴是按零件加工程序中主轴速度指令所指定的转速来自动运行的。数控系统通过两类主轴速度指令信号来进行控制,即用模拟量信号或数字量信号(程序中的S代码)来控制主轴电动机的驱动调速电路,同时采用开关量信号(程序上用M41~M44代码)来控制机械齿轮变速自动换挡的执行机构。自动换挡执行机构是一种机电转换装置,常用换挡方式有液压拨叉换挡和电磁离合器换挡。

1) 液压拨叉换挡。液压拨叉是一种用一只或几只液压缸带动齿轮移动的变速机构。最简单的二位液压缸可实现双联齿轮变速,对于三联或三联以上的齿轮换挡则必须使用差动液压缸,如图6-2所示。

2) 电磁离合器换挡。在数控机床中常使用无滑环摩擦片式电磁离合器和牙嵌式电磁离合器。

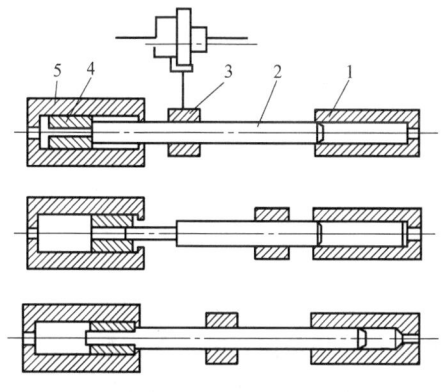

图 6-2 三位液压拨叉换挡
1,5—液压缸 2—活塞 3—拨叉 4—套筒

3. 主轴机械结构

数控机床的主轴部件一般包括主轴、主轴轴承和传动件等。对于加工中心,主轴部件还包括刀具自动夹紧装置、主轴准停装置和主轴孔的切屑消除装置。

(1) 主轴轴承的配置形式 数控机床主轴轴承的主要配置形式如图6-3所示。

1) 前支承采用双列短圆柱滚子轴承和60°角接触双列向心推力球轴承,后支承采用向心推力球轴承,如图6-3a所示。

2) 前支承采用高精度双列和单列向心推力球轴承,后支承采用单列向心推力球轴承,如图6-3b所示。

3) 前支承采用双列圆锥滚子轴承,后支承采用单列圆锥滚子轴承,如图6-3c所示。

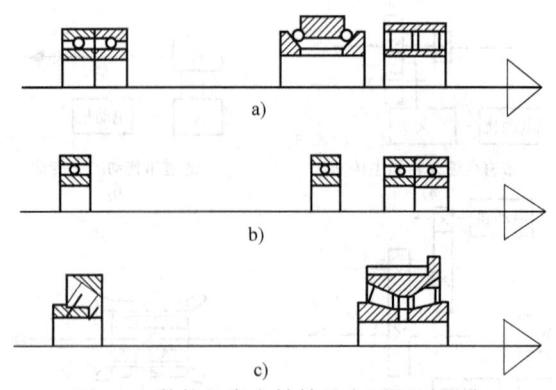

图 6-3 数控机床主轴轴承主要配置形式
a) 前支承采用 60°角接触双列向心推力球轴承　b) 前支承采用
高精度双列和单列向心推力球轴承　c) 前支承采用双列圆锥滚子轴承

(2) 主轴自动夹紧和切屑消除装置　在加工中心上，为了实现刀具在主轴上的自动装卸，其主轴必须设计有自动夹紧机构。例如自动换刀数控立式镗铣床（JCS-018）的主轴部件，如图 6-4 所示。

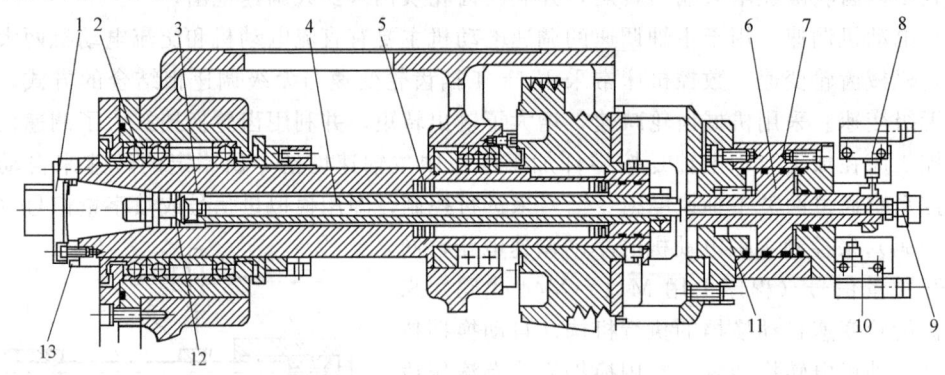

图 6-4　自动换刀数控立式镗铣床（JCS-018）的主轴部件
1—刀柄　2—拉钉　3—主轴　4—拉杆　5—蝶形弹簧　6—活塞　7—液压缸
8, 10—行程开关　9—压缩空气管接头　11—弹簧　12—钢球　13—端面键

(3) 主轴准停装置　加工中心的主轴部件上设有准停装置，其作用是使主轴每次都准确地停在固定不变的周向位置上，以保证自动换刀时主轴上的端面键能对准刀柄上的键槽。同时，使每次装刀时刀柄与主轴的相对位置不变，提高刀具的重复安装精度，从而可提高孔加工时孔径的一致性。另外，一些特殊工艺要求，如在通过前壁小孔镗内壁的同轴大孔，或进行反倒角等加工时，也要求主轴实现准停，使刀尖停在一个固定的方位上，以便主轴偏移一定尺寸后，使大刀刃能通过前壁小孔进入箱体内对大孔进行镗削。

目前，主轴准停装置很多，主要分为机械式和电气式两种。JCS-018 加工中心采用电气准停装置，其原理如图 6-5 所示。在带动主轴 5 旋转的多楔带轮 1 的端面上装有一个垫片 4，垫片上装有一个体积很小的永久磁铁 3，在主轴箱箱体的对应于主轴

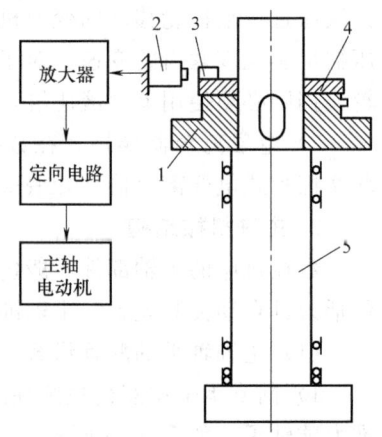

图 6-5　JCS-018
加工中心的主轴准停装置
1—多楔带轮　2—磁传感器
3—永久磁铁　4—垫片　5—主轴

准停的位置上，装有磁传感器 2。当机床需要停车换刀时，数控装置发出主轴停转的指令，主轴电动机立即降速，在主轴以最低转速慢转几圈、永久磁铁 3 对准磁传感器 2 时，磁传感器发出准停信号，该信号经放大后，由定向电路控制主轴电动机停在规定的周向位置上。

项目 2　典型主轴驱动系统的组成

教学目标：了解几种常用主轴驱动系统的主要部件的功能与适用条件，学习主轴驱动系统的组成及工作原理。

思考与练习：数控车床与数控铣床主轴驱动系统的最大区别是什么？

数控机床的主轴驱动和进给驱动有较大的差别。机床主轴的工作运动通常是旋转运动，而进给驱动需要丝杠或其他直线运动装置作往复运动。数控机床通过主轴回转和进给轴进给的相互配合，实现刀具与工件的快速相对切削运动。

在 20 世纪 60～70 年代，数控机床主轴一般采用三相感应电动机配多级齿轮变速箱实现有级变速的驱动方式。随着刀具技术、生产技术、加工工艺以及生产效率的不断发展，传统主轴驱动系统已不能满足生产的需要。随着功率电子、计算机技术、控制理论、新材料和电动机设计的进一步发展和完善，矢量控制交流电动机主轴驱动系统的性能已达到甚至超过了直流主轴驱动系统，交流主轴驱动系统正在逐步取代直流主轴驱动系统。

1. 典型主轴驱动系统的配置形式

(1) 普通笼型异步电动机配齿轮变速箱　这是数控机床早期的主轴配置方式，只能实现有级调速。由于电动机始终工作在额定转速下，经齿轮减速后，在主轴低速时输出的转矩大，重切削能力强，非常适合粗加工和半精加工的要求。如果加工产品比较单一，对主轴转速没有太高的要求，配置在数控机床上也能起到很好的效果，其缺点是噪声比较大。由于电动机工作在工频下，主轴转速范围不大，不适合有色金属加工和需要频繁变换主轴速度的加工场合。

(2) 普通笼型异步电动机配简易型变频器　这种配置形式可以实现主轴的无级调速，但只有在主轴电动机转速超过 500r/min 时，才能有比较满意的转矩输出，否则很容易出现堵转的情况。一般采用两挡齿轮或带变速，但主轴仍然只能工作在中高速范围，另外因为受到普通电动机最高转速的限制，主轴的转速范围受到较大的限制。这种配置方案适用于需要无级调速但对低速和高速都不要求的场合，例如数控钻铣床。

(3) 普通笼型异步电动机配通用变频器　目前，进口的通用变频器除了具有 U/f 曲线调节，一般还具有无反馈矢量控制功能，会对电动机的低速特性有所改善，配合两级齿轮变速，基本上可以满足机床低速（100～200r/min）、小加工余量的加工，但同样受电动机最高转度的限制。这是目前经济型数控机床比较常用的主轴驱动系统配置形式。

(4) 专用变频电动机配通用变频器　一般采用有反馈矢量控制，低速甚至零速时都可以有较大的转矩输出，有些还具有定向甚至分度进给的功能。这类变频电动机的电压为三相 200V、220V、380V、400V；输出功率有 1.5～18.5kW；变频范围为 2～200Hz；支持 V/f 控制、V/f+PG（编码器）控制、无 PG 矢量控制、有 PG 矢量控制。提供通用变频器的厂家主要有西门子、安川、富士、三菱、日立等公司。

中档数控机床主要采用这种方案，主轴传动采用两挡变速甚至仅一挡即可实现转速在100～200r/min左右时车、铣的重切削。一些有定向功能的通用变频器还可以应用在要求精镗加工的数控镗铣床上。目前，在加工中心上还很少应用这种配置形式，必须采用其他辅助机构才能完成定向换刀的功能，而且也不能达到刚性攻螺纹的要求。

(5) 伺服主轴驱动系统　伺服主轴驱动系统具有响应快、速度高、过载能力强的特点，还可以实现定向和进给功能。伺服主轴驱动系统主要应用于加工中心上，以满足数控系统自动换刀、刚性攻螺纹、主轴C轴进给等对主轴位置控制性能要求很高的加工。

(6) 电主轴　电主轴是主轴和电动机一体的结构形式，驱动器可以是变频器或伺服驱动器，也可以没有驱动器。电主轴由于将电动机和主轴合二为一，没有传动机构，因此，大大简化了主轴的结构，并且提高了主轴的精度，但是抗冲击能力较弱，而且功率还不能做得太大，一般在10kW以下。由于结构上的优势，电主轴主要向高速方向发展，一般转速在10000r/min以上。

安装电主轴的机床主要用于精加工和高速加工，如高速精密加工中心。另外，电主轴在雕刻机和有色金属以及非金属材料加工机床上应用较多，这些机床由于只对主轴高转速有要求，一般不需要主轴驱动器。

2. 国内常用主轴伺服驱动系统

(1) FANUC（发那科）主轴驱动系统　20世纪80年代开始，FANUC公司已使用交流主轴驱动系统取代直流主轴驱动系统。目前，产品主要有额定输出功率范围1.5～37kW的S系列、额定输出功率范围1.5～22kW的H系列以及额定输出功率范围3.7～37kW的P系列。

1) A06B-10**（AC Model 1-40）系列。A06B-10**系列交流主轴电动机与A06B-6044系列交流主轴驱动器配套组成的模拟式交流主轴驱动系统系列产品，主要与FANUC 11、FANUC 0、FANUC 6等数控系统配套。

该系列产品驱动器主回路采用PWM控制、大功率晶体管驱动的形式，输出功率范围为1.5～37kW。驱动器采用了微处理器数字控制技术，带有速度、方向、起停控制信号接口与D/A转换器、实际转速/转矩信号输出、电气主轴定向准停（附加功能）等功能。驱动器具有良好的响应特性，在整个速度范围内工作平稳、振动和噪声较小，其中5.5kW以上的驱动器采用了反馈制动技术，可有效节能。主轴电动机全封闭的结构形式，硅钢片直接空气冷却，结构紧凑，可以在浮尘、切削液飞溅的场合安全、可靠地工作。

2) A06B-10″（ACModell-40）系列。A06B-10″（ACModell-40）系列交流主轴电动机与A06-6055系列数字式交流主轴驱动器配套组成了数字式交流主轴驱动系统系列产品。该系列产品所使用的主轴电动机与模拟式交流主轴系统相同，但驱动器为数字式。驱动系统在攻螺纹、定位刚性、快速性与操作性能上有了较大的改进，其余性能与模拟式交流主轴系统相似。

3) A06B-07**系列交流主轴电动机。A06B-07**系列交流主轴电动机与A06-6059系列数字式交流主轴驱动器配套组成了交流主轴驱动系统系列产品，主要配套的系统有FANUC 11、FANUC 0、FANUC 15等。该系列产品可分为S系列（标准型）、P系列（广域恒功率调速）、H系列（高速润滑脂）、VH系列（高速油雾润滑）、HV系列（高电压输入）等几个系列。产品一般与A06-6059系列数字式交流主轴驱动器配套使用，其中，S系列为常用产品，在数控机床上使用最广。该系列产品主电动机采用了电磁心定子直冷的冷却形式，与早期的主轴驱动系统相比,提高了输出功率与转速,减小了系统的体积与重量;驱动器采用了更先进的控制技术和电子元器件,进一步提高了系统的性能。驱动系统功能强、可靠性好,在数控机床上得到了广泛应用,是数控机床维修过程中常见的主轴驱动系统之一。

4) FANUC α/αi 系列主轴驱动系统。是 FANUC 公司的最新产品,其中 αi 系列主轴驱动系统为本世纪初开发的最新数控机床主轴驱动系统系列产品,是 α 系列的改进型。α/αi 系列产品共有标准型 α/αi 系列、广域恒功率输出型 αP/αPi 系列、经济型 αC/αCi 系列、中空型 αT/αTi 系列、强制冷却型 αL/αLi 系列、高电压输入型 α(HV)/α(HV)i 系列、高电压输入广域恒功率输出型 αP(HV)/αP(HV)i 系列、高电压输入中空型 αT(HV)/αT(HV)i 系列、高电压输入强制冷却型 αL(HV)/αL(HV)i 系列等产品。其中 αLi 系列最高输出转速为 20000r/min,α(HV)i 系列最大额定输出功率可达 100kW,可满足绝大多数数控机床的主轴要求。

(2) SIEMENS(西门子)主轴驱动系统 SIEMENS 公司生产了 1GG5、1GF5、1GL5 和 1GH5 四个系列的直流主轴电动机,以及与这四个系列电动机配套、采用晶闸管控制的 6RA24、6RA27 系列驱动装置。

20 世纪 80 年代初期,SIEMENS 公司推出了功率范围为 3~100kW 的 1PH5、1PH6 两个系列的交流主轴电动机,驱动装置为 6SC650 系列交流主轴驱动装置和 6SC611A(SIMODRIVE 611A)主轴驱动模块。驱动器主回路采用晶体管 SPWM 变频器控制的方式,具有能量再生制动功能。另外,采用微处理器 80186 进行闭环转速、转矩控制及磁场计算,从而完成矢量控制。通过软件可实现主轴 C 轴进给控制,不需要 CNC 的帮助即可实现主轴的定位控制。

(3) HNC(华中数控)主轴驱动系统 HSV-20S 是武汉华中数控股份有限公司推出的全数字交流主轴驱动器。采用专用运动控制 DSP、大规模现场可编程逻辑阵列(FPGA)和智能化功率模块(IPM),有 025、050、075、100 等多种型号规格,具有很宽的功率选择范围。用户可根据要求选配不同型号的驱动器和交流主轴电动机,形成高可靠、高性能的交流主轴驱动系统。

项目 3 主轴驱动系统电气元件的选用

教学目标:了解主轴驱动系统的发展与演变过程,能够根据频矩特性曲线选择合适的主轴电动机、控制器等关键功能元器件。

思考与练习:主轴电动机选择的主要依据有哪些?试自拟一种主轴加工参数,并完成该主轴驱动系统的主要电气选型。

为了保证加工不同表面时的切削速度基本恒定,以及自动换刀系统中不同刀具的合理切削速度,数控机床主轴驱动一般采用直流或交流无级调速系统。但因调整范围、功率与转矩特性等因素的匹配问题,通常需要在电气调速系统之后串接机械有级变速,从而实现主轴驱动的分段无级调速。

主轴驱动系统中的主轴和传动件尺寸主要取决于其所传递的转矩大小,而转矩大小则与传递的功率及转速有关。数控机床在实际使用中,低转速范围的粗加工、螺纹加工、铰孔等工序时都不需要使用机床的全部功率，若按最低转速设计计算，势必造成各传动件粗大、浪费。通常，只是从某一被称之为计算转速 n_j 的速度开始才可能使用电动机全部功率，机床主轴的功率、转矩与速度特性曲线如图 6-6 所示。

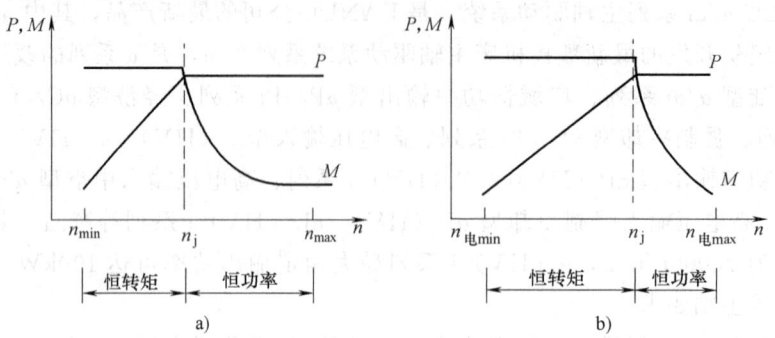

图 6-6 机床主轴的功率、转矩与速度特性曲线

由图 6-6a 可知，主轴从最高转速 n_{max} 到 n_j 之间应能传递全部功率，属恒功率范围；从 n_j 到最低转速 n_{min} 之间应能传递最大转矩，属恒转矩范围。通常恒功率区约占主运动总变速范围的 2/3～3/4。数控机床主运动变速范围 R_n 较宽，R_n 一般达到 100～200，甚至更大。

目前，直流主轴电动机的额定转速为 1000～1500r/min，且从额定转速到最高转速为调磁调速区，从电动机最低转速（几十转）到额定转速为调压调速区。交流主轴电动机的额定转速大多为 1500r/min，最高转速一般在 2000～4500r/min 之间，即直流和交流主轴电动机的恒转矩调速范围较大，大多超过 100，而恒功率调速范围较小，仅为 2～4。其功率、转矩与速度特性如图 6-6b 所示。可见，因当前所用主轴电动机的恒功率范围窄，且输出转矩较小，有时总变速范围也不能满足机床主轴要求。因此，必须在电动机之后串联齿轮有级变速传动，以达到主传动系统与主轴之间的功率、转矩及调速范围相匹配。

对于要求主轴转速高、变速范围和恒功率区变速范围都较小的数控磨床，高精密数控车床等，工作时除了高转速外，背吃刀量和进给量都比较小，而切削功率和转矩也比较小。一般不需选用大功率交流无级调速主轴电动机，也不需要串联分级变速机构以增大恒转矩区的转矩，只要根据具体设计要求选用合适的交流无级调速电动机即可。

对于数控车床、铣床及加工中心，要求主轴变速范围达到 100～200，恒功率区的变速范围尽可能大。当主轴最低转速拟定后，主轴的计算转速应较低，主轴的恒转速增转矩作用较大，以满足低速大转矩的切削加工要求。电动机的恒功率区难以满足机床要求时，应串联分级变速机构，以扩大电动机恒功率变速范围。

此外，电动机的额定功率应当选得比较大，以保证电动机主轴在恒转矩区以最低转速切削时有足够大的功率。主轴在恒功率区工作时，为保证功率缺口处能传递全部功率，只有选择额定功率较大的电动机给予补偿。

1. 主轴电动机功率选择

以某型铣床主轴电动机功率选择为例，说明选择过程。初步选择 FANUC βi 系列交流主轴驱动系统，主轴电动机最高转速为 6000r/min，恒转矩输出的最大转速为 1500r/min。最大铣削力状况为使用高速钢端面铣刀铣削中碳钢工件时，刀具直径为 125mm，最大铣削速度为 40m/min。选择计算过程如下：

(1) 主轴空载功率 主轴空载功率按式（6-1）计算。
$$P_0 = kcd_m n \times 10^{-6} \tag{6-1}$$
式中 k、c——常数；
d_m——主轴支承轴颈平均直径（mm）；
n——主轴恒转矩输出的最大转速（r/min）。

某型铣床主轴前后支承轴颈的平均直径为70mm，按式（6-1）可计算出主轴空载功率：$P_0 = 0.92$kW。

(2) 主轴最大切削功率 当主轴最大切削功率为最大铣削力产生时，可根据主轴的切削负载进行计算。用高速钢端面铣刀铣削中碳钢工件时，最大铣削力可用式（6-2）计算：
$$F_t = 812 a_p^{0.95} a_f^{0.80} a_0 d_0 z k_{ft} \tag{6-2}$$

若以上数据为：背吃刀量 $a_p = 3$mm，进给量 $a_f = 0.1$mm/齿，切削宽度 $a_0 = 80$mm，铣刀直径 $d_0 = 125$mm，铣刀齿数 $z = 14$，载荷系数 $k_{ft} = 1$。

将以上数据代入式（6-2），求得最大铣削力 $F_t = 3131.5$N。

由于最大铣削速度 $v = 40$m/min，可求出最大切削功率：
$$P_m = 6 \times 10^{-4} F_t v = 6 \times 10^{-4} \times 3131.5 \times 40/60 \text{kW} = 1.25 \text{kW} \tag{6-3}$$

(3) 主轴驱动功率
$$P_E = P_m/\eta + P_0 \tag{6-4}$$

由于数控机床的传动链较短，主轴驱动总效率 η 取较高数值0.85，可得 $P_E = 2.39$kW。

作为整套伺服驱动系统，FANUC主轴驱动单元与主轴电动机容量已作过匹配，依据设计功率大于主轴驱动功率的原则，某型铣床应选择的电动机输出功率为3.7kW，额定速度为1500r/min。

2. 主轴电动机类型的选择

输出功率是主轴电动机负载能力的指标。主轴电动机的额定功率是指在恒功率区内运行时的输出功率，低于基本速度时达不到额定功率，速度愈低，输出功率就愈小。为了满足主轴低速时的功率要求，一般采用齿轮箱变速，使主轴低速时的电动机速度也在基本速度以上，但是，这种机械结构较为复杂，成本也会相应增加。在主轴与伺服电动机直接连接的数控机床中，有两种方法可以满足主轴低速时的功率要求，一是选择基本速度较低或额定功率高一档的主轴电动机，二是采用特种的绕组切换式主轴伺服电动机（例如日本大隈的YMF型主轴电动机），这种电动机的三相绕组在低速运行时接成星形，而在高速运行时接成三角形，从而提高了主轴电动机的低速功率特性，降低了主轴机械部件的成本。

虽然高速加工是提高数控机床生产效率的有效途径，但高速、高精度切削会给伺服驱动系统和计算机部件带来更高的要求，增加数控系统的成本。高速加工的另一个重要应用领域是轻金属和薄壁零件的加工，所以，应该按机床的实际需要选择主轴和进给电动机的类型。

项目4 主轴系统机械组件的选用

教学目标：了解进给系统的机械部件的工作要求，掌握选用方法。
思考与练习：主轴系统中主要有哪些机械部件？举例说明如何选择？

主轴系统机械组件（简称主轴组件）是数控机床的执行件，由主轴及其支承和安装在主轴上的传动件、密封件等组成。机械组件起着支承并带动工件或刀具旋转进行切削，承受切削力和驱动力等载荷，完成表面成形运动的作用。由于数控机床的转速高，功率大，并且在加工过程中不进行人工调整，因此要求主轴机械组件具有良好的回转精度、结构刚度、抗振性、热稳定性及精度的保持性。对于自动换刀的数控机床，为了实现刀具在主轴上的自动装卸和夹持，还必须有刀具的自动夹紧装置、主轴准停装置和切屑清除装置等结构。

1. 主轴组件的基本要求

(1) 旋转精度　主轴的旋转精度是指装配后，在无载荷、低速转动条件下，主轴前端安装工件或刀具部位的径向圆跳动和轴向圆跳动误差。旋转精度取决于主轴、轴承、箱体孔等部分的制造、装配和调整精度。如主轴支承轴颈的圆度误差、轴承滚道及滚子的圆度误差、主轴及随其回转的零件的动平衡等因素，均可造成主轴径向圆跳动；轴承支承端面、主轴轴肩及相关零件端面对主轴回转中心线的垂直度误差，止推轴承的滚道及滚动体误差等将造成主轴轴向圆跳动；主轴主要定心面（如车床主轴端的定心短锥和前端内锥孔）的径向圆跳动和轴向圆跳动。

对于通用机床和数控机床的旋转精度，国家已有统一规定，详见各类机床的精度检验标准。

(2) 刚度　主轴组件的刚度指其在外加载荷作用下抵抗变形的能力。通常以主轴前端产生单位位移的弹性变形时，在位移方向上所施加的作用力来定义，如图 6-7 所示。

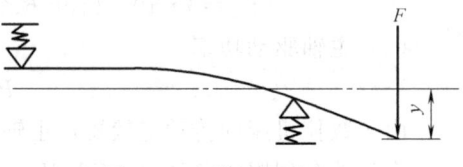

图 6-7　主轴组件刚度

如果引起弹性变形的作用力是静力，则由此力和变形所确定的刚度称为静刚度，写成 $K_j = F_j / Y_j$；如果引起弹性变形的作用力是交变力，其幅度为 d，则由该力和变形所确定的刚度称为动刚度，可写成 $K_d = F_d / Y_d$。静、动刚度的单位均为 $N/\mu m$。

主轴机械组件的刚度是综合刚度，它是主轴、轴承等刚度的综合反映。因此，主轴的尺寸和形状、滚动轴承的类型和数量、预紧和配置形式、传动件的布置方式、主轴组件的制造和装配质量等都影响主轴组件的刚度。

主轴静刚度不足对加工精度和机床性能有直接影响，并会影响主轴组件中的齿轮、轴承的正常工作，降低工作性能和寿命，影响机床抗振性，容易引起切削颤振，降低加工质量。目前，对主轴组件的刚度尚无统一标准。

(3) 抗振性　主轴组件的抗振性是指抵抗受迫振动和自激振动的能力。在切削过程中，主轴组件不仅受静力作用，同时也受冲击力和交变力的作用，使主轴产生振动。冲击力和交变力是由材料硬度不均匀、加工余量的变化、主轴组件不平衡、轴承或齿轮存在缺陷以及切削过程中的颤振等引起的。主轴组件的振动会直接影响工件的表面加工质量和刀具的使用寿命，并产生噪声。随着机床向高速、高精度发展，对抗振性的要求越来越高，影响抗振性的主要因素是主轴组件的静刚度、质量分布以及阻尼。主轴组件的低阶固有频率与振型是其抗振性的主要评价指标。低阶固有频率应远高于激振频率，使其不容易发生共振。目前，抗振性的指标尚无统一标准，只有一些实验数据供设计时参考。

(4) 温升和热变形　主轴组件运转时，因各相对运动处的摩擦发热、切削区的切削热等使主轴组件的温度升高，形状尺寸和位置发生变化，造成主轴组件的热变形，主轴组件热变形会引起轴承间隙变化，润滑油温度升高后黏度会降低，这些变化都会影响主轴组件的工作性能，降低加工精度。因此，各种类型的机床对温升都有一定限制。如高精度机床，连续运转下的允许温升为 8～10℃，精密机床为 15～20℃，普通机床为 30～40℃。

(5) 精度保持性　主轴组件的精度保持性是指长期地保持其原始制造精度的能力。主轴组件丧失其原始精度的主要原因是磨损，如主轴轴承、主轴轴颈表面、装夹工件或刀具的定位表面的磨损。磨损的速度与摩擦的种类、结构特点、表面粗糙度、材料的热处理方式、润滑、防护及使用条件等许多因素有关。所以要长期保持主轴组件的精度，必须提高其耐磨性。对耐磨性影响较大的因素有主轴、轴承的材料、热处理方式、轴承类型及润滑防护方式等。

2. 主轴

主轴是主轴组件的重要组成部分。它的结构尺寸和形状、制造精度、材料及热处理等，对主轴组件的工作性能有很大的影响。主轴结构随主轴设计要求的不同而有多种形式。

主轴的主要尺寸参数包括主轴直径、内孔直径、悬伸长度和支承跨度。评价和考虑主轴主要尺寸参数的依据是主轴的刚度、结构工艺性和主轴组件的工艺适用范围。

(1) 主轴直径　主轴直径越大，其刚性越高，但轴承和轴上其他零件的尺寸也相应增大。轴承的直径越大，同等级精度轴承的公差值也就越大，要保证主轴的旋转精度就越困难，同时极限转速也会下降。

(2) 主轴内孔直径　主轴内孔用来通过棒料，或用于通过刀具夹紧装置固定刀具以及传动气动或液压卡盘等。主轴内孔直径越大，可通过的棒料直径就越大，机床的使用范围就越大，同时主轴部件也越轻。主轴内孔直径大小主要受主轴刚度的制约。当主轴的内孔直径与主轴直径之比小于 0.3 时，空心主轴的刚度几乎与实心主轴的刚度相当；为 0.5 时，空心主轴的刚度为实心主轴刚度的 90%；大于 0.7 时，空心主轴的刚度开始急剧下降。

(3) 悬伸长度　主轴的悬伸长度与主轴前端结构的形状尺寸、前轴承的类型和组合方式以及轴承的润滑与密封有关。主轴的悬伸长度对主轴的刚度影响很大，主轴悬伸长度越短，其刚度越好。

(4) 支承跨度　主轴的支承跨度对主轴本身的刚度有很大的影响。主轴的轴端用于安装夹具和刀具，要求夹具和刀具在轴端的定位精度高，定位刚度好，装卸方便，同时使主轴的悬伸长度短。

3. 主轴轴承

主轴轴承也是主轴组件的重要组成部分，应根据数控机床的规格、精度采用不同的主轴轴承。一般中、小规格的数控机床的主轴部件多采用成组高精度滚动轴承，重型数控机床采用液体静压轴承，高精度数控机床（如坐标磨床）采用气体静压轴承，转速达 $(2～10)\times 10^4$ r/min 的主轴可采用磁力轴承或氮化硅材料的陶瓷滚珠轴承。

4. 主轴组件的润滑与密封

主轴组件的润滑与密封是使用和维护过程中值得重视的问题。良好的润滑效果可以降低轴承的工作温度，延长其使用寿命。密封不仅要防止灰尘、屑末和切削液进入，还要防止润滑油的泄漏。

(1) 主轴润滑　数控机床主轴的转速很高，为减少主轴发热，必须改善轴承的润滑方式。润滑的作用是在摩擦副表面形成一层薄油膜，以减少摩擦发热。数控机床上一般采用高级油脂封入方式润滑，每加一次油脂可以使用 7～10 年；也有用油气润滑，除在轴承中加入少量润滑油外，还引入压缩空气，使滚动体上包有油膜起到润滑作用，再用空气循环冷却。

（2）主轴的密封　主轴的密封有接触式和非接触式两种。接触式密封主要有油毡圈密封和耐油橡胶密封圈密封两种。非接触密封的主要形式如图6-8所示。图6-8a所示为利用轴承盖与轴的间隙密封，在轴承盖的孔内开槽是为了提高密封效果，常用于工作环境比较清洁的油脂润滑处。图6-8b所示为在螺母的外圆上开锯齿形环槽，当油液向外流时，靠主轴转动的离心力把油液沿斜面甩到端盖的空腔内，油液再流回箱内。图6-8c所示为迷宫式密封的结构，在切屑多、灰尘大的工作环境下可获得可靠的密封效果，适用于油脂或油液润滑的密封。

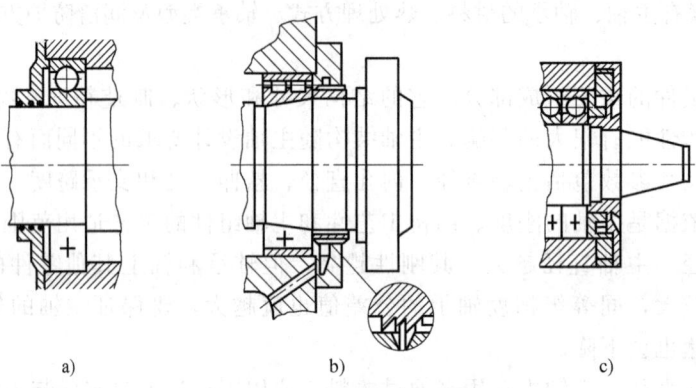

图 6-8　非接触式密封的主要形式

5. 主轴的准停

主轴准停功能，又称为主轴定位功能（spindle specified position stop）。即当主轴停止时能控制其停于固定位置，是实现自动换刀的必备功能。在自动换刀的数控镗铣加工中心上，切削的转矩通常是通过刀杆的端面键传递的，这就要求主轴应具有准确定位于圆周上特定角度的功能，如图6-9所示。

主轴准停通常有机械准停和电气准停两种。机械准停采用机械凸轮等机构和光电盘方式进行初定位，然后由定位销（液压或气动）插入主轴上的销孔或销槽完成定位，换刀后定位销退出，主轴才可旋转。采用此方法定向比较可靠、准确，但结构复杂。

电气准停有磁传感器准停、编码器型准停和数控系统准停。常用的磁传感器准停装置如图6-10所示，它是在主轴上安装一个发磁体，使之与主轴一起旋转，在距离发磁体旋转外轨迹1~2mm处固定一个磁力传感器。磁力传感器经过放大器与主轴控制单元连接，当主轴需要定向准停时，便控制主轴停止在调整好的位置上。

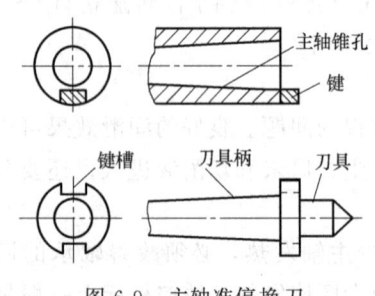

图 6-9　主轴准停换刀

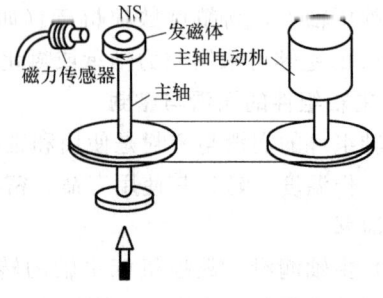

图 6-10　磁传感器准停

模块 2　主轴驱动系统的调试

各类主轴驱动系统均须完成定向控制相关参数设置和主轴参数初始化工作，不同类型的数控机床还须完成对应的机械结构、驱动器的调试。

1. 主轴定向控制及相关参数设置

主轴定向是对主轴位置的简单控制（最小定位精度为 0.1°），一般使用外部开关进行主轴定向，可以选用以下几种元件作为位置信号：

1) 外部接近开关和电动机速度传感器。

2) 主轴位置编码器（编码器和主轴 1∶1 连接）。

3) 电动机或内装主轴的内置传感器（MZi、BZi、CZi），电动机与主轴之间直连或者通过 1∶1 连接。

由于第一种方法使用方便，成本低，在任何情况下都可以使用。所以现在被很多厂家采用，下面以 αi/βi 放大器为例详细介绍一下其使用方法。

（1）外部接近开关与放大器的连接

1) PNP 与 NPN 型接近开关连接方法，如图 6-11、图 6-12 所示。

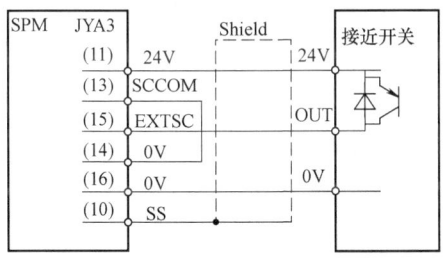

图 6-11　PNP 型接近开关连接方法

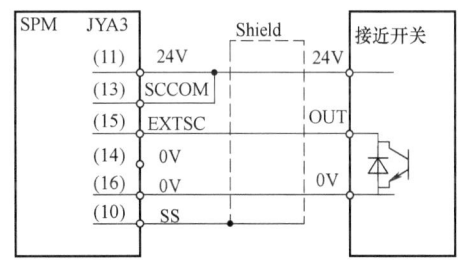

图 6-12　NPN 型接近开关连接方法

2) 两线 NPN 型接近开关连接方法，如图 6-13 所示。

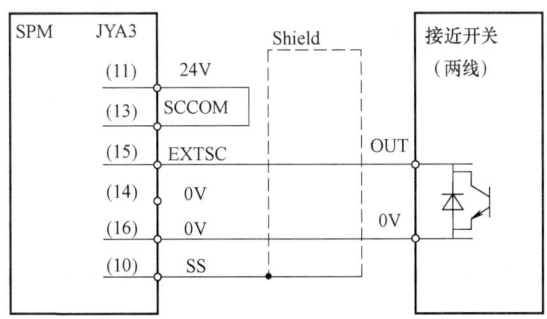

图 6-13　两线 NPN 型接近开关连接方法

（2）相关参数设定　主轴定向控制参数见表 6-1。

表 6-1 主轴定向控制参数

参 数 号	设 定 值	备 注
4000#0	0/1	主轴和电动机的旋转方向相同/相反
4002#3, 2, 1, 0	0, 0, 0, 1	使用电动机的传感器做位置反馈
4004#2	1	使用外部一转信号
4004#3	根据表 6-4 设定	外部开关信号类型
4010#2, 1, 0	0, 0, 1	设定电动机传感器类型
4015#0	1	定向有效
4011#2, 1, 0	初始化自动设定	电动机传感器齿数
4056-4059	根据具体配置	电动机和主轴的齿轮比（增益计算用）
4171-4174	根据具体配置	电动机和主轴的齿轮比（位置脉冲计算用）

（3）外部开关类型参数说明

1）外部开关类型参数的设定（对于 αi/βi 放大器）见表 6-2。

表 6-2 外部开关类型参数

开 关	检 测 方 式		开 关 类 型	SCCOM 接法（13）	设 定 值
二线				24V（11 脚）	0
三线	突起	常开	NPN	0V（14 脚）	0
			PNP	24V（11 脚）	1
		常闭	NPN	0V（14 脚）	1
			PNP	24V（11 脚）	0
	凹槽	常开	NPN	0V（14 脚）	0
			PNP	24V（11 脚）	1
		常闭	NPN	0V（14 脚）	1
			PNP	24V（11 脚）	0

外部开关检测方式如图 6-14 所示。

在实际调试中，由于只有 0/1 两种设定情况，可以分别设定 0/1 试验一下（尽量使用突起结构，如果使用凹槽，则开口不能太大）。

2）对于主轴电动机和主轴之间不是 1∶1 的情况，一定要正确设定齿轮传动比（参数 4056～4059 和 4500～4503），否则会定向不准。

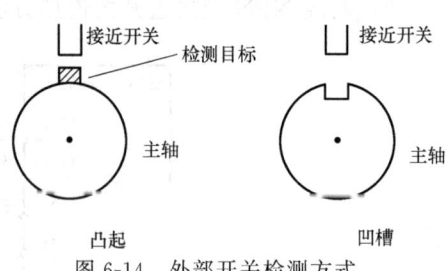

图 6-14 外部开关检测方式

（4）梯形图编制　梯形图由数控机床主机厂根据机床功能编制，如图 6-15、图 6-16 所示。

（5）PMC 地址输入　PMC 地址输入有两种方式：CNC→串行主轴放大器；串行主轴放大器→CNC。

（6）三角连接　主轴驱动器、主轴电动机与外部开关的连接如图 6-17 所示。

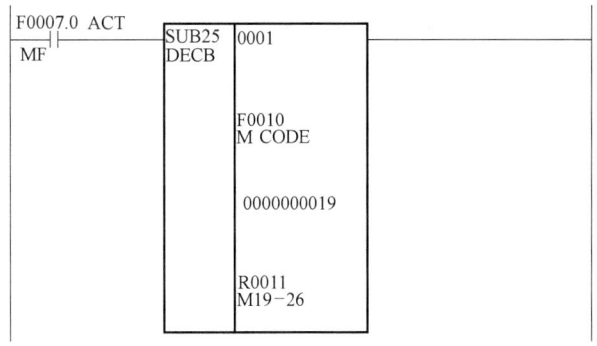

图 6-15 梯形图（1）

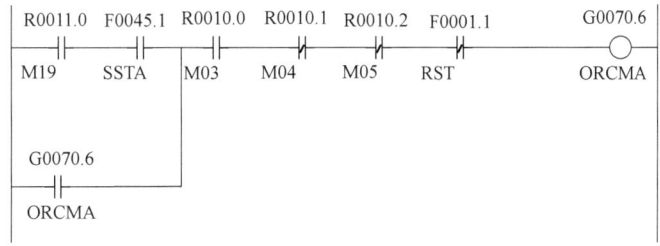

图 6-16 梯形图（2）

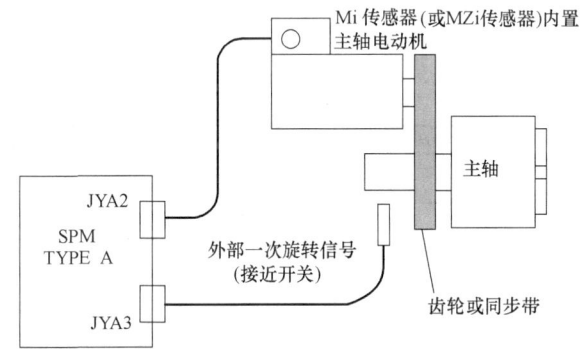

图 6-17 外部开关信号连接图

(7) 使用位置编码器定向参数设定比较

1) 位置编码器定向参数设定见表 6-3。

表 6-3 位置编码器定向参数设定

参 数 号	设 定 值	备 注
4000#0	0/1	主轴和电动机的旋转方向相同/相反
4001#4	0/1	主轴和编码器的旋转方向相同/相反
4002#3, 2, 1, 0	0, 0, 1, 0	使用主轴位置编码器做位置反馈
4002#3, 2, 1, 0	0, 0, 1, 0	使用主轴位置编码器做位置反馈
4003#7, 6, 5, 4	0, 0, 0, 0	主轴的齿数

(续)

参 数 号	设 定 值	备 注
4010#2, 1, 0	取决于电动机	设定电动机传感器类型
4011#2, 1, 0	初始化自动设定	电动机传感器齿数
4015#0	1	定向有效
4056-4059	根据具体配置	电动机和主轴的齿轮传动比（增益计算用）

2）位置编码器连接图如图6-18所示。

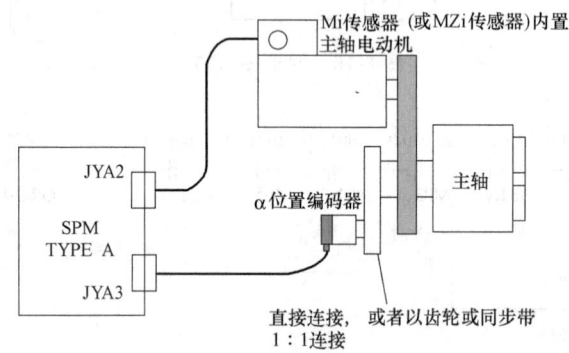

图6-18 位置编码器连接图

(8) 使用主轴电动机内置传感器参数设定比较

1) 主轴电动机内传感器参数设定见表6-4。

表6-4 主轴电动机内传感器参数设定

参 数 号	设 定 值	备 注
4000#0	0	主轴和电动机的旋转方向相同
4002#3, 2, 1, 0	0, 0, 0, 1	使用主轴位置编码器做位置反馈
4003#7, 6, 5, 4	0, 0, 0, 0	主轴的齿数
4010#2, 1, 0	0, 0, 1	设定电动机传感器类型
4011#2, 1, 0	初始化自动设定	电动机传感器齿数
4015#0	1	定向有效
4056-4059	100 或 1000	电动机和主轴的齿轮传动比

2) 主轴电动机内置传感器连接图如图6-19所示。

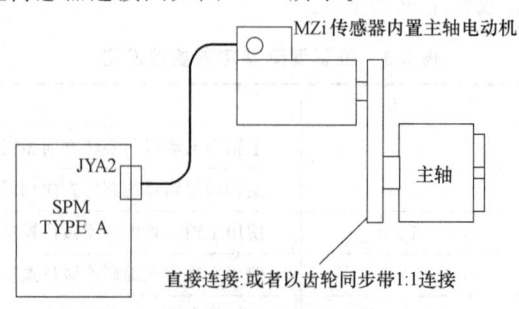

图6-19 主轴电动机内置传感器连接图

2. 串行主轴参数初始化方法

以 FANUC 串行主轴为例,说明串行主轴参数的初始化方法。其主轴参数见表 6-5。

表 6-5 FANUC 串行主轴参数表

功　能	0C/0D 系统		16/18/21/0i 系统	
主轴功能选择	71.7	0 为模拟量主轴	3701.1	1 为模拟量主轴
		1 为串行控制主轴		0 为串行控制主轴
主轴个数选择	71.4	0 为 1 个主轴	3701.4	0 为 1 个主轴
		1 为 2 个主轴		1 为 2 个主轴
主轴位置编码器选择	6501.2	0 为不用	4001.2	0 为不用
		1 为使用		1 为使用
主轴与位置编码器的传动比	28.6 与 28.7	00 为 1∶1	3706.0 与 3706.1	00 为 1∶1
		01 为 1∶2		01 为 1∶2
		10 为 1∶3		10 为 1∶3
		11 为 1∶4		11 为 1∶4
主轴速度到达检测	24.2	0 为不检测	3708.0	0 为不检测
		1 为检测		1 为检测
主轴齿轮档位最高速度选择	540~543		3741~3744	
主轴档的齿轮传动比	6556~6559		4056~4059	
主轴电动机最高转速	6520		4020	
主轴模块标准参数的初始化				
主轴电动机代码	6633		4133	
自动设定	6519.7 置 1		4019.7 置 1	

项目 1　数控车床主轴驱动系统的调试

教 学 目 标：学习数控车床主轴驱动系统的调试方法,掌握编制主轴机械部件的装配与调整的技巧。

思考与练习：完成一种经济型数控车床主轴的装配工艺编制,按照工艺进行实际操作以检验装配工艺的可行性,并分析工艺编制的成败得失。

1. 数控车床主轴机械部件的装配与调整

数控车床主轴定位方式通常分前端定位、后端定位、前后端定位三种,如图 6-20 所示。
采用前端定位方式的主轴热变形后向后延伸,对主轴精度影响较小。主轴调整主要通过主轴箱内的调整螺母实现,调整比较困难。采用后端定位方式的主轴可通过设在主轴箱外的调整螺母完成,能比较方便地调节主轴,但主轴热变形后向前延伸,影响主轴精度。前后端

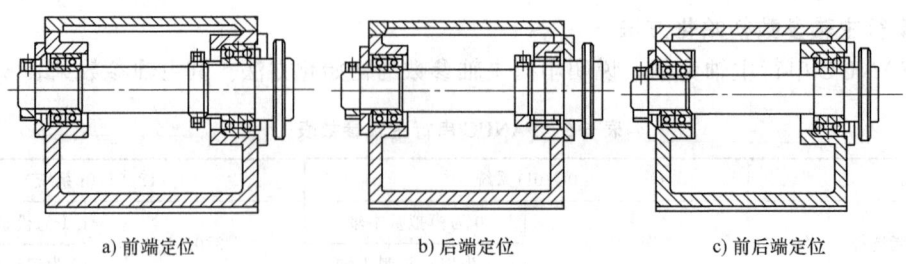

a) 前端定位　　　　　b) 后端定位　　　　　c) 前后端定位

图 6-20　主轴定位方式

定位方式结构简单，调整也方便，但主轴热变形后，主轴中部伸长，引起主轴弯曲，影响主轴精度。另外，这三种定位方式在主轴箱箱体上均有两个定位端面，而且这两个定位端面的形位公差必须有严格的要求，即对各端面与其孔轴线的垂直度及两端的平行度均有很高的要求，加之端面往往又是内台阶面，加工难度大，加工时几乎不可能检测，很难达到设计要求，直接影响了主轴部件的精度，特别是当主轴定位端用预紧轴承（如角接触轴承）时，定位端面对主轴精度的影响更大。

　　HTG 系列数控车床主轴箱外形及传动结构图如图 6-21 所示，主轴箱体上不开窗口以减小热变形，设置散热叶片起散热和增加刚度的作用。安装面上设有侧定位面，以提高精度的保持性，中间增加壁板以增加定位刚度。主轴材料采用 40Cr，高频淬火，内锥面为标准莫氏 5#，通孔为 $\phi52mm$（拉杆内孔为 $\phi40mm$）。轴承采用轻载高速角接触球轴承，采用前轴承固定、后轴承外圈自由的改进型前端定位方式，通过套筒将调整螺母布置主轴箱体外，方便调节。

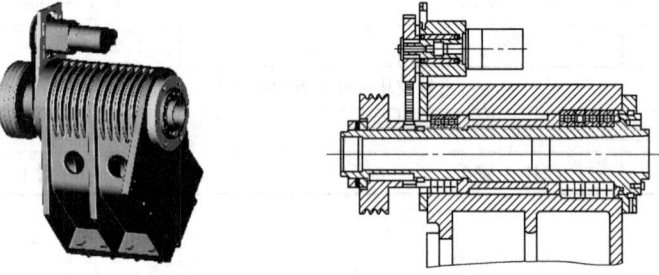

图 6-21　HTG 系列数控车床主轴箱外形及传动结构图

　　高速精密数控车床主轴定位方式如图 6-22 所示，其主要零件的结构简单，机械加工工艺性、装配工艺性均较好，能够达到很高的技术要求。

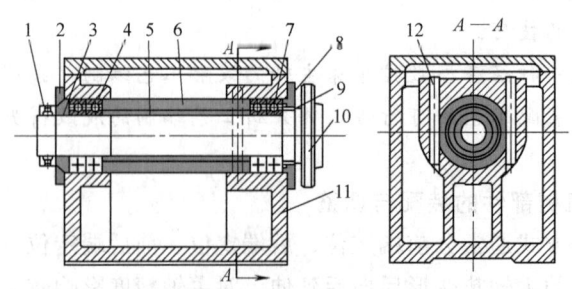

图 6-22　高速精密数控车床主轴定位方式

1—调整螺母　2—后端盖　3—导套　4,7—轴承　5—内隔套
6—外隔套　8—前端盖　9—内套　10—主轴　11—主轴箱体　12—定位销

图 6-23 所示为高速精密数控车床的主轴箱结构图，箱体上前后轴承孔是两个同轴线、等直径的通孔，与两端面配合的零件是防油、水、尘的前后端盖，对箱体两端无特殊技术要求，使用坐标镗床加工就可以达到技术要求。

图 6-24 所示主轴的前后轴颈是两个同轴线、同直径的外圆柱面，磨削后可达到技术要求。内、外隔套的两端面同时磨削后再精研，可达到规定的技术要求。

图 6-25 所示为高速数控车床主轴部件装配图。从图中可以看出，只需从右到左逐个将零件装上主轴，再根据轴承设定的预紧力调整好后端的调整螺母，就完成了主轴单元的装配。将

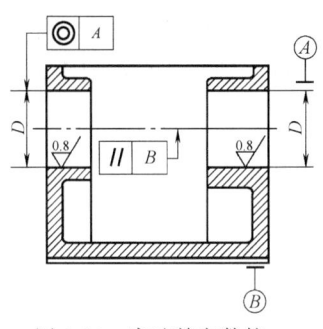

图 6-23 高速精密数控车床的主轴箱结构图

检测合格的主轴单元装入主轴箱内，按图 6-22 所示的位置配上两个定位锥销，将主轴单元轴向定位，再固定前端盖，装上后端盖就完成了整个主轴箱部件的装配。

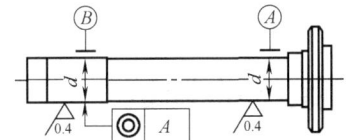

图 6-24 高速精密数控车床的主轴结构

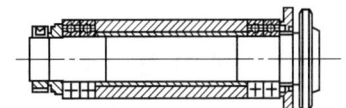

图 6-25 高速数控车床主轴部件装配图

2. 数控车床主轴驱动系统的连接与调试

以 FANUC 16i/18i/21i TB 系列主轴的连接为例，阐述数控车床主轴驱动系统的连接与调试。

(1) 仅连接串行主轴　如图 6-26 所示。FANUC16i 最多可以连接四个串行主轴，FANUC18i 最多可以连接三个串行主轴，而 FANUC21i 最多可以连接两个串行主轴。要使用第三或第四串行主轴，需要指定 FANUC16i 中的"第三/第四串行主轴控制选项"或 FANUC18i 中的"第三串行主轴控制选项"。要连接第三/第四串行主轴，还需要串行主轴分配模块（A13B-0180-B001）。

(2) 仅连接模拟主轴　FANUC 16i/18i/21i TB 系列可以仅连接一个模拟主轴，其连接方式如图 6-27 所示。

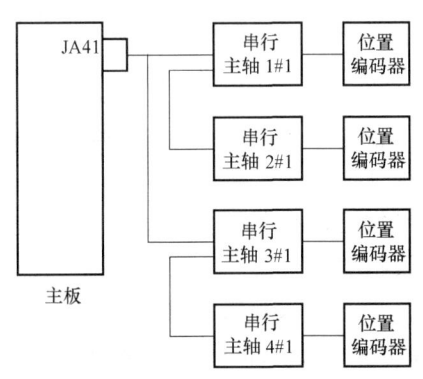

图 6-26　仅连接串行主轴

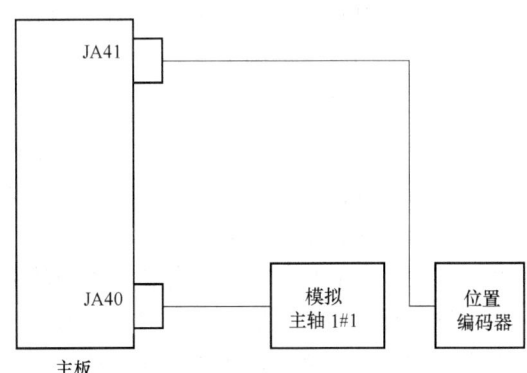

图 6-27　仅连接模拟主轴

（3）同时连接串行主轴和模拟主轴　FANUC 16i/18i/21i TB 系列也可以同时连接两个串行主轴和一个模拟主轴，但模拟主轴侧不能连接位置编码器，如图 6-28 所示。

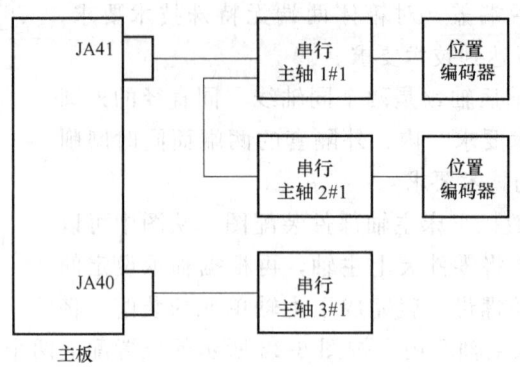

图 6-28　同时连接串行主轴和模拟主轴

项目 2　数控铣床主轴驱动系统的调试

教 学 目 标：学习数控铣床主轴驱动系统的调试方法，掌握编制主轴机械部件的装配与调整的技巧。

思考与练习：完成一种升降台数控铣床或模型的主轴系统装配，按照工艺进行实际操作以检验装配工艺的可行性，并分析工艺编制的成败得失。

主轴定位形式一般有两支承或三支承，以两支承的数控铣床主轴为例进行介绍，其主轴前端结构如图 6-29 所示。

主轴前端支承一般由 3182100 系列轴承和一个能承受双向力的角接触轴承构成。这种结构对技术力量较强的厂家来说，可凭经验进行合理的选配和调整，且不会对精度产生太大的影响。但这种结构在对前端 3182100 系列轴承 2 进行预紧时，需要通过拧紧螺母 3 来实现。在装配前选配调整垫片 1

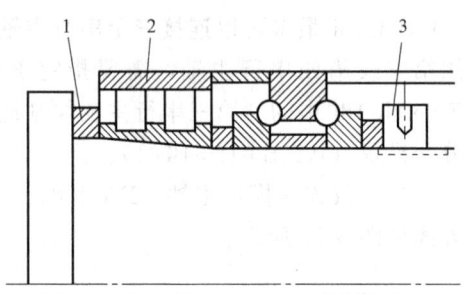

图 6-29　两支承数控铣床主轴前端结构
1—调整垫片　2—轴承　3—螺母

时，因为主轴本身加工误差等原因，很难使调整垫片 1 正好符合 3182100 系列轴承的预紧力要求。只有在各件装上主轴后，才能通过拧紧螺母 3 使 3182100 系列轴承预紧，但当轴承 2 的外端已经与调整垫片 1 端面接触时，因轴承位置已经靠死，不能通过螺母进行预紧。若轴承 2 未达到应有的预紧力，将会影响主轴的刚度和回转精度。

在轴承精度和工件加工精度均良好的情况下，前后轴承最大径向圆跳动位于同一平面，并在主轴轴线的同侧时，如图 6-30a 所示。δ 表示主轴前端检验处的径向圆跳动，δ_1 表示前轴承的最大径向圆跳动，δ_2 表示后轴承的最大径向圆跳动，且 $\delta<\delta_1<\delta_2$，a 为主轴前支承到检验处的距离，L 为主轴前后支承之间的距离。另一种情况是前后支承的最大圆跳动位于同

一平面，但在主轴轴线的两侧。主轴前端检验处的最大径向圆跳动为 δ'，且 $\delta'>\delta_1$，如图 6-30b 所示。

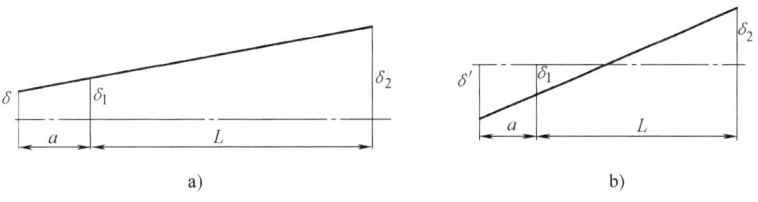

图 6-30 前后轴承的调整对主轴精度的影响

比较两种情况可以得出以下结论：$\delta<\delta'$，表明若要使主轴前端检验处径向圆跳动最小，应使其满足图 6-30a 的条件，而应避免图 6-30b 所示的情况。

轴承的间隙是影响主轴回转精度及刚度的重要因素。在轴承预紧过程中，若间隙过小，容易引起主轴轴承过热；若间隙过大，又会影响回转精度。所以，用图 6-29 所示的结构对轴承进行预紧，很难将间隙一次性调好。目前，通常将主轴前支承的定位方式改为如图 6-31 所示结构，以螺母 1 进行轴向定位，垫片 2 起防松作用。在加工中若稍有位置偏差，也可通过垫片 2 使之与轴承 3 的端面均匀接触。螺母 1 既是轴向定位基准，又可控制轴向移动量，调整控制比较方便。

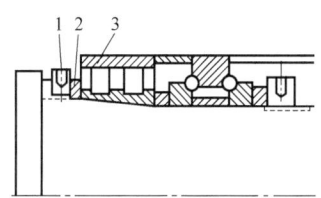

图 6-31 两支承数控铣床改进型主轴前端结构
1—螺母 2—垫片 3—轴承

项目 3 加工中心主轴驱动系统的调试

教学目标：学习数控加工中心主轴驱动系统连接电路的调试方法，掌握调试典型参数设置与检测的技巧。

思考与练习：完成一种加工中心主轴系统典型参数的设置与检测，并进行试运行，以检验设置的正确性。

图 6-32 所示为三菱 MDS-A-SPJ 变频主轴驱动系统的连接电路，共有 9 个强电接线端子和 3 个信号电缆插座 CN1，CN2，CN3。9 个强电接线端子分别为 AC220V 三相电源进线 R、S、T，交-直-交变频主回路的直流侧能耗制动电阻接线端子 C、M，向主轴电动机供电的变频输出动力线端子 U、V、W 及屏蔽线接线端子 PE。信号电缆 CN3 用于连接 CNC 系统及 PC 机，其中 SE1、SE2 用来接受数控系统的模拟电压指令（±10V），SYA、SYA*、SYB、SYB*、SYC 与 SYC* 是从主轴驱动单元送回 CNC 的当前速度的 6 根反馈信号线，其中 A，B 两相各 2 根，零脉冲 Z 相 2 根。TX1，RX1，GND 则分别为串行发送、接收信号线及接地线，用于连接 PC 机的串行口，作为主轴驱动单元的运行参数、准停参数预设定及主轴状态监控，正常运行时不必连接。CN2 是三菱公司提供的标准电缆，用来传递主轴编码器对主轴驱动单元的速度/位置反馈信号。CN1 电缆有 40 芯，主要作为主轴的轴控 PLC 信号，被连接于数控系统 PMC 的 I/O 点，以完成 CNC 对主轴的状态监控及动作控制。CN1

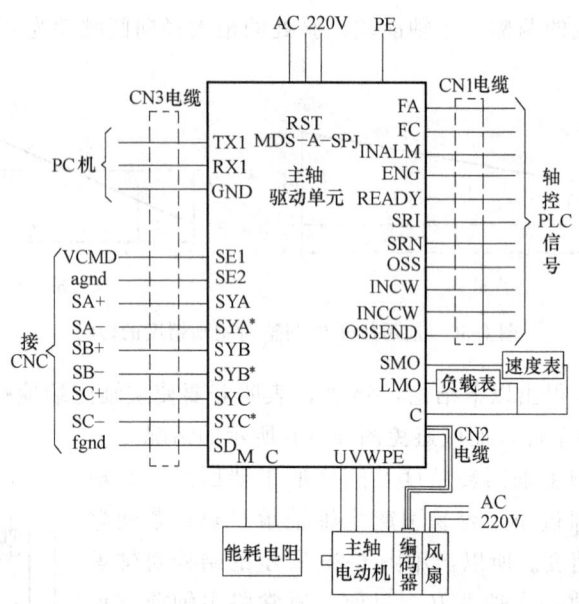

图 6-32 三菱 MDS-A-SPJ 变频主轴驱动系统的连接电路

中有代表性的信号为 FA、FC、OSSEND、INCW、INCCW 和 INALM,由主轴驱动器发向数控系统的 PMC,传递主轴驱动器的当前状态。即 FA 与 FC 接通表示主轴报警,OSSEND 指示主轴准停的动作到位,INCW、INCCW 和 INALM 指示主轴处于正转、反转还是报警中。REDAY、SRI、SRN、OSS 和 EMG 由数控系统的 PMC 发向主轴驱动器,传递 CNC 对主轴的控制命令。即 READY 为就绪信号,SRI 为正转命令,SRN 为反转命令,OSS 为准停命令,EMG 为紧急停止命令。CN1 电缆上还有 2 根线 SMO 与 LMO,可在其与地线 C 间接入主轴速度表和负载表,用于数控机床的面板显示。

三菱 MDS-A-SPJA 系列主轴驱动单元从 SP001~SP384 共有 384 个内部参数,需根据机械传动情况、电路硬件连接及运行功能要求进行合理调整。实际调试时,有的参数使用初始默认值,有的参数要与主轴系统的外部信号接线相配合,还有的参数由主轴驱动结构及性能要求确定。加工中心主轴调试中使用的典型参数见表 6-6。

表 6-6 加工中心主轴调试典型参数

参数代码	功能
SP001	准停回路增益,使用默认值
SP004	准停在位宽度,设置为 1/16
SP006	准停减速率,使用默认值
SP007	准停位置数值。主轴定位停于 $x°$ 位置,可对应设置 SP007=$x°/360°\times 4096$
SP017	主轴电动机最高转速,设定为 6000
SP019	速度设定值的加/减速时间常数,设定为 30ms
SP025	主轴侧齿轮齿数
SP029	电动机侧齿轮齿数,SP029 与 SP025 的比例应按照主轴驱动实际传动比设为 1:2
SP039、SP040、S0041	分别指定驱动单元容量、电动机型号及能耗制动电阻型号

(续)

参数代码	功 能
SP098、SP099、SP100	分别为速度回路增益的 P、I、D 项
SP129~SP133	按要求范围置数，指定驱动单元接受外部输入信号所使用的输入线 通过设置 SP129=1，可定义 CN1 的第 19A 引脚作为准停命令 OSS 输入端
SP178，SP179	用于速度、负载表刻度调整
SP141~SP143	按要求范围置数，指定驱动单元状态输出所使用的输出线 通过设置 SP141=0，定义 CN1 的第 7A 引脚为准停完成信号输出端 通过设置 SP142=11，定义 CN1 的第 7B 引脚为驱动单元就绪状态监控输出端

除表中所列参数外，SP097 也需进行设置。SP097 参数为 2 进制 16 位数，从第 0 位到第 F 位。其中第 1 位与第 0 位的组合表示准停旋转方向，分别置 0、1 选择正方向准停；第 3 位置 1 表示准停伺服期间主轴锁定；第 5 位选择编码器检测极性，置 0；如其余位暂时置为 0，则 SP097=0009H。参数整定后的加工中心主轴速度实测曲线如图 6-33 所示。

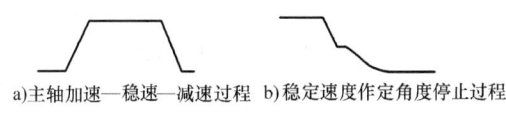

a)主轴加速—稳速—减速过程 b)稳定速度作定角度停止过程

图 6-33 主轴速度实测曲线

图 6-33a 所示为主轴加速—稳速（至 1000r/min）—减速过程的动态速度变化曲线，速度上升时间约为 0.2s，超调量小于 0.25%；图 6-33b 所示为主轴从 1000r/min 的稳定速度作规定角度停止时的动态速度变化曲线。曲线中间的恒速段为位置回路控制速度，标志着主轴从速度控制模式变为位置控制模式，主轴在正常运行速度下，从准停命令发出至准停定位完毕约需要 0.5s，过渡过程平稳。

模块 3　主轴驱动系统的故障诊断与排除

直流主轴驱动系统的故障主要包括主轴停止旋转的触发线路故障，主轴速度不正常的测速发电机故障或数/模转换器故障，电动机振动或噪声过大的相序或电源频率设定错误故障、过电流报警故障，速度偏差过大的负载超标或主轴抖动故障等。

交流主轴驱动系统的故障主要包括电动机过热的负载超标、冷却系统过脏、冷却风扇损坏、电动机与控制单元间接线不良等故障。引起交流输入电路用再生回路熔丝烧断的故障有阻抗过高、浪涌吸收器损坏、电源整流桥损坏、逆变器用的晶体管模块损坏、控制单元印制电路板损坏、电动机加减速频率过高等故障。主电动机振动、噪声过大、电动机速度超标或达不到正常转速等。

对待这些故障一般从检测开始，通过查找与分析故障原因找到故障源，并采取措施排除故障。如电动机振动故障，必须先确认是在何种情况下产生这种现象，如果在减速中产生，则故障发生在再生回路，应检查该回路的熔丝是否已熔断，或该回路的晶体管是否有损坏。若在恒速下产生，则应先查看反馈电压是否正常，再切断指令，查看电动机停止过程中是否有异常噪声。如果故障仍然存在，则故障发生在机械部分或在印制线路板上。若反馈电压不正常，则应先查看振动周期是否与速度有关，若有关，则应检查主轴与主轴电动机的连接方面是否有故障，主轴以及装在交流主轴电动机尾部的脉冲发生器是否损坏，若不是，则故障可能产生在印制线路板上，需要查看线路板或重新调整。

项目 1　数控车床主轴驱动系统的故障诊断与排除

教学目标：了解数控车床主轴驱动系统常见故障的形式、特点，学习故障诊断与排除的一般方法。

思考与练习：完成一种有报警主轴系统故障的分析与排除。

1. 数控车床主轴伺服系统的故障形式

当主轴伺服系统发生故障时，通常有三种表现形式：
1) 在 CRT 显示器或操作面板上显示报警内容或报警信息。
2) 在主轴驱动装置上用报警灯或数码管显示主轴驱动装置的故障。
3) 主轴工作不正常，但无任何报警信息。

主轴伺服系统常见故障有外界干扰、过载、主轴定位抖动、主轴转速与进给不匹配、主轴电动机不转。

（1）外界干扰　由于受电磁干扰、屏蔽或接地措施不良，主轴转速指令信号或反馈信号受到干扰，使主轴驱动出现随机和无规律性的波动。判别有无外界干扰的方法是：当主轴转速指令为零时，主轴仍往复转动，调整零速平衡和漂移补偿也不能消除故障，则说明存在外界干扰。

(2) 过载　切削用量过大，频繁正、反转等均可引起过载报警。具体表现为主轴电动机过热、主轴驱动装置显示过电流报警等。

(3) 主轴定位抖动　主轴准停用于刀具交换、精镗退刀及齿轮换挡等场合，常用方式有以下几种：

1) 机械准停控制。由 V 形槽的定位盘和定位用的液压缸配合动作。

2) 磁力传感器的电气准停控制。发磁体安装在主轴后端，磁力传感器安置在主轴箱上，其安装位置决定了主轴的准停点，发磁体与磁力传感器之间的间隙为 (1.5 ± 0.5) mm。

3) 编码器型的电气准停控制。通过主轴电动机内置安装或在机床主轴上直接安置一个光电编码器来实现准停控制，准停的角度可任意设定。

上述准停都需要经过减速过程，如减速或增益等参数设置不当，均会引起定位抖动。另外，准停方式中定位液压缸活塞移动的限位开关失灵，发磁体与磁力传感器之间的间隙发生变化，或磁力传感器失灵均可引起定位抖动。

(4) 主轴转速与进给不匹配　当进行螺纹切削或用每转进给指令切削时，会出现停止进给后，主轴仍继续运转的故障。要执行每转进给的指令，主轴必须有每转一个脉冲的反馈信号，一般情况下为主轴编码器有问题。可用以下方法来确定：

1) CRT 显示器有报警显示。

2) 在 CRT 显示器上调用机床数据或 I/O 状态，观察编码器的信号状态。

3) 用每分进给指令代替每转进给指令执行程序，观察故障是否消失。

4) 转速偏离指令值。

当主轴转速超过技术要求规定的范围时，要考虑：

1) 电动机过载。

2) CNC 系统输出的主轴转速模拟量（通常为 $0\sim\pm10V$）没有达到与转速指令对应的值。

3) 测速装置有故障或速度反馈信号断线。

4) 主轴驱动装置故障。

5) 主轴异常噪声及振动。

首先要区别异常噪声及振动是发生在主轴机械部分还是在电气驱动部分。

1) 在减速过程中发生，一般是由驱动装置造成的，如交流驱动中再生回路故障。

2) 在恒转速时产生，可通过观察主轴电动机自由停车过程中是否有噪声和振动来区别，如存在，则主轴机械部分有问题。

3) 检查振动周期是否与转速有关，如无关，一般是主轴驱动装置未调整好；如有关，应检查主轴机械部分是否良好，测速装置是否不良。

(5) 主轴电动机不转　CNC 系统至主轴驱动装置除了转速模拟量控制信号外，还有使能控制的信号，一般为 DC+24V 继电器线圈电压。

1) 检查 CNC 系统是否有速度控制信号输出。

2) 检查使能信号是否接通。通过 CRT 显示器观察 I/O 状态，分析机床 PLC 梯形图（流程图），以确定主轴的起动条件，如润滑、冷却等是否满足。

3) 主轴驱动装置故障。

4) 主轴电动机故障。

2. 数控车床主轴驱动系统的典型故障与排除方法

（1）停车声响故障

1）故障现象。配置直流主轴驱动系统的数控卧式车床，在停车时发出巨大响声，同时车间总电源跳闸。

2）故障检查。供电系统中跳闸的自动空气断路器因环境潮湿，开关盒内自动跳闸的连杆机构已锈蚀，三相触点中有一相触点只有小部分能接触。车间供电变压器容量小，其正常的相电压只有340V。一只晶闸管已被烧坏，驱动电路B相正组触发脉冲幅值小，只有正常触发脉冲幅值的四分之一，进一步查实为B相触发电路中的放大管T3性能不好所致。

3）故障分析。晶闸管在整流状态下缺相和在逆变状态下缺相结果是不同的。在整流状态下缺相总是触发电位较高的晶闸管，如SCR1，同时使前一相晶闸管SCR3承受反相电压而关断。在SCR3在关断期间以反相阻断状态为主。即使后一个晶闸管不被触发，SCR3到一定时刻也会因为过零而自动关断。但如果缺相发生在停车降速时，即在逆变的情况下，同样也是触发电位较高的晶闸管导通，并使前一个晶闸管承受反压而关断，这时的晶闸管在关断期间有很长一段时间处于正向阻断状态。这样，若后一个晶闸管不导通，由于电感L的放电作用使该晶闸管再延续导通一个周期而进入正半周，晶闸管将继续导通下去，同时阻碍后面的晶闸管导通。于是，晶闸管输出的正向电压与电动机电势迭加产生很大的电流，这时即产生逆变颠覆，轻则烧坏熔丝，重则烧坏晶闸管。如果电压供电系统正常，波动不大，通常不会烧坏晶闸管。因此，交流电网电压波动大，变压器容量小、超负荷运行，B相的正组触发脉冲幅值小，供电系统的总开关盒的损坏等综合原因导致了上述故障。

4）解决方法。更换自动空气断路器和晶闸管。

（2）数控车床主轴点动时花盘摆动

1）故障现象。配置直流主轴驱动系统的数控车床在进行点动操作时，主轴花盘剧烈摆动。

2）故障检查。测量驱动控制系统中的±20V直流稳压电源，其波动值为4V，超过允许范围。

3）故障分析。在控制系统的放大电路中，高/低通滤波器可以滤掉速度反馈和电压反馈中的各次谐波干扰信号，但无法滤除系统本身直流电源电路中的谐振波分量。该谐振波分量存在于整个系统中，这些谐波进入放大器会使放大器阻塞，使系统产生各种不正常现象。在点动状态下，电动机转速低，而谐波超过了点动时的电压值，造成了系统的振荡使主轴花盘来回摆动。去除谐波信号就可能消除故障。

4）解决方案。将电压板中的100MF和10000MF滤波电容换下，焊上新电容并测量波动范围是否在许用范围内。完成后将电源板安装好，开机试运行故障即消除。

（3）速度偏差过大报警的诊断与排除　速度偏差过大报警故障出现时，按表6-7进行诊断和排除。

表6-7　速度偏差过大报警故障综述

可能原因	检查步骤	排除措施
反馈连线不良	不起动主轴，用手盘动主轴使主轴电动机以较快速度转起来，估计电动机的实际速度，监视反馈的实际转速	确保反馈连线正确
反馈装置故障		更换反馈装置

(续)

可能原因	检查步骤	排除措施
动力线连接不正常	用万用表或兆欧表检查电动机或动力线是否正常（包括相序不正常）	确保动力线连接正常
动力电压不正常		确保动力线电压正常
机床切削负荷太重，切削条件恶劣		重新考虑负载条件，减轻负载，调整切削参数
机械传动系统不良		改善机械传动系统条件
制动器未松开	查明制动器为松开的原因	确保制动电路正常
驱动器故障	利用交换法，判断是否有故障	更换出错单元
电流调节器控制板故障		
电动机故障		

（4）主轴振动或噪声过大故障诊断与排除　主轴振动或噪声过大故障出现时，按表6-8进行诊断和排除。

表6-8　主轴振动或噪声过大故障综述

故障部位	可能原因	检查步骤	排除措施
电气部分	系统电源缺相、相序不正确或电压不正常	测量输入的系统电源	确保电源正确
	反馈不正确	测量反馈信号	确保接线正确，且反馈装置正常
	驱动器异常，如：增益调整电路或颤动调整电路的调整不当		根据参数说明书，设置好相关参数
	三相输入的相序不对	用万用表测量输入电源	确保电源正确
机械部分	主轴负荷过大		重新考虑负载条件，减轻负载
	润滑不良	是否缺润滑油	加注润滑油
		是否润滑电路或电动机故障	检修润滑电路
		是否润滑漏油	更换润滑导油管
	主轴与主轴电动机的连接带过紧	在停机的情况下，检查带松紧程度	调整带的连接
	轴承故障、主轴和主轴电动机之间离合器故障	目测，可判断这个机械连接是否正常	调整轴承
	轴承拉毛或损坏	可拆开相关机械结构后目测	更换轴承
	齿轮有严重损伤		更换齿轮
	主轴部件上动平衡不好（从最高速度下降时发生此故障）	当主轴电动机最高速度时，关掉电源，惯性运转时是否仍有声音	校核主轴部件上的动平衡条件，调整机械部分
	轴承预紧力不够或预紧螺钉松动		调紧预紧螺钉
	游隙过大或齿轮啮合间隙过大		调整机床间隙

(5) 主轴定位抖动故障的诊断与排除　主轴定位抖动故障出现时，按表6-9进行诊断和排除。

表6-9　主轴定位抖动故障综述

可能原因	检查步骤	排除措施
如果是机械定位方式，可能是限位开关失灵	检查限位信号是否正常传输到了数控系统段	更换限位开关
如果是电气定位方式，可能是此传感信号没到位	在系统端测量定位信号	确保定位信号正确传输到数控装置
反馈线连接不良	检查连线	确认连线
主轴编码器"零位脉冲"不良或受到干扰	用万用表测量编码器反馈信号，检查是否正常	更换编码器

项目2　数控铣床主轴驱动系统的故障诊断与排除

教学目标： 了解数控铣床主轴驱动系统常见故障的形式特点，学习故障诊断与排除的一般方法。

思考与练习： 有一台数控铣床在加工内孔时发生有规律的孔径变大故障，请分析其主轴系统出现了何种故障。

1. 液压系统压力不稳故障

（1）故障现象　一台专用数控铣床在零件批量加工过程中发生故障，其现象表现为零件已加工完毕，在Z轴后移但还没有到位时加工程序中断，主轴停转并显示"SPINDLE SPEED NOT OK STATION 2"报警，指示主轴有问题。

（2）分析及处理过程　检查主轴系统并无问题，考虑因其他问题导致的主轴停转。用机外编程器监视PLC梯形图的运行状态，发现刀具液压卡紧压力检测开关F21.1在出现故障时瞬间断开。检测开关F21.1断开表示铣刀夹紧力不够，为安全起见，PLC使主轴停转。经检查发现液压压力不稳，调整液压系统压力使之稳定后，故障被排除。

2. 主轴编码器报警故障

（1）故障现象　一台配套FANUC系统的XH754的数控机床，主轴编码器出现"1001 Spindle Alarm"和"409 Servo Alarm（serial err）"报警。

（2）分析及处理过程　主轴伺服数码管的故障代码显示AL-42，说明主轴编码一转信号未产生。检查编码器电缆正常，但将主轴编码器拆开后发现其下光栅上有一层油雾，用无水酒精清洗晾干，安装后开机，故障消失。将主轴定向重新调整后，机床恢复正常。

3. 主轴伺服驱动单元损坏故障

一台型号为XK5038-1的数控机床开机时主轴报警，显示"S axis not ready"（主轴没准备好）报警。

打开主轴伺服单元电气箱，发现伺服单元无任何显示。用万用表测量主轴伺服驱动

BKH电源进线发现供电正常,但伺服单元的数码管无显示,说明该单元损坏。检查该单元供电线路,发现供电线路实际接线与电气原理图不符,如图6-34所示。

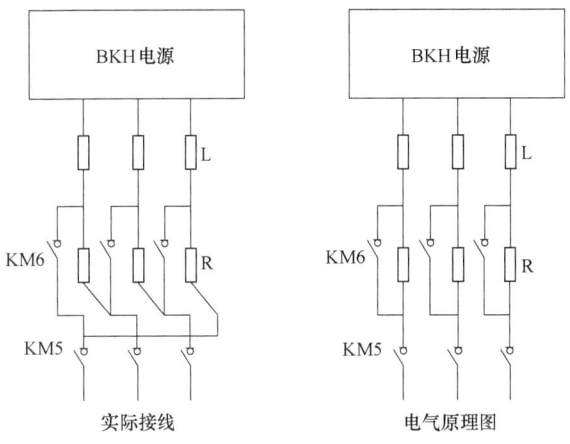

图6-34 接线图

该单元通电起动时,KM5先闭合,2~3s后,KM6闭合,将电阻R短接。电阻与扼流圈L的作用是在起动时防止浪涌电流对主轴单元的冲击。实际接线中三只电阻却接成了三相并联形式,起不到保护作用,导致通电时主轴单元被损坏,同时三只电阻因长期通电而被烧毁。按电气原理图进行重新接线,更换新主轴单元后,机床恢复正常。

项目3 FANUC主轴驱动系统的故障诊断与排除

教学目标:了解FANUC主轴驱动系统常见故障的形式特点,学习故障诊断与排除的一般方法。

思考与练习:FANUC主轴驱动系统常见故障的特点是什么?

1. FANUC模拟式交流主轴驱动系统典型故障

FANUC模拟式交流主轴驱动器(A06B-6044)上有4个发光二极管,专门用于显示驱动器报警,从右至左代表16进制的1、2、4、8。根据以上4只发光二极管的显示,可以组成相应的报警号,报警号对应的内容与引起报警的原因见表6-10所示。

表6-10 FANUC模拟式交流主轴驱动报警一览表

序号	LED显示				报警内容	产生报警的可能原因
	AL8	AL4	AL2	AL1		
1	○	○	○	●	主轴电动机过热	电动机过载;电动机的冷却系统不良;风扇断线;风扇通风不良;电动机温度检测开关不良;电动机温度检测开关连接不良

（续）

序 号	LED 显示				报 警 内 容	产生报警的可能原因
	AL8	AL4	AL2	AL1		
2	○	○	●	○	电动机速度偏离指令值	负载过大；转矩极限设定太小；功率晶体管损坏；再生放电回路中熔断器熔断；速度反馈信号不正确，可以用示波器检查 CH7 和 CH8 的波形并调整 RV18 和 RV19，使波形的占空比为 1∶1；驱动器连接电缆断线或接触不良
3	○	○	●	●	直流母线短路	逆变大功率晶体管模块损坏（可通过万用表检查晶体管模块的 CE、CB、BE 间的电阻加以确认）；直流母线电容器不良；再生放电回路不良；直流母线局部短路或对地短路；可能同时发生直流母线的 F7 熔断器熔断
4	○	●	○	○	主回路交流输入电压过低或缺相	交流电源侧的输入阻抗太高（如：自耦变压器串联在主回路中）；逆变晶体管模块不良；整流二级管模块或晶闸管模块损坏；交流电压输入端的浪涌吸收器、电容损坏；驱动器控制板不良；驱动器的交流输入熔断器 n、F2、F3 熔断；外部交流输入熔断器熔断
5	○	●	○	●	驱动器控制板上的熔断器熔断	驱动器控制板上的 AF2 熔断；驱动器控制板上的 AF3 熔断；驱动器控制电源回路不良；驱动器控制板有故障
6	○	●	●	○	电动机超过最高转速（模拟测量系统）	驱动器设定不正确（如：S5 的设定）；驱动器调整不良；存储器的 ROM 版本不正确；驱动器控制板不良；主电动机编码器不良或连接错误
7	○	●	●	●	电动机超过最高转速（数字测量系统）	同报警 6
8	●	○	○	○	+24V 电压太高	输入交流电压太高（超过额定值的 10% 以上）；驱动器电源电压转换开关设定错误；主轴变压器连接错误
9	●	○	○	●	大功率晶体管模块过热	主轴驱动器连续过载；驱动器冷却风扇不良；驱动器灰尘太多，导致散热不良；环境温度过高
10	●	○	●	○	+15V 太低	交流输入电压太低；+15V 辅助电源回路故障；主轴变压器连接错误
11	●	○	●	●	直流母线电压太高	如同时存在 F5、F6 熔断器熔断，此时直流母线可能存在短路，应按报警 3 的方法处理；交流电源的输入阻抗太高；驱动器故障

(续)

序 号	LED 显示				报 警 内 容	产生报警的可能原因
	AL8	AL4	AL2	AL1		
12	●	●	○	○	直流母线过电流	电动机绕阻局部短路；电动机电枢接线存在短路；逆变晶体管模块损坏；驱动器控制板不良
13	●	●	○	●	驱动器的 CPU 不良	驱动器控制板不良；驱动器接地连接不良
14	●	●	●	○	驱动器上的 ROM 不良	ROM 安装位置、版本错误；ROM 片插接不良；ROM 不良
15	●	●	●	●	附加选择板报警	附加选择板的连接不良；附加选择板不良

若主轴电动机在加减速过程中出现不正常的噪声与振动，则应进行如下检查：

1）检查再生回路的 F5、F6 熔断器是否熔断；晶体管模块 TM7 和 TM8 的 C-E 极之间是否短路。

2）确认反馈回路电压 TSA（CH20 端）和 ER（CH28 端）信号是否有异常；如有异常进行第 4 步检查，否则执行第 3 步。

3）在电动机旋转过程中立即拔下 CN2 插头，并观察电动机是否有异常噪声。如有，则说明机床机械部分存在故障，否则是主轴驱动单元控制部分不良。

4）检查振动周期是否与速度有关；如无关则应进行第 5 步检查；如有关，则可能的原因有主轴电动机与主轴之间的齿轮比不合适；主轴电动机的脉冲编码器不良；主轴电动机存在不良；主轴机械传动系统存在不良。

5）检查脉冲编码器的反馈测量端（CH7）的波形占空比是否为 1：1，如是，则可能是控制板不良或机械有故障；否则可能是电位器 RV18、RV19 调整不当或是脉冲编码器故障。

当出现主电动机不转或旋转异常的现象，应根据以下步骤进行分析检查：

1）如果有报警指示灯亮，则按报警号作相应的处理。

2）检查 CH1 端的 VCMD 指令是否正常，如果正常，则执行第 3 步；如果不正常，则应检查 CNC 的速度给定 S 模拟量输出。若 CNC 的 S 模拟量输出正常，则可能是驱动器的 S 模拟量接收回路不良；若 CNC 无 S 模拟量输出，则应检查 CNC 及 CNC 与驱动器的连接。

3）确认是否有定向准停信号存在。如无，则执行第 4 步；如有，则撤消定向准停信号。

4）在测量端 CH13 上检查 VCMD 指令是否正确，如正确，则可能是速度调节器控制回路不良或伺服驱动器故障；如不正确，则可能的原因是无正、反转指令信号（SFR、SRV）输入；驱动器设定端 S2 设定不正确；速度调节器调整不良；主轴定向准停控制用的磁力传感器安装不良。

2. FANUC S 系列数字式主轴驱动系统的故障诊断

(1) 电源指示灯 PIL 不亮　S 系列交流主轴驱动系统驱动器上电源指示灯 PIL 不亮故障的主要原因见表 6-11。

表 6-11 S 系列交流主轴驱动系统驱动器电源指示灯 PIL 不亮故障的原因

序号	故障原因
1	驱动器无电源输入。检查驱动器电源输入端 R、S、T 的电压是否在额定电压的 -15%~10% 范围
2	驱动器主回路电源输入。检查熔断器 FUR、FUS、FUT 熔断
3	驱动器控制板上的熔断器。F1、F2（1S~3S），或 F2、FS（6S~26S），或 F3（6S~26S）熔断
4	驱动器的连接器 CN4、CN5（1S~3S），或 CN4、CN5、CN6（6S~26S）连接不良
5	驱动器控制板不良

(2) 有驱动器报警显示的故障 在 A06B-6059 系列数字式主轴驱动器上，安装有 6 只 7 段数码管显示器，当驱动器发生故障时，在通常情况下，可以在显示器上显示出报警号 AL—□□。根据不同的报警显示，可以给维修人员提供驱动器出错的原因，从而初步确定故障部位。A06B-6059 系列数字主轴驱动器的报警显示及其引起原因见表 6-12。

表 6-12 交流主轴驱动系统故障诊断表

报警号	故障内容	故障原因
AL—01	电动机过热	主电动机内装式风机不良；主电动机长时间过载；主电动机冷却系统污染，影响散热；电动机绕组局部短路或开路；温度检测开关不良或连接故障
AL—02	实际转速与指令值不符	电动机过载；晶体管模块不良；控制电路保护熔断器 F4A~F4M 熔断或不良；速度反馈信号不良；电动机绕组局部短路或开路；电动机与驱动器电枢线相序不正确或连接不良
AL—03	再生制动电路故障（1S~3S）	再生制动晶体管 TR1 故障
AL—03	+24V 熔断器熔断（6S~26S）	控制电路中的 F1 熔断
AL—04	输入电源缺相（仅 6S~26S）	进线电源阻抗太大；晶体管模块不良；主回路连接不良；主接触器（MCC）不良；进线电抗器不良
AL—06	模拟测速系统超速	驱动器设定或调整不当；ROM 不良；速度反馈信号连接不良；控制板不良
AL—07	数字测速系统超速	驱动器设定或调整不当；ROM 不良；速度反馈信号连接不良；控制板不良
AL—08	输入电压过高	输入电压超过额定值；主轴变频器连接错误
AL—09	散热器过热（仅 6S~26S）	驱动器风扇不良；环境温度过高；冷却系统污染，影响散热；驱动器长时间过载；温度检测开关不良或连接不良
AL—10	输入电压过低	输入电压低于额定值的 -15%；主轴变频器连接错误
AL—11	直流母线过电压	电源输入阻抗过高（见 AL—04）；驱动器控制板不良；再生制动晶体管模块不良；再生制动电阻不良
AL—12	直流母线过电流	逆变晶体管模块不良；电动机电枢线输出短路；电动机绕组局部短路或对地短路；驱动器控制板不良
AL—13	CPU 报警（仅 6S~26S）	驱动器控制板不良；CPU 内部数据出错
AL—14	ROM 故障（仅 6S~26S）	ROM 安装故障；ROM 不良；ROM 版本、参数不匹配

(续)

报 警 号	故 障 内 容	故 障 原 因
AL—15	附加电路板选件故障	主轴切换电路/转速切换电路板或主轴切换电路/转速切换电路板连接不良
AL—16～AL—23	主轴驱动器控制电路或接口电路故障	驱动器控制板安装不良；驱动器控制板连接不良；驱动器接地连接不良；控制板不良
无显示	ROM 故障	ROM 安装不良；ROM 不良
显示 A	驱动器软件出错	进行驱动器初始化测试

(3) 电动机不转或转速不正常 当起动主轴驱动系统后，若出现主电动机不转或转速不正常的故障，其原因如下：

1) 主电动机电枢线连接不良或相序不正确。若在主电动机不转的同时，驱动器显示 AL—02 报警，则表明指令电压已加入驱动器，但实际电动机转速与给定值不符。在一般情况下，应重点检查驱动器与主电动机的电枢线连接相序。若驱动器不显示 AL—02 报警，应重点检查驱动器指令电压输入。

2) 速度反馈信号不良。应对照 FANUC 交流主轴驱动系统的连接图，逐一检查主电动机编码器的连接，并测量 PA/PB、PAP/PBP 的波形。

3) 参数设定不当。应重点检查驱动器参数 F01、F02 的设置。

4) ROM 不良或版本错误。

(4) 运行时振荡或有噪声 引起主电动机运行过程中出现不正常振荡、噪声的原因有电动机不良，如电枢绕组对地短路或局部短路；测量反馈信号不良，可对照 FANUC 交流主轴驱动系统的连接图，逐一检查主电动机编码器的连接，并测量 PA/PB、PAP/PBP 的波形；驱动器控制板不良。

(5) 电动机制动时有不正常的噪声 对于 6S～26S 主轴驱动系统，由于采用了再生制动方式，使能量反馈至电网。当制动能量过大时，再生制动电路为了限制制动极限电流，需要改变电动机的电流波形，从而产生不正常的噪声。减小驱动器参数 F20，降低再生制动功率极限，可以减轻并消除电动机制动时的噪声。

(6) 转速超调或出现振荡 当电动机在运转时出现超调或振荡，可能的原因是速度环比例增益设定不当，超调时应增加参数 F21、F22 的设定值，振荡时应减小参数 F21、F22 的设定值。

(7) 切削功率下降 引起主轴电动机切削功率下降的可能原因有 ROM 版本不匹配和转矩极限设定不当或外部转矩极限指令生效。

(8) 主轴定向准停定位不准 引起主轴定向准停定位不准可能的原因有主轴定向准停单元的设定与调整不当；主轴定向准停控制板不良；主轴驱动器控制板不良或主轴位置编码器或磁感应检测开关不良。

(9) 加/减速时间太长 可能引起主轴加/减速时间太长的原因有转矩极限设定不当或外部转矩极限指令生效；转矩极限信号输入接收电路不良；驱动器控制板调整不当和加/减速时间参数 F19 设定不当。

项目 4 SIEMENS 611A 交流主轴驱动系统的故障诊断与维修

教 学 目 标：了解 SIEMENS 611A 交流主轴驱动系统常见故障的征兆特点，学习故障诊断与排除的一般方法。

思考与练习：SIEMENS 611A 交流主轴驱动系统的主要特点是什么？

1. SIEMENS 611A 系列交流主轴驱动系统的故障诊断与维修

在 SIEMENS 611A 的主轴驱动模块中，通过驱动器正面的 6 位液晶显示器，可以显示主轴驱动器的全部参数，输入/输出信号的状态，驱动器与电动机的实际工作状态（实际转速、主电动机的电压、电流等）以及报警号等；调试和维修时，可以通过不同状态的诊断来判断故障原因，帮助维修。

当 611A 开机时显示器无任何显示，则可能的原因有：
1) 输入电源至少有两相缺相。
2) 电源模块至少有两相以上输入熔断器熔断。
3) 电源模块的辅助控制电源故障。
4) 驱动器设备母线连接不良。
5) 主轴驱动模块不良。
6) 主轴驱动模块的 EPROM/FEPROM 不良。

当主轴驱动器正常工作后，若在主轴较高的速度给定电压输入时，或主轴定位时，其电动机实际转速总是低于 10r/min，则引起此故障的原因通常是主轴电动机相序接反，应交换电动机与驱动器的连线。

当主轴驱动器正常显示后，驱动器的报警可以通过 6 位液晶显示器的后 4 位进行显示。发生故障时，显示器的右边第 4 位显示 "F"，右边第 3 位、第 2 位为报警号，右边第 1 位显示 "三" 时，代表驱动器存在多个故障；通过操作驱动器上的 "＋" 键，可以逐个显示存在的全部故障号，驱动器常见的报警号以及可能的原因见表 6-13。

表 6-13 驱动器常见的报警号以及可能的原因

报警号	内容	原因
F07	FEPROM 数据出错	若报警在写入驱动器数据时发生，则表明 FEPROM 不良 若开机时出现本报警，则表明上次关机前进行了数据修改，但修改的数据未存储；应通过设定参数 P52＝1 进行参数的写入操作
F08	永久性数据丢失	FEPROM 不良，产生了 FEPROM 数据的永久性丢失，应更换驱动器控制模块
F09	编码器出错 1（电动机编码器）	电动机编码器未连接 电动机编码器电缆连接不良 测量电路 1 故障，连接不良或使用了不正确的设备

(续)

报警号	内容	原因
F10	编码器出错2（主轴编码器）	当使用主轴编码器定位时，测量电路2上的设备连接不良或参数P150设定不正确
F11	速度调节器输出达到极限值，转速实际值信号错误	电动机编码器未连接 电动机编码器电缆连接不良 编码器故障 电动机接地不良 电动机编码铝屏蔽连接不良 电枢线连接错误或相序不正确 电动机转子不良 测量电路不良或测量电路模块连接不良
F14	电动机过热	电动机过载 电动机电流过大，或参数P96设定错误 电动机温度检测器件不良 电动机风扇不良 测量电路不良 电枢绕组局部短路
F15	驱动器过热	驱动器过载 环境温度太高 驱动器风扇不良 驱动器温度检测器件不良
F17	空载电流过大	电动机与驱动器不匹配
F19	温度检测器件短路或断线	电动机温度检测器件不良 温度检测器件连线断 测量电路1不良
F79	电动机参数设定错误	参数P159~P176或P219~P236设定错误
FP01	定位给定值大于编码器脉冲数	参数P121~P125、P131设定错误
FP02	零位脉冲监控出错	编码器或传感器无零脉冲
FP03	参数设定错误	参数P130的值大于P131设定的编码器脉冲数

2. 6SC650系列交流主轴驱动系统的故障诊断与维修

（1）6SC650系列产品简介　6SC650系列交流主轴驱动系统是SIEMENS公司20世纪80年代末开发的产品，它与1PH5/6系列三相感应式主轴电动机配套，可组成完整的数控机床的主轴驱动系统，实现自动变速，主轴定向准停控制和C轴控制功能。

6SC650系列主轴驱动系统采用数字控制、闭环调节，并通过磁场定向、矢量变换控制系统，将电动机的三相定子电流解耦成励磁电流和转矩电流，进行独立的闭环控制，使之具有与直流电动机控制系统相媲美的准确、快速稳定的控制特性。驱动器通过选择功能组件还可以实现C轴的进给控制和独立的主轴定向准停控制。

驱动器可以直接连接三相380V，50/60Hz电源。整流主回路由6只晶闸管组成三相全控桥式整流电路，通过对晶闸管导通角的控制，可以工作在整流方式，向直流母线供电；制动时也可工作于逆变方式，实现能量回馈电网的再生制动。驱动器正常工作时，控制电路将整流直流母线电压调节在575V±2%范围，在再生制动逆变工作时，由控制电路完成对整流电路的极性变换，实现能量的回馈。

逆变主回路采用6只反并联带续流二极管的功率晶体管，通过控制电路对磁场矢量的运算与控制，可输出具有精确的频率、幅值和相位的三相正弦波脉宽调制（SPWM）电压，使主电动机获得所需的转矩电流和励磁电流。输出的三相 SPWM 电压的幅值范围为 0～430V，频率控制范围为 0～300Hz。

在再生制动时，电动机能量通过该变流器的 6 只续流二极管对直流母线的耦合电容充电，当电容上的电压超过 600V 时，就通过控制调节器和整流主回路触发角，使整流回路工作在逆变状态上的电能逆变反馈到电网。6 只逆变晶体管有独立的驱动电路，通过对各只功率管的 U_{ce} 和 U_{be} 进行监控，可以有效防止电动机超载并对电动机绕组短路进行保护。

驱动器的闭环转速和转矩控制由两只 16 位微处理器（80186）为核心控制组件完成，电动机的实际转速检测通过装在电动机轴上的编码器进行。

（2）6SC650 系列主轴驱动器主要组成部件 6SC650 系列交流主轴驱动器对于不同的规格，其主要组件基本相同，但在结构上，根据其功率大小分为两种规格，即小功率的 6SC6502/3（输出电流 20/30A）系列，其功率部件直接安装在功率模块 A1 上；大功率的 6SC6504～6SC6520 系列（输出电流 40～200A），其功率部件安装在散热器上，散热器直接装配在机柜内壁。整个驱动器主要由以下模块构成：

1）控制器模块 N1。它用于对驱动器的调节与控制，主要包括两只 CPU（80186），以及必要的软件（5 片 EPROM）。在驱动器中，控制器模块的作用主要是形成整流主回路的触发脉冲控制信号，以及进行矢量变换计算，产生 PWM 调制信号。

2）输入/输出（I/O）模块 U1。此模块通过 U/F 转换器用于进行各种模拟信号的处理。

3）电源模块 G01 和电源控制模块 G02。G01 和 G02 用于产生控制电路所需的各种辅助电源电压，在 G02 上还可以输出各种继电器信号（如超温、速度、监视等信号），以便 NC 或 PLC 进行控制。

4）C 轴驱动模块选件 A73。通过此选择功能，可以控制交流主轴驱动系统在低速下（0.01～375r/min）进行位置控制，此时主轴电动机必须装备 18000 脉冲/r 的正、余弦编码器。

5）主轴定向准停模块 A74（选件）。使用本功能，可以使主轴驱动系统在不使用 NC 的位置控制功能的前提下，实现主轴的定向准停控制。主轴位置给定可由内部参数设定或通过接口从外部输入 16 位位置给定信号。

6）主轴定向准停与定位模块 A75（选件）。它是集成了 A73 与 A74 功能的组件，同时具有以上 A73 与 A74 的功能。

7）整流模块 A0。该模块安装在机架上，主要作为主电路晶闸管及相应阻容的保护电路。

8）功率晶体管模块 A1。该模块安装在机架上，主要作为逆变晶体管及相应阻容的保护电路。

（3）6SC650 系列主轴驱动器的故障诊断及其维修

1）开机时显示器无任何显示。6SC650 交流主轴驱动系统发生故障时，通常可以通过驱动器面板上的数码管显示器显示故障代码，根据故障代码判断故障原因并进行排除。其主要原因有主电路进线断路器跳闸；主回路进线电源至少有两相以上存在缺相；驱动器至少有两个以上的输入熔断器熔断；电源模块中的电源熔断器熔断；显示模块 H1 和控制器模块 N1 之间连接故障；辅助控制电压中的 5V 电源故障；控制模块 N1 故障。

2）开机时显示器显示 888888。若接通电源时，数码管上所有数码位均显示 8，即显示状态为 888888，则可能的故障原因有控制器模块 N1 故障；控制模块 N1 上的 EPROM 安装不良或软件出错；输入/输出模块中的"复位"信号为"1"。

第 7 单元 数控机床的验收

数控机床从订购到正式投入使用,一般要经历工艺认证、机床订购、机床预验收、运抵工厂、最终验收和交付使用等环节。新机床在运输过程中会产生振动和变形,到达用户现场的机床精度与出厂精度已产生偏差;在机床安装就位的过程中,以及使用精度检测仪器在机床相关部件上进行几何精度的调整时也会对数控机床的产生一定的影响。因此,必须对机床的几何精度、位置精度及工作精度做全面检验,才能保证机床的工作性能。

对于集机、电、液、气于一体的数控机床的验收,无论是预验收,还是最终验收,都是十分重要的,它直接关系到机床的功能、使用可靠性、加工精度和综合加工能力。数控机床的验收是一项非常复杂的工作,包括对机床的机、电、液、气和整机综合性能及单项性能的检测,另外还需对机床进行刚度和热变形等一系列试验,检测手段和技术要求高,需要使用各种高精度仪器。对数控机床用户,验收工作主要是根据订货合同和机床厂家检验合格证上所规定的验收条件及实际可能提供的检测手段,全部或部分地检测机床合格证上的各项技术指标,并将数据记入设备技术档案中,作为日后维修的依据。

机床预验收的目的是为了检查、验证机床能否满足用户的加工质量及生产效率要求,检查供应商提供的资料、备件是否齐全完整。供应商只有在机床通过正常试运行加工,并在加工件经检验合格的条件下,才能进行预验收。最终验收则根据验收标准,检测机床合格证上的各项技术指标。数控机床验收的详细过程如下:

1. 开箱检验

开箱检查主要检查装箱单、合格证、操作维修手册、图样资料、机床参数清单及光盘等随机资料;对照购置合同及装箱单清点附件、备件、工具的数量、规格及完好状况。如发现上述资料和物品短缺、规格不符或严重质量问题,要及时向有关部门汇报,并及时进行查询、取证或索赔等紧急处理。

2. 外观检查

检查主机、系统操作面板、机床操作面板、CRT/LCD、位置检测装置、电源、伺服驱动装置等部件是否有破损;检查电缆捆扎处是否有破损,对安装有脉冲编码器的伺服电动机,要特别检查电动机外壳的相应部分有无磕碰痕迹。验收人员逐项如实填写"设备开箱验收登记卡"并整理归档。

3. 数控机床的功能检查

数控机床功能检查包括机床性能检查和数控功能检查两个方面。机床性能检查主要检查主轴系统、进给系统、自动换刀系统以及附属系统的性能;数控功能检查则按照订货合同和说明书的规定,用手动方式或自动方式逐项检查数控系统的主要功能和选择功能。

主轴性能检查包括用手动方式试验主轴动作的灵活性和可靠性;用数据输入(MDI)方式,使主轴实现从低速到高速旋转各级转速变换,同时观察机床的振动和主轴的温升;试验主轴准停装置的可靠性和灵活性;对有齿轮挂挡的主轴箱,还应多次试验自动挂挡,其动作应准确可靠。

进给系统性能检查要求分别对各坐标轴进行手动操作,试验正反方向不同进给速度和快速移动的起、停、点动等动作的平衡性和可靠性;用数据输入方式(MDI)测定点定位和直线插补下的各种进给速度;用回原点方式(REF)检验各伺服驱动轴的回原点可靠性。

自动换刀系统性能方面主要检查自动换刀系统的可靠性和灵活性,测定自动交换刀具的时间。另外,机床空转时总噪声不得超过标准规定的85dB。除上述的机床性能检查项目外,对润滑装置、安全装置、气液装置和各附属装置也应进行性能检查。

数控功能检查一般应由用户编写一个检验(考机)程序,让机床在空载下自动运行8~16h。检查(考机)程序中要尽可能包括机床应有的全部数控功能、主轴的各种转速、各伺服驱动轴的各种进给速度、换刀装置的每个刀位、台板转换等。对图形显示、自动编程、参数设定、诊断程序、参数编程、通信功能等选择功能则进行专项检查。

4. 数控机床精度验收

数控机床的几何精度综合反映了机床各关键部件精度及其装配质量与精度,是数控机床验收的主要依据之一。数控机床的几何精度检查与普通机床基本类似,使用的检测工具和方法也很相似,只是检验要求更高,主要依据与标准是厂家提供的合格证上的各项技术指标。常用的检测工具有:精密水平仪、直角尺、精密方箱、钢直尺、平行光管、千分表、测微仪、高精度主轴检验芯棒等。检测工具和仪器的精度必须比所测几何精度高一个等级。

模块1　数控机床的验收准备

项目1　数控机床的初就位

教 学 目 标:了解数控机床的初就位的基本步骤和主要注意事项,培养学生从事数控机床售后服务工作的基本思想意识。

思考与练习:以一种中型数控加工中心为例,说明机床的初就位基本过程,并指出特别注意的几个问题。结合数控加工中心装配训练,比较自己的分析是否与实际相符。

数控机床的初就位就是按照技术要求将机床安装、固定在基础上,以获得确定的坐标位置和稳定的运行性能。数控机床的安装质量对其加工精度和使用寿命有着直接影响,选择机床安装位置应避开阳光直射或强电、强磁干扰,选择环境清洁、空气干燥和温差较小的环境。对小型数控机床来说,初就位工作相对简单,而大中型数控机床由于运输等多种原因,机床厂家在发货时已将机床解体成几个部分,到用户后要进行重新组装和重新调试,难度比较大,其中数控系统的调试比较复杂。

1. 机床的基础处理

数控机床安装前应仔细阅读机床安装说明书,按照说明书的机床基础图或《动力机器基础设计规范》做好安装基础。机床安装位置的环境温度范围应在15~25℃之内,每天温差不得超过5℃。当被加工件精度要求低于机床出厂精度时,环境温度范围可放宽至15~35℃。检测环境应符合GB/T 17421.2—2000标准的规定,相对湿度小于75%,空气中粉尘浓度不大于10mg/m³,不得含酸、盐和腐蚀气体,机床应远离热源和热流。机床安装处应确保有足够的空间以满足装卸的需要,并且能够确保机床的维修区域以及自由搬运机床的通道。

初步确定数控机床的安装位置后,应仔细确定机床的重心和重心位置;与机床连接的电缆、管道的位置及尺寸;地脚螺栓、预埋件的预留位置。中小型机床安装基础处理可按照《工业建筑地面设计规范》执行,重型、精密机床应安装在单独基础上,精密机床还应加防振措施,以保证振动小于0.5G(G为重力加速度)。

2. 机床的吊装

机床就位首先要确定床身位置与机床床身安装孔位置的对应关系。在基础养护期满并完成清理工作后,将调整机床水平用的垫铁、垫板逐一摆放到位,然后吊装机床的基础件(或整机)就位,同时将地脚螺栓放进预留孔内,并通过调整垫铁、地脚螺栓将机床安装在准备好的地基上。机床安装时,先用楔形铁将机床垫起在地基之上,通过楔形铁调节机床水平,然后在地脚预留孔处,进行二次灌浆,固定机床。

机床吊装应使用制造商提供的专用起吊工具,不允许采用其他方法。如不需要专用工具,应采用钢丝绳按照说明书的规定部位吊装。机床吊运时应垂直吊运、摆放,确保平衡,避免受到撞击与振动;在机床吊运所用钢丝绳与零部件之间应放置软质毡垫防止擦伤机床。在任何情况下,机床吊装一定要在专业人员监督指导下进行,以免发生不应有的损失。

机床安装后,地基易产生下沉现象。因此,机床验收合格并使用一段时间后,应重新调整机床的安装水平,纵横向水平度误差不超过0.03/1000mm,并按机床合格证明书的精度项目复检机床的几何精度。

3. 机床部件的组装

机床部件的组装是指将运输时分解的机床部件重新组合成整机的过程。组装前注意做好部件表面的清洁工作,将所有导轨和各滑动面、接触面和定位面上的防锈涂料清洗干净,然后准确可靠地将各部件连接组装成整机。

在组装立柱、数控柜、电气柜、刀具库和机械手的过程中,机床各部件之间的连接定位均要求使用原装的定位销、定位块和其他定位元件。这样,各部件在重新连接组装后,能够更好地还原机床拆卸前的组装状态,保持机床原有的制造和安装精度。

在完成机床部件的组装之后,根据机床说明书中的电气接线图和气压、液压管路图,将有关电缆和管路按标记一一对号连接。连接时特别要注意可靠地插接和密封连接到位,并防止出现漏油、漏气和漏水问题,特别要避免污染物进入液压、气压管路,以避免造成整个液压、气压系统故障。电缆和管路连接完毕后,做好各管线的固定工作,安装防护罩壳,保证整齐的外观。总之,要力求使机床部件的组装达到定位精度高、连接牢靠、构件布置整齐等良好的安装效果。

完成数控机床组装之后,需要进行水平调整。一般数控机床的绝对水平度误差控制在

0.04/1000 mm 的范围之内。对于数控车床，除了水平度和不扭曲度达到要求外，还应进行导轨直线度的调整，确保导轨的直线度为凸的合格水平。对于铣床、加工中心机床，应确保运动水平（工作台导轨不扭曲）也在合格范围内。水平调整合格后，才可以进行机床的试运行。

4. 数控系统的连接

数控系统的连接包括外部电缆连接、地线连接和电源线连接。

1) 外部电缆的连接。外部电缆连接是指数控装置与外部 MDI/CRT 单元、强电柜、机床操作面板、进给伺服电动机动力线与反馈线、主轴电动机动力线与反馈信号线的连接及与手摇脉冲发生器等的连接。应使这些符合随机提供的连接手册的规定。

地线连接一般采用辐射式接地法，即数控单元中的信号地与强电地、机床地等连接到公共接地点上，公共接地点再与大地相连。数控单元与强电柜之间的接地电缆的截面积，一般应大于 $5.5mm^2$。公共接地点与大地接触要好，接地电阻一般要求小于 4~7Ω。

2) 数控系统电源线的连接。电源线的连接指数控单元电源变压器输入电缆的连接和伺服变压器绕组抽头的连接。应特别注意国外机床生产厂家提供的变压器有多个抽头，连接时必须根据我国供电的具体情况正确地连接。应在切断数控柜电源开关的情况下连接数控柜内电源变压器的输入电缆。

3) 设定的确认。数控系统内的印制线路板上有许多用跨接线短路的设定点，需要对其适当设定以适应各种型号机床的不同要求。

4) 输入电源电压、频率及相序的确认。各种数控系统内部都有直流稳压电源，为系统提供所需的 +5V、±5V、+24V 等直流电压。因此，在系统通电前，应检查这些电源的负载是否有对地短路现象，可用万用表来确认。

5) 确认直流电源单元的电压输出端是否对地短路。

6) 接通数控柜电源，检查各输出电压。在接通电源之前，为了确保安全，可先将电动机动力线断开。接通电源之后，首先检查数控柜中各个风扇是否旋转，就可确认电源是否已接通。

7) 确认数控系统各种参数的设定。

8) 确认数控系统与机床侧的接口。

完成上述步骤，可以认为数控系统已经调整完毕，具备了与机床联机通电试车的条件。此时，可切断数控系统的电源，连接电动机的动力线，恢复报警设定。

在完成数控机床的连接之后，进行整机调试之前，应按照要求加装规定的润滑油、液压油、切削液，并接通气源。

项目 2 　数控机床验收工具的准备

教学目标：了解数控机床验收所需的各种工具，以及工具的使用范围和操作特点，培养学生从事数控机床验收工作的基本能力。

思考与练习：以一种大型数控车床为例，说明机床验收工具准备的基本过程，并列出验收工具清单。结合数控加工中心装配训练，比较自己的分析是否与实际相符。

模块1 数控机床的验收准备

数控机床几何精度检测常用工具有钢直尺、锥柄检验棒、顶尖、角尺、精密水平仪、百分表、千分表、杠杆表、磁力表座，位置精度检测常用激光干涉仪和块规，加工精度检验主要用千分尺、三坐标测量仪。机床运行噪声测试用噪声仪，机床温升测试用点温计或红外热像仪，外观测试主要用光电粗糙度仪。

1. 杠杆式百分表

杠杆式百分表由测定子、扇形齿轮、中间小齿轮、冠形齿轮、中心小齿轮、弹簧和指针组成，如图7-1所示。常用于狭窄间隙、沟槽内部、孔壁直线度（同心度）、移转高度、外垂直面、工件高度或孔径、多部位工件面的检测以及狭槽中心对中操作等。

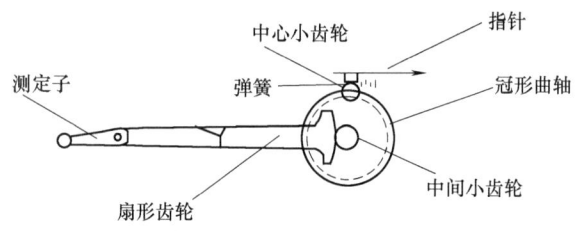

图7-1 杆杆式百分表结构组成

检测前应将百分表安装于辅助工具中，测定子与被测物设定约成10°角，以便使用表7-1所示的角度修正系数修正测量结果。修正方法为正确值＝测点值×修正系数。例如杠杆式百分表读数为0.005、设定角度为10°时，查表得修正系数为0.98，则正确值＝0.005×0.98＝0.0049。

表7-1 角度修正系数

角　度	修正系数	角　度	修正系数
10°	0.98	40°	0.77
20°	0.94	50°	0.64
30°	0.87	60°	0.50

正式测量前应移动杠杆式百分表使其有适当的压入量（读数值为0.002之百分表，约5～6μm），归零后才能进行检测。使用夹具固定杠杆百分表时，其重心应在基准台之上，如图7-2a所示。避免重心落在百分表座之外，如图7-2b所示。

测量圆形被测物的外圆时，测定子必须布置在逆时针方向以减少测量阻力，同时保持合适的设定角度，如图7-3所示。

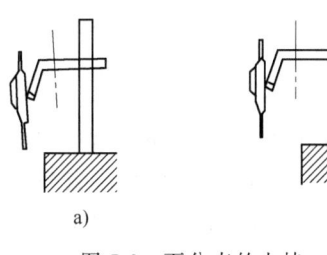

图7-2 百分表的夹持

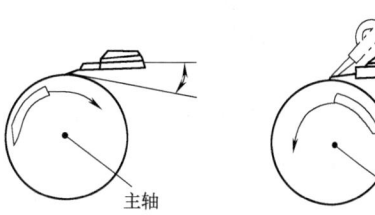

图7-3 外圆测量设定

在使用杠杆式百分表之前，应检查其是否在有效期限之内，并确认各部分机械性能良好。用夹具夹持时应确保固定，避免掉落。在使用过程中用力应合适，避免碰撞。维持使用环境温度，不要将百分表直接暴露在油或水中，以及灰尘大及肮脏的地方。使用后应谨慎从支架上取下，避免碰撞，放置在避免阳光直射的适当位置。整体用干净的绒布擦拭，表心部分擦拭干净后可敷上低粘度量仪油的薄层保养。

（1）狭窄及难触及平面的测量　杠杆式百分表设计的主要目的就是借着杆杆接触测量狭窄间隙，如图 7-4 所示。

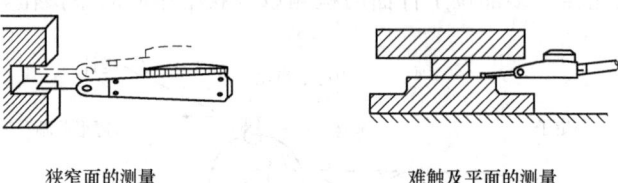

狭窄面的测量　　　　　　　难触及平面的测量

图 7-4　狭窄表面和难触及平面的测量

（2）孔壁直线度、同心度测量　使用常规百分表常因视察表面视域的阻碍，以致检验无法进行。内孔面静态孔壁直线度或转动工作同心度的测量，常用杠杆式百分表实施检验，如图 7-5 所示。

（3）转移高度测量　借助杠杆平移或转移高度到工件面，可从精密高度规、块规可获得标准高度。测量时精密高度规、杠杆式百分表及工件三者均应放在同一平台，以保证测量精度，如图 7-6 所示。

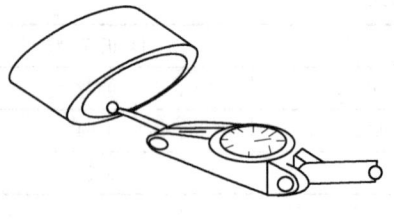

图 7-5　孔壁直线度、同心度测量

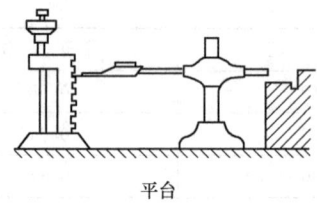

平台

图 7-6　转移高度测量

（4）槽内壁检验　采用测杆可调整 240°的杠杆百分表，其可弯折的触杆适合探测槽垂直面的直线度、平行度或垂直度，如图 7-7 所示。

（5）外垂直面检验　使用垂直杠杆式百分表检验工件的垂直面，可以确定工作平面与垂直面间的几何关系，如图 7-8所示。使用垂直杠杆式百分表检验时，应能提供观察百分表的适宜位置。

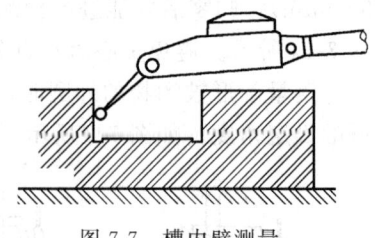

图 7-7　槽内壁测量

（6）多部位工件面的同时检查　当工件的几处被检表面的位置非常靠近，且必须与工作中心轴比较时，如偏心量与圆度的检验，使用杠杆式百分表所占空间位置较为狭小，可同时使用几个杠杆式百分表并朝向相同方向，实现多部位工件面的一次检验，如图 7-9 所示。

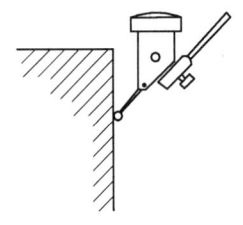
图 7-8 外垂直面检验

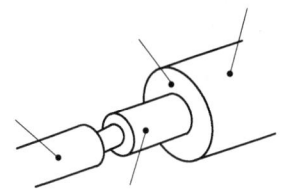
图 7-9 多部位工件面的同时检查

2. 精密水平仪

精密水平仪如图 7-10 所示，主要用于机械工作台或平板的水平检验，以及倾斜方向与角度的测量。使用前应将其表面的灰尘、油污等清洁干净；检验外观是否有受损痕迹，再用手沿测量面检查是否有毛刺；检验各零件装置是否稳固。使用中应避免与粗糙面滑动摩擦，不可接近旋转或移动的物件，避免造成意外卷入。使用完毕后应使用酒精将水平仪底部与各部位擦拭干净，将水平

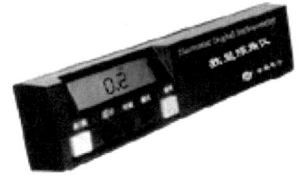
图 7-10 精密水平仪

仪底部与未涂装的部分涂抹一层防锈油防止生锈造成水平仪底部产生凹凸面，并存放在温/湿度变化小的恒温场所。

测量时将水平仪放置于待测物上，确认水平仪的基座与待测物面稳固贴合，并等到水平仪的气泡不再移动时读取其数值。被测平面的高度差按如下方法计算：

高度差＝水平仪的读数值（格）×水平仪的基座的长度（mm）×水平仪精度（mm/M）

3. 花岗岩直角规

花岗岩直角规如图 7-11 所示，适用于工件垂直度的测量。使用前应检查其是否在有效期之内，花岗岩直角规各部位有无损伤。使用中严防掉落、冲击的状况发生，严禁使用本仪器进行规格以外的测量作业。花岗岩直角规使用后使用酒精将灰尘等清除，再以擦拭纸擦拭干净，存放于无灰尘、湿度低及无太阳直射的场所。长时间放置须擦拭保养油保护。

正式检验时应观察工件表面是否凹凸不平，若有以滑石磨平后再

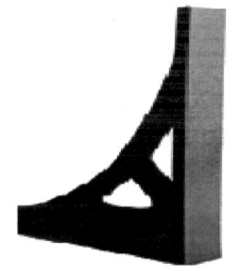
图 7-11 花岗岩直角规

进行测量。工件或直角规须放置于花岗岩平台之类的基础平面上进行测量。使用千分表接触归零后缓缓移动工件或直角规，以比较测量或直接测量的方法测定垂直度是否符合标准。

4. 外径测微器

外径测微器用于轴径或厚度的精密测量，通常分公制及英制两种。公制通常每隔 25mm 一支，英制每隔 1 in 一支，应特别注意其测量范围。

外径测微器使用前应检查其是否在有效期之内，外观有无损伤。使用中严防掉落与冲击的状况发生，严禁使用本仪器进行量程范围以外的测量作业。测量时应先用光洁软纸清洁主轴与砧座测量面，并检查砧座与主轴面是否残留纸屑。使用后须用酒精将灰尘清除，再以擦拭纸擦拭干净，涂上一层凡士林保护油保护，并存放在无太阳直射、恒温与湿度低的场所。

正式检验时，先旋转外套筒使砧座与主轴两被测面相接触密合，或将基准棒置于主轴及砧座之间，检查衬筒标线与外套筒零点刻线位置是否对齐在一条直线上。倘若零点刻线未对

准,误差在 0.01mm 以下时应先将主轴固定锁定,从衬筒后侧的小孔用专属外径测微器扳手,调整衬筒至零点刻线后松开主轴固定装置。外套筒零点刻线衬筒标线未对准的误差值超过 0.01mm 时,先将主轴固定锁紧再放松棘轮弹簧钮,从外套筒小孔用专属外径测微器的扳手调整,使外套筒的零点刻线与衬筒标线对齐,然后锁紧装妥棘轮弹簧钮。

外径测微器归零后,旋动外径测微器外套筒使砧座与主轴间距大于拟测量工件的尺寸,将测微器砧座端面应轻贴于工件的基准面以确保量具与工件面两者轴线相垂直,旋转主轴至与工件被测面相接触。仅用适度压力或调整棘轮弹簧钮以获适当测量力,一般棘轮弹簧以响 2~3 次为宜,测量力过大或过小都将影响测量精确度。

测量固定的工件时应用双手握持外测微器进行测量,如图 7-12a 所示;测量小工件时应以右手小指和无名指握持卡架,用拇指和食指旋转外筒,以左手握持工作物。连续测量多件工件时,检验者可采用如图 7-12b 所示测量方法。

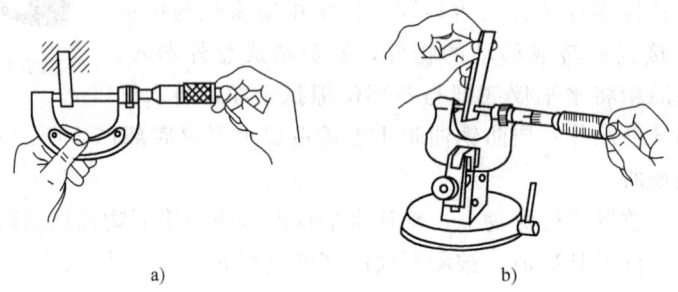

图 7-12 外径测微器操作方法

5. 双频激光干涉仪

双频激光干涉仪是现代国际机床标准中规定使用的数控机床精度检测验收的测量设备,如图 7-13 所示。下面以美国惠普公司生产的 HP5528A 双频激光干涉仪为例介绍其工作原理和操作方法。

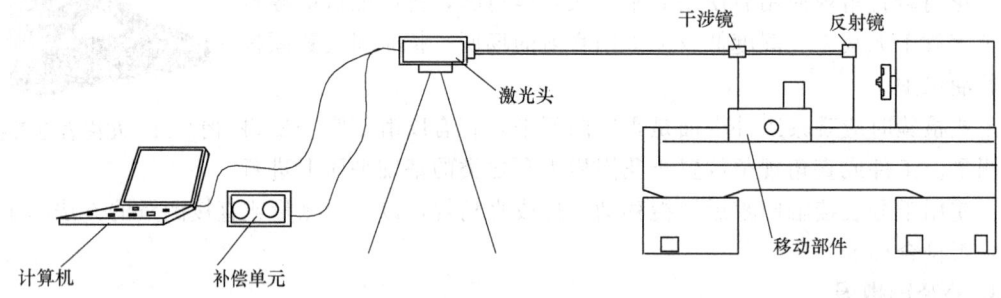

图 7-13 双频激光干涉仪在数控机床定位精度测量中的使用

(1) 测量原理 由激光头激光谐振腔发出的 He-Ne 激光束经激光偏转控制系统分裂为频率分别为 f_1 和 f_2 的线偏振光束,经取样系统分离出一部分光束被光电检测器接收作为参考信号,其余光束经回转光学系统放大和准直,被干涉镜接收反射到光电检测器上。机床运动使干涉镜和反射镜之间发生相对位移,两束光发生多普勒效应,产生多普勒频移 $\pm \Delta f$。光电检测器接收到的频率信号 $(f_1-f_2 \pm \Delta f)$ 和参考信号 (f_1-f_2) 被送到测量显示器,经频率放大、脉冲计数,送入数字总线,最后经数据处理系统进行处理,得到所测量的位移量,即可评定数控机床的定位精度。

（2）测量方法　首先，完成双频激光干涉仪测量系统各组件的连接，然后在需测量的机床坐标轴线方向安装光学测量装置。调整激光头，使双频激光干涉仪的光轴与机床移动的轴线处在一条直线上，即将光路调准直。待激光预热后输入测量参数，按规定的测量程序运动机床进行测量。计算机系统将自动进行数据处理及输出结果。

（3）测量误差分析　用双频激光干涉仪检验数控机床定位精度的测量误差主要来源有双频激光干涉仪的极限误差、安装误差和温度误差。

双频激光干涉仪的极限误差：

$$\Delta_1 = \pm 10^{-7} L \tag{7-1}$$

式中　L——测量的长度（m）。

安装误差主要是由测量轴线与机床移动的轴线不平行而引起的误差：

$$\Delta_2 = \pm 10 L (1 - \cos\theta) \tag{7-2}$$

式中　L——测量的长度（m）；

　　　θ——测量轴线与机床移动的轴线之间的夹角。

由于光路准直，θ 值趋于 0，此项误差忽略不计。

温度误差主要由机床温度和线膨胀而造成的误差：

$$\Delta_3 = \pm L \sqrt{(\delta_t \times \alpha)^2 + (\delta_t \times \delta_\alpha)^2} \tag{7-3}$$

式中　L——测量的长度（m）；

　　　δ_t——机床温度测量误差；

　　　α——机床材料线膨胀系数；

　　　δ_α——线膨胀系数测量误差。

在各项测量误差中，温度误差对测量结果的准确性影响最大，为了保证测量结果的准确性，测量环境温度应满足（20±5）℃，且温度变化应小于±0.2℃/h，测量前应使机床等温12h以上，同时要尽量提高温度测量的准确度。另外，如果测量时安装不得当，由安装所造成的误差也是不可忽略的。

项目3　开箱检验及外观检查

教学目标：了解数控机床开箱及外观检查的基本过程及其作用，掌握机床资料移交和接收的基本方法。

思考与练习：以机床作为模拟检查对象，设计开箱检验的基本过程。装箱单、工具和附件清单以及检查表单由教师根据实际情况拟订。

1. 开箱检验

数控机床到位后，用户设备管理部门应及时组织设备管理人员、设备安装人员以及设备采购人员等进行开箱检查。如果是国外进口设备，开箱检查时须有进口商务代理和海关商检人员等参加。开箱检验的主要内容是供需双方按照随机装箱单和合同，对箱内物品逐一进行核对检查，并做记录。主要有下列检查项目：

1）包装箱是否完好，机床外观有无明显损坏，是否锈蚀、脱漆。

2）校对应有的随机操作、维修说明书、图样资料、合格证等技术资料是否齐全。

3）按合同规定，对照装箱单清点附件、备件、工具的数量、规格及完好状况。

4）核对调整垫铁、地脚螺栓等的安装附件的品种、规格、数量。

5）随带刀具（刀片）品种、规格、数量。

6）电气元器件的品种、规格和数量是否符合订货要求。

7）检查主机、数控柜、操作台等有无明显碰撞损伤、变形、受潮、锈蚀。

开箱验收如果发现货物损坏或遗漏，应及时与有关部门或制造商联系解决。特别应注意进口设备的索赔期限。

2. 外观检查

（1）机床电气检查　打开机床电控箱，检查继电器、接触器、熔断器、伺服电动机速度控制单元插座、主轴电动机速度控制单元插座等有无松动。如有松动应恢复正常状态，有锁紧机构的接插件一定要锁紧，有转接盒的机床一定要检查转接盒上的插座，接线有无松动，有锁紧机构的一定要锁紧。

（2）CNC 电箱检查　打开 CNC 电箱门，检查各类接口插座、伺服电动机的反馈信号线插座、主轴脉冲发生器插座、手摇脉冲发生器插座和 CRT 插座等。如有松动要重新插好，有锁紧机构的一定要锁紧。按照说明书检查各个印制线路板上的短路端子的设置情况，一定要符合机床生产厂设定的状态，确实有误的应重新设置。一般情况下无需重新设置，但用户一定要对短路端子的设置状态做好原始记录。

（3）接线质量检查　检查所有的接线端子。包括强电、弱电部分在装配时机床生产厂自行接线的端子及各电机电源线的接线端子，每个端子都要用工具紧固一次，直到用工具拧不动为止，各电动机插座一定要拧紧。

（4）电磁阀检查　所有电磁阀都要用手推动数次，以防止长时间不通电造成的动作不良，如发现异常，应做好记录，以备通电后确认修理或更换。

（5）限位开关检查　检查所有限位开关动作的灵活及固定性是否牢固，发现动作不良或固定不牢的应立即处理。操作面板上按钮及开关检查，检查操作面板上所有按钮、开关、指示灯的接线，发现有误应立即处理，检查 CRT 单元上的插座及接线。

（6）地线检查　要求有良好的地线，测量机床地线，接地电阻不能大于 1Ω。

模块 2　数控机床的功能检查

项目 1　数控机床的通电

教学目标：了解数控机床通电程序，掌握确保数控机床安全运行的基本方法。
思考与练习：拟订通过运行规程，完成模拟数控机床的通电试运行操作。

将系统上电，在移动各运动轴前，用干净棉纱将机床表面的防锈油擦拭干净，没有自动润滑站的要加上润滑油，然后依次测试各种手动功能，移动各个轴，确保各个状态正常。

机床通电操作可以是一次各部分全面供电，或各部件分别供电，然后再作总供电试验。分别供电比较安全，但时间较长。通电后首先观察有无报警故障，然后用手动方式陆续起动各部件。检查安全装置是否作用，能否正常工作，能否达到额定的工作指标。

机床通电试车前应对输入电源电压、频率和相序进行调整和确认后才能进行通电试车。我国供电制式是三相交流线电压 380V、单相交流线电压 220V、频率 50Hz。而有些国家的供电制式与我国不同，如日本供电制式是三相交流线电压 220V、单相交流线电压 110V、频率 60Hz。日本等国出口的数控机床为了满足不同的供电情况，配有电源变压器，有多个抽头供用户选择使用。电路板上设有 50/60Hz 频率转换开关。因此，对于进口的数控机床或数控单元通电前一定要先读懂随机说明书，仔细检查输入电源电压是否正确，频率开关是否已置于"50Hz"位置。

一般数控单元允许的电压波动范围为额定值的 85%～110%，而欧美的一些系统要求更高。如果电源电压波动范围超过数控单元的要求，就必须配备交流稳压电源，否则影响数控机床的精度和稳定性。

目前，数控机床的进给控制单元和主轴控制单元的供电电源，大都采用晶闸管控制元件，如果相序不对，接通电源，可能使进给控制单元的输入熔丝烧断。因此，要用相序表检查输入电源的相序，确认输入电源的相序与机床上各处标定的电源相序绝对一致。有二次接线的设备，如电源变压器等，必须确认二次接线的相序的一致性。

现代的数控系统一般都具有自诊断功能，在 CRT 画面上可以显示出数控系统与机床接口以及数控系统内部的状态。在带有可编程控制器（PLC）时，一般可根据厂家提供的梯形图说明书（内含诊断地址表），通过自诊断画面确认数控系统与机床之间的接口信号状态是否正确。整机购进的数控机床随机附有一份参数表，调整时必须对照参数表进行核对，使机床具有最佳工作性能。一般可通过按压 MDI/CRT 单元上的"PARAM"（参数）键来进行。如果参数有不符，可按照机床维修说明书提供的方法进行设定和修改。

1. 机床总电压的接通

对于大型设备，为了安全应分别供电。通电后观察无异常现象后，用手动方式陆续起动各部件，检查安全装置是否起作用，能否正常工作，能否达到额定的工作指标。检查 CNC 电箱，主轴电动机冷却风扇，机床电气箱冷却风扇的转向是否正确。起动液压系统时，先判断液压泵电动机的转动方向是否正确，液压泵工作后液压管路中是否形成油压，各液压元件是否正常工作，有无异常噪声，各接头有无渗漏，液压系统冷却装置能否正常工作等。总之，根据机床说明书资料粗略检查机床主要部件，功能是否正常、齐全。

在接通电源时，应同时作好按压急停按扭的准备，以便随时准备切断电源。如伺服电动机的反馈信号接反了或断线，均会出现机床"撞车"现象，这时就需要立即切断电源，检查接线是否正确。

2．CNC 电箱通电

按 CNC 电源通电按扭，接通 CNC 电源，观察 CRT 显示，直到出现正常画面为止。如果出现 ALARM 显示，应该寻找故障并排除，此时应重新送电检查。

打开 CNC 电源，根据有关资料上给出的测试端子的位置测量各级电压，有偏差的应调整到给定值，并做好记录。

将状态开关置于适当的位置，如日本 FANUC 系统应放置在 MDI 状态，选择到参数页面。逐条逐位核对参数页面显示的参数是否与随机所带参数表符合。如发现有不一致的参数，应搞清各个参数的意义后再决定是否修改，如齿隙补偿的数值可能与参数表不一致，这在进行实际加工后可随时进行修改。

将状态开关置于回零的位置上，完成回零操作。归零后将状态选择开关放置在 JOG 位置，将点动速度放在最低档，分别进行各坐标正反方向的点动操作，同时用手按与点动方向相对应的超程保护开关，验证其保护作用的可靠性，然后，再进行慢速的超程试验，验证超程撞块安装的正确性。保持状态开关置于 JOG 位置或将其置于 MDI 位置，进行手动换挡试验，验证后将主轴调速开关放在最低位置，进行各挡的主轴正反转试验，观察主轴运转的情况和速度显示的正确性，然后再逐渐升速到最高转速，观察主轴运转的稳定性。

最后，手动进行导轨润滑试验使导轨有良好的润滑后，再逐渐移动快移超调开关和进给倍率开关，随意点动 X、Y、Z 轴，观察速度变化的正确性。

项目 2　机床性能检查

教 学 目 标：了解数控机床性能检查的主要内容，以及检查方法。
思考与练习：请以一种数控铣床为例，列出需要检查的机床性能项目，并说明检查方法。

机床性能主要包括主轴系统、进给系统、自动换刀系统、电气装置、安全装置、润滑装置、气液装置及各附属装置的性能。不同类型的机床，检验项目也有所不同。

数控机床性能的检验与普通机床基本一样，主要是通过"耳闻目睹"和试运转，检查各运动部件及辅助装置在起动、停止和运行中有无异常现象及噪声，润滑系统、冷却系统以及各风扇等工作是否正常。

1．机床床身水平调整

在机床摆放粗调的基础上，用地脚螺栓、垫铁对机床床身的水平进行精调。找正水平后移动机床上的立柱、溜板和工作台等部件，观察各坐标全行程内机床的水平变化情况，并相应调整机床几何精度使之在公差范围之内。在调整时，主要以调整垫铁为主，必要时可稍微改变导轨上的镶条和预紧滚轮等。

2. 主轴性能检查

手动操作：选择低、中、高三挡转速，主轴连续进行五次正转反转起动、停止操作，检验其动作的灵活性和可靠性，同时检查负载表上的功率显示是否符合要求。

手动数据输入方式（MDI）操作：使主轴由低速开始，逐步提高到允许的最高速度。检查转速是否正常，一般允许误差不能超过机床上所示转速的±10%，在检查主轴转速的同时观察主轴的噪声、振动、温升是否正常，机床的总噪声不能超过 80dB。

主轴准停：连续操作五次以上，检查其动作的灵活性和可靠性。

3. 各进给轴的检查

手动操作：对各进给轴的低、中、高进给和快速移动，检查移动比例是否正确，在移动时是否平稳、顺畅，有无杂音存在。

手动数据输入方式（MDI）操作：通过 G00 和 G01F 指令功能，检测快速移动和进给速度是否正常。

4. 换刀装置的检查

手动操作：用手动方式分步进行刀具交换动作，检查抓刀、装刀、拔刀等动作是否准确恰当。调整中，采用校对检验进行检测，有误差时可调整机械手的行程或移动机械手支座或刀库的位置等。

带 APC 交换工作台的机床要把工作台运动到交换位置，调整托盘沿与交换台面的相对位置，达到工作台自动交换时动作平稳、可靠、正确。然后在工作台面上装上 70%～80% 的允许负载，进行多次自动交换动作，达到正确无误后紧固各有关螺钉。

5. 限位、机械零点检查

机床软硬限位可靠性检查：软限位一般由系统参数确定，软限位可靠性可以通过检查系统参数完成。硬限位由设置在各进给轴的极限位置的行程开关确定，硬限位可靠性由行程开关的可靠性决定。

回机械零点可靠性和准确性检查：采用回原点方式，检查各进给轴的回零性能。

6. 其他辅助装置检查

润滑、液压、气压、冷却、照明等辅助装置，一般通过观察工作指示灯等方式，检查其是否正常工作。

项目 3　数控功能检查

教 学 目 标：了解数控功能检查的主要内容和检查方法。

思考与练习：请以一种数控加工中心为例，列出需要检查的数控功能，并与说明书对照检查是否正确、完整，分析自己出现错误的主要原因。

数控系统的功能因随所配机床类型不同而有所不同，数控功能的检测验收一般按照机床配备的数控系统的说明书和订货合同的规定，用手动方式或用程序的方式检测该机床应该具备的主要功能。机床安装调试完成后，应即通知制造厂派人调试机床，数控功能检查主要有以下内容：

1. 各种手动试验

1) 手动操作试验以检验手动操作的准确性。
2) 点动试验。
3) 主轴变挡试验。
4) 超程试验。

2. 功能试验

1) 运动指令功能。检验快速移动指令和直线插补、圆弧插补指令的正确性。
2) 准备指令功能。检验坐标系选择、平面选择、暂停、刀具长度补偿、刀具半径补偿、螺距误差补偿、反向间隙补偿、镜像功能、自动加减速、固定循环及用户宏程序等指令的准确性。
3) 操作功能。检验回原点、单程序段、程序段跳读、主轴和进给倍率调整、进给保持、紧急停止、主轴和冷却液的起动和停止等功能的准确性。
4) CRT 显示功能。检验位置显示、程序显示、各菜单显示等功能的准确性。
5) EDIT 功能。检验编辑修改功能的准确性。将状态选择开关置于 EDIT 位置，自行编制一个简单程序，尽可能多地包括各种功能指令和辅助功能指令，以机床最大行程为限移动机床工作，并进行程序的增加、删除和修改。

3. 转塔刀架进行各种转位夹紧试验

1) 对液压、润滑、冷却系统做密封、润滑、冷却性试验，做到不渗漏。
2) 对卡盘做夹紧、松开、灵活性及可靠性试验。
3) 对主轴做正转、反转、停止及变换主轴转速试验。
4) 对转塔刀架进行正反方向转位试验。

项目 4 机床稳定性检查

教学目标：了解数控机床稳定性检查的基本方法，以及考机程序编写方法。

思考与练习：完成实训所用机床的考机程序编写，并逐段进行试运行。

数控机床的稳定性也是体现数控机床性能的重要指标。若一台数控机床不能保持长时间稳定工作，加工精度在加工过程中不断变化，则操作者需要在加工过程中不断测量工件修改尺寸，将造成加工效率下降，从而体现不出数控机床的优点。为全面检查数控机床性能及工作可靠性，数控机床在安装调试后，应在一定负载或空载下进行较长时间的自动运行考验，称为考机。

国家标准 GB/T 9061—2006 中规定，数控机床需自动运行 16h 以上（含 16h）。在自动运行期间，除人为操作失误外，不应发生任何故障。若出现故障后排除时间超过 1h 应重新开始运行考验，不允许分段进行累计到规定运行时间。

数控机床考机在考机程序控制下运行,考机程序包括以下内容:

1)主轴转动应包括标称的最低、中间和最高转速在内的五种以上速度的正转、反转及停止运行。

2)各坐标运动应包括标称的最低、中间和最高的进给速度及快速移动。进给移动范围应接近全行程,快速移动距离应在各坐标轴的全行程的1/2以内。

3)尽可能用到一般自动加工所需的功能和代码。

4)自动换刀应至少交换刀库中三分之一以上的刀号,而且要装上重量在中等以上的刀柄进行实际交换。

5)必须使用的特殊功能,如测量功能、APC交换和用户宏程序等。

模块 3　数控机床的精度验收

数控机床精度验收主要包括几何精度、定位精度和切削精度的验收。

数控机床的几何精度综合反映机床各关键零部件及其组装后的几何形状误差，许多项目间会产生相互影响，因此，几何精度验收检测工作必须在机床精调后一次完成，不允许调整一项检测一项。若出现某一单项经重新调整才合格的情况，则整个几何精度的验收检测工作必须重做。

机床定位精度是数控机床各坐标轴在数控装置控制下所达到的运动位置精度。定位精度取决于数控系统和机械传动误差的大小，能够从加工零件达到的精度反映出来。主要检测内容有直线运动的定位精度和重复定位精度、回转运动的定位精度及重复定位精度、直线运动反向误差（失动量）、回传运动反向误差（失动量）和原点复归精度。

机床的切削精度是一项综合精度，它不仅反映机床的几何精度和位置精度，同时还包括试件的材料、环境温度、刀具性能以及切削条件等各种因素造成的误差。切削精度的检测可以是单项加工，也可以加工一个标准的综合性试件。单项加工检查内容主要有孔加工精度、平面加工精度、直线加工精度、斜线加工精度和圆弧加工精度等。

项目 1　几何精度的检验

教 学 目 标：学习数控机床几何精度检验的主要标准，掌握几何精度检验操作的基本方法。

思考与练习：列出数控车床、数控铣床和数控加工中心几何精度检查的主要内容，分析三者之者的相同点和不同点，并说明为什么有这些不同点。

数控机床的几何精度检验与普通机床的检验方法差不多，使用的检测工具和方法也相似。目前国内检测数控机床几何精度的常用检测工具有精密水平仪、精密方箱、直角尺、钢直尺、平行光管、千分表、测微仪、高精度检验棒等。主要检测项目有 X、Y、Z 轴的相互垂直度；主轴回转轴线对工作台面的平行度；主轴在 Z 轴方向移动的直线度、主轴轴向及径向圆跳动。每项几何精度的具体测量方法可按 JB 2674—82《金属切削机床精度检测通则》、GB/T 16462—1996《数控卧式车床　精度检验》、JB/T 8771.1—1998《加工中心检验条件》等有关标准的要求进行，亦可按机床出产时的几何精度检测项目要求进行。

根据数控车床的加工特点及使用范围，要求其加工的零件外圆圆度和圆柱度、加工平面的平面度在要求的公差范围内；对位置精度也要达到一定的精度等级，以保证被加工零件的尺寸精度和形状公差。

数控铣床的三个基本直线运动轴构成了空间直角坐标系的三个坐标轴，因此三个坐标应该互相垂直。铣床几何精度均围绕着"垂直"和"平行"展开。

项目 2　定位精度的检验

教学目标：了解数控机床定位精度评定的基本原理，以及定位精度检查方法。
思考与练习：编写使用步距规完成定位精度检验的操作过程。

数控机床定位精度，是指机床各坐标轴在数控装置控制下运动所达到的位置精度。数控机床的定位精度主要检测单轴定位精度、单轴重复定位精度和两轴以上联动加工出试件的圆度，见表 7-2。

表 7-2　数控机床精度特征项目

精度项目	普通型数控机床	精密型数控机床
单轴定位精度/mm	0.02/全长	0.005/全长
单轴重复定位精度/mm	0.008	<0.003
铣削圆精度（圆度）/mm	0.03～0.04/φ200 圆	0.015/φ200 圆

单轴定位精度和重复定位精度综合反映该轴的各运动部件的综合精度。单轴定位精度指在该轴行程内任意一个点定位时的误差范围，直接反映机床的加工精度能力；重复定位精度反映了该轴在行程内任意定位点的定位稳定性，是衡量该轴能否稳定可靠工作的基本指标。

1. 定位精度和重复定位精度的确定

(1) 国家标准评定方法（GB/T 17421.2—2000）

1) 目标位置 P_i：运动部件编程要达到的位置。下标 i 表示沿轴线选择的目标位置中的特定位置。

2) 实际位置 $P_{ij}(i=0 \sim m, j=1 \sim n)$：运动部件第 j 次向第 i 个目标位置趋近时实际测得的到达位置。

3) 位置偏差 X_{ij}：运动部件到达的实际位置减去目标位置之差，$X_{ij}=P_{ij}-P_i$。

4) 单向趋近：运动部件以相同的方向沿轴线（指直线运动）或绕轴线（指旋转运动）趋近某目标位置的一系列测量。符号↑表示从正向趋近所得参数，符号↓表示从负向趋近所得参数，如 $X_{ij}\uparrow$ 或 $X_{ij}\downarrow$。

5) 双向趋近：运动部件从两个方向沿轴线或绕轴线趋近某目标位置的一系列测量。

6) 某一位置的单向平均位置偏差 $\overline{x}_i\uparrow$ 或 $\overline{x}_i\downarrow$：运动部件由 n 次单向趋近某一位置 P_i 所得的位置偏差的算术平均值。

$$\overline{x}_i\uparrow = \frac{1}{n}\sum_{j=1}^{n}X_{ij}\uparrow \quad 或 \quad \overline{x}_i\downarrow = \frac{1}{n}\sum_{j=1}^{n}X_{ij}\downarrow \tag{7-4}$$

7) 某一位置的双向平均位置偏差 $\overline{x}_i$：运动部件从两个方向趋近某一位置 P_i 所得的单向平均位置偏差 $\overline{x}_i\uparrow$ 和 $\overline{x}_i\downarrow$ 的算术平均值。

$$\overline{x}_i=(\overline{x}_i\uparrow+\overline{x}_i\downarrow)/2 \tag{7-5}$$

8) 某一位置的反向差值 B_i：运动部件从两个方向趋近某一位置时两单向平均位置偏差

之差。

$$B_i = \overline{x}_i\uparrow - \overline{x}_i\downarrow \tag{7-6}$$

9) 轴线反向差值 B 和轴线平均反向差值 $\overline{B}$：运动部件沿轴线或绕轴线的各目标位置的反向差值的绝对值 $|B_i|$ 中的最大值即为轴线反向差值 B。沿轴线或绕轴线的各目标位置的反向差值的 B_i 的算术平均值即为轴线平均反向差值 $\overline{B}$。

$$B = \max.[|B_i|], \quad \overline{B} = \frac{1}{m}\sum_{i=1}^{m}B_i \tag{7-7}$$

10) 在某一位置的单向定位标准不确定度的估算值 $S_i\uparrow$ 或 $S_i\downarrow$：通过对某一位置 P_i 的 n 次单向趋近所获得的位置偏差标准不确定度的估算值。即

$$S_i\uparrow = \sqrt{\frac{1}{n-1}\sum_{j=1}^{n}(x_{ij}\uparrow - \overline{x}_i\uparrow)^2} \text{ 和 } S_i\downarrow = \sqrt{\frac{1}{n-1}\sum_{j=1}^{n}(x_{ij}\downarrow - \overline{x}_i\downarrow)^2} \tag{7-8}$$

11) 在某一位置的单向重复定位精度 $R_i\uparrow$ 或 $R_i\downarrow$ 及双向重复定位精度 R_i。

$$R_i\uparrow = 4S_i\uparrow, \quad R_i\downarrow = 4S_i\downarrow \tag{7-9}$$

$$R_i = \max.[2S_i\uparrow + 2S_i\downarrow + |B_i|; R_i\uparrow; R_i\downarrow] \tag{7-10}$$

12) 轴线双向重复定位精度 R，则有

$$R = \max.[R_i] \tag{7-11}$$

13) 轴线双向定位精度 A：由双向定位系统偏差和双向定位标准不确定度估算值的 2 倍的组合来确定的范围。即

$$A = \max(\overline{x}_i\uparrow + 2S_i\uparrow; \overline{x}_i\downarrow + 2S_i\downarrow) - \min(\overline{x}_i\uparrow - 2S_i\uparrow; \overline{x}_i\downarrow - 2S_i\downarrow) \tag{7-12}$$

(2) JISB6330—1980 标准评定方法（日本）

1) 定位精度 A：在测量行程范围内（运动轴）测两点，一次往返目标点检测（双向）。测试后，计算出每一点的目标值与实测值之差，取最大位置偏差与最小位置偏差之差除以 2，加正负号（±）作为该轴的定位精度。即：

$$A = \pm 1/2\{\max.[(\max. X_j\uparrow - \min. X_j\uparrow), (\max. X_j\downarrow - \min. X_j\downarrow)]\} \tag{7-13}$$

2) 重复定位精度 R：在测量行程范围内任取左中右三点，在每一点重复测试两次，取每点最大值最小值之差除以 2 就是重复定位精度；即

$$R = 1/2[\max.(\max. X_i - \min. X_i)] \tag{7-14}$$

2. 定位精度测量工具和方法

定位精度和重复定位精度的测量仪器可以用激光干涉仪、线纹尺、步距规。其中用步距规因其操作简单而在批量生产中被广泛采用。无论采用哪种测量仪器，其在全行程上的测量点数都不应少于 5 点，测量间距 $P_i = i \times P + k$。其中，P 为测量间距；k 在各目标位置取不同的值，以获得全测量行程上各目标位置的不均匀间隔，以保证周期误差被充分采样。

(1) 使用步距规测量位置精度 步距规结构如图 7-14 所示。尺寸 P_1、P_2、…、P_i 按 100mm 间距设计，加工后测量出 P_1、P_2、…、P_i 的实际尺寸作为定位精度检测时的目标位置坐标（测量基准）。以 ZJK2532A 铣床 X 轴定位精度测量为例，

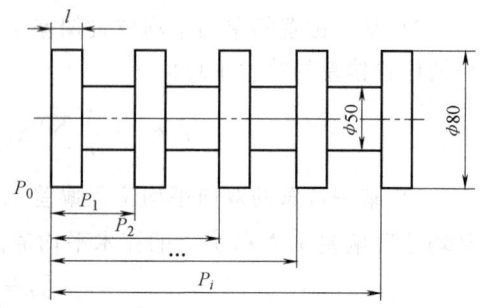

图 7-14 步距规结构图

测量时将步距规置于工作台上,并将步距规轴线与 X 轴轴线校平行,令 X 轴回零;将杠杆千分表固定在主轴箱上(不移动),表头接触在 P_0 点,表针置零;用程序控制工作台按标准循环图(见图7-15)移动,移动距离依次为 P_1、P_2、…、P_i,表头则依次接触到 P_1、P_2、…、P_i 点,表盘在各点的读数则为该位置的单向位置偏差,按标准循环图测量5次,将各点读数(单向位置偏差)记录在记录表中,按国家标准评定方法对数据进行处理,可确定该坐标的定位精度和重复定位精度。

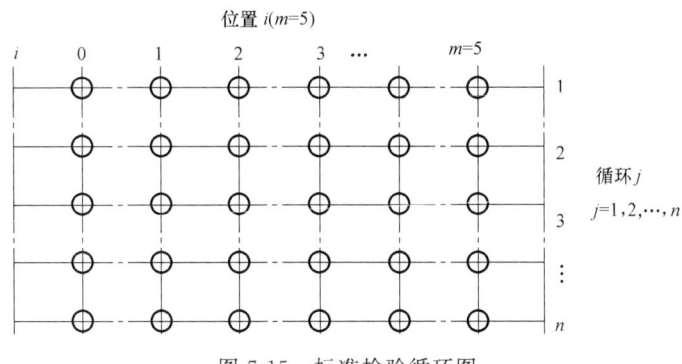

图 7-15 标准检验循环图

(2)使用激光干涉仪测量位置精度 当前,数控机床定位精度和重复定位精度的测量一般采用激光测距仪测量。首先编制一个测量运动程序,让机床运动部件每间隔50～100mm移动一个点,往复运动5～7次,由和测距仪相连的计算机应用软件处理出各标准的检测结果。

激光干涉仪一般采用的是氦氖激光器,其名义波长为 $0.633\mu m$,其长期波长稳定性高于 0.1ppm。干涉技术是一种测量距离精度等于甚至高于1ppm的测量方法。

把两束相干光波形合并相干(或引起相互干涉),得到两个波形的相位差,用该相位差来确定两个光波的光路差值的变化。当两个相干光波在相同相位时,即两个相干光束波峰重叠,其合成结果为相长干涉,其输出波的幅值等于两个输入波幅值之和;当两个相干光波在相反相位时,即一个输入波波峰与另一个输入波波谷重叠时,其合成结果为相消干涉,其幅值为两个输入波幅值之差,因此,若两个相干波形的相位差随着其光程长度之差逐渐变化而相应变化时,那么合成干涉波形的强度会相应周期性地变化,即产生一系列明暗相间的条纹,激光器内的检波器,根据记录的条纹数来测量长度,其长度为条纹数乘以半波长。

测量时,首先将反射镜置于机床的不动的某个位置,让激光束经过反射镜形成一束反射光;再将干涉镜置于激光器与反射镜之间,并置于机床的运动部件上,形成另一束反射光,两束光同时进入激光器的回光孔产生干涉;然后根据定义的目标位置编制循环移动程序,记录各个位置的测量值(机器自动记录);最后进行数据处理与分析,计算出机床的位置精度。

3. 试切加工精度的测量

铣削圆柱面精度或铣削空间螺旋槽(螺纹)是综合评价该机床有关数控轴伺服跟随运动特性和数控系统插补功能的指标,评价方法是测量所加工的圆柱面的圆度。也可采用铣削斜方形四边加工法判断两个数控轴的直线插补运动精度。把精加工立铣刀安装到机床主轴上,铣削放置在工作台上的圆形试件,然后把加工完成的试件放到圆度仪上,检测其加工表面圆度。如果铣削圆柱面上有明显铣刀振纹,则反映该机床插补速度不稳定;如果铣削的有明显椭圆误差,则反映插补运动的两个数控轴的系统增益不匹配;在圆形表面上任意数控轴运动换向的点位上,如果有停刀点痕迹,则说明该轴正反向间隙没有调整好。

对定位精度要求较高的数控机床,必须考虑进给伺服系统采用半闭环方式还是全闭环方式,必须考虑采用的检测元件的精度和稳定性。机床采用半闭环伺服驱动方式时的精度稳定性要受到一些外界因素影响,如传动链中因工作温度变化引起滚珠丝杠长度变化,这必然使工作台实际定位位置产生漂移,进而影响加工件的加工精度。在半闭环控制方式下,位置检测元件放在伺服电动机另一端。滚珠丝杠轴向位置主要靠一端固定,另一端可以自由伸长,当滚珠丝杠伸长时工作台就一个附加移动量。在一些新型中小数控机床上,采用减小导轨负荷(用直线滚动导轨)、提高滚珠丝杠制造精度、滚珠丝杠两端加载预拉伸和丝杠中心通恒温油冷却等措施,在半闭环系统中也得到了较稳定的定位精度。

项目 3 切削精度的检验

教学目标:学习数控机床切削加工精度检验的基本方法。

思考与练习:完成一种试切件的加工操作,检验其加工精度,并评判所用机床的切削精度是否符合要求(说明理由)。

数控机床切削精度检验又称为动态精度检验,其实质是对机床的几何精度和定位精度在切削时的综合检验。其内容可分为单项切削精度检验和综合试件检验。

单项切削精度检验包括直线切削精度、平面切削精度、圆弧圆度、圆柱度等。卧式加工中心切削精度通常检验镗孔的圆度和圆柱度,端铣刀铣削平面的平面度和阶梯差,端铣刀铣削侧面精度的垂直度和平行度,X 轴方向、Y 轴方向和对角线方向的镗孔孔距精度,镗孔孔径偏差,立铣刀铣削四周面的直线度、平行度、厚度差和垂直度,两轴联动铣削的直线度、平行度和垂直度,立铣刀铣削圆弧时的圆度等项目。

综合试件检验包括根据单项切削精度检验的内容,设计一个具有包括大部分单项切削内容的工件进行试切削来确定机床的切削精度。通常采用带有"圆形—菱形—方形"标志的铸铁或铝合金标准试件,并用高精度圆度仪及高精度三坐标测量仪完成试件的精度检验。

标准试件的大多数切削运动在 $X—Y$ 平面上进行的,存在沿 $X—Z$ 和 $Y—Z$ 平面上的精度大部分没有测定的缺陷。因此,ISO 230 和 ANSI B5.54 提出了采用球杆仪和双频激光干涉仪完成数控车床和数控加工中心综合检测的方法,如图 7-16 所示。

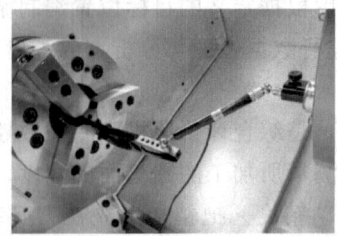
数控车床检测

数控加工中心检测

图 7-16 球杆仪和双频激光干涉仪综合检测

常用数控机床切削精度检测验收内容见表 7-3。

表 7-3 常用数控机床切削精度检测验收内容

序 号	检测内容	检测方法		允许误差/mm
1	镗孔精度	圆度		0.01
		圆柱度		0.01/100
2	端铣刀平面精度	平面度		0.01
		阶梯度		0.01
3	端铣刀侧面精度	垂直度		0.02/300
		平行度		0.02/300
4	镗孔孔距精度	X 轴方向		0.02
		Y 轴方向		
		对角线方向		
		孔径偏差		0.01
5	立铣刀铣削四周面精度	直线度		0.01/300
		平行度		0.02/300
		垂直度		0.02/300

（续）

序号	检测内容		检测方法	允许误差/mm
6	两轴联动铣削直线精度	直线度		0.015/300
		平行度		0.03/300
		垂直度		0.03/300
7	立铣刀铣削圆弧精度	圆度		0.02